Visual Basic程序设计教程

劳 眷　李青青　伍超奎　焦小焦　编著

清华大学出版社
北 京

内容简介

本书以程序设计为主线，以编程应用为驱动，通过案例和问题引入知识点，全面、系统地介绍了Visual Basic程序设计的思想、方法及其他相关知识。全书分为12章，主要包括Visual Basic程序开发环境、对象与控件、数据类型与变量、数据的输入和输出、Visual Basic控制结构、数组及其应用、函数与过程、菜单与对话框设计、多重窗体与多文档界面设计、图形设计、文件操作、用Visual Basic访问数据库等内容。

本书可作为大专院校、计算机培训和等级考试的教学用书，也可作为对Visual Basic程序设计感兴趣的读者的自学用书。

图书在版编目（CIP）数据

Visual Basic程序设计教程/劳眷等编著. —北京：清华大学出版社，2012.4

ISBN 978-7-302-28041-5

I. ①V… II. ①劳… III. ①BASIC语言-程序设计-教材 IV. ①TP312

中国版本图书馆CIP数据核字（2012）第023126号

责任编辑：钟志芳
封面设计：刘 超
版式设计：文森时代
责任校对：张兴旺 姜彦
责任印制：何 芊

出版发行：清华大学出版社
网 址：http://www.tup.com.cn，http://www.wqbook.com
地 址：北京清华大学学研大厦A座 邮 编：100084
社 总 机：010-62770175 邮 购：010-62786544
投稿与读者服务：010-62776969，c-service@tup.tsinghua.edu.cn
质 量 反 馈：010-62772015，zhiliang@tup.tsinghua.edu.cn
印 装 者：三河市金元印装有限公司
经 销：全国新华书店
开 本：185mm×260mm 印 张：18.25 字 数：419千字
版 次：2012年4月第1版 印 次：2012年4月第1次印刷
印 数：1～4000
定 价：35.00元

产品编号：038460-01

前　言

Visual Basic是Microsoft公司为开发Windows应用程序而推出的一种可视化的程序设计语言，自面世以来便凭借其简单易学、语法简洁、功能强大的特点而深受广大编程人员的青睐。目前，不少程序员将Visual Basic作为首选的编程开发工具，使用它开发各种应用程序。

随着Windows操作平台的不断完善，Visual Basic语言的版本也在不断升级，其功能也越来越强。尽管Visual Basic.NET已推出多年，但从目前的情况来看，Visual Basic 6.0仍然是程序设计入门和应用程序开发的第一选择。为了使学生能够在较短时间内学会和掌握Windows应用程序的编写，增强软件开发的能力，许多高等院校相继开设了Visual Basic程序设计课程。本书就是为了方便高等院校学生全面、系统地学习Visual Basic程序设计而编写的。

本书的定位不是艰深难懂的理论书籍，也不是只讲操作的入门教材，而是遵循教学规律，结合Visual Basic知识体系，由浅入深、循序渐进地介绍Visual Basic的编程特点、基本语法和常用控件的使用及编程方法，尽量做到概念清晰、讲解清楚，将复杂的问题简单化，设计方法尽可能简洁明了、易懂易学。为了便于读者理解，在讲解过程中安排了大量具有代表性的实例，并在关键语句处提供了注释，即使是初学者，阅读起来也比较容易。

全书共分12章，内容涵盖了Visual Basic程序设计的精华部分，强调实用性和可操作性，注重程序设计能力的培养。每章后都附有大量的习题，读者可以根据需要选择适当的题目进行练习，进一步巩固所学知识。

学习一门程序设计语言，上机实验是必不可少的。根据编者多年的教学体会，学生必须通过大量的上机操作才能掌握相关的编程语言和编程方法。因此，本书在每一章中都安排了一些由易到难的上机实验题目，有些是验证性的题目，有些是设计性的题目，这也是本书的特色之一。教师可以根据需要选择其中的一部分或全部的上机实验题目让学生上机操作，通过实验掌握相应的编程方法和技巧，使学生在掌握必要的语法知识的同时学会编程，真正达到学以致用的目的。

本书可作为高等院校学生学习Visual Basic程序设计的教材，也可作为参加全国计算机等级考试二级Visual Basic的人员或者计算机编程爱好者的参考用书。

本书由劳眷主编，其他参与编写的人员还有李青青、伍超奎、焦小焦、刘晓燕等。

在编写本书的过程中，我们以科学、严谨的态度，力求精益求精，但限于编者水平，不当之处仍在所难免，敬请广大读者批评指正。

编　者

目　录

第 1 章　Visual Basic 程序开发环境

1.1　Visual Basic 6.0 简介

Visual Basic（简称 VB）是由 Microsoft 公司开发的一种可视化的、面向对象、采用事件驱动方式的结构化程序设计语言，简单易学、通用性强、用途广泛。在所有基于 Windows 操作平台的程序开发工具中，其表现极为优异。它不但具有早期 Basic 语言的所有功能，而且提供了一种可视化的设计工具，可以直接使用窗体和控件设计程序的界面，极大地提高了程序设计效率。

Microsoft 公司于 1991 年推出了第一个“可视”的编程软件——Visual Basic 1.0，随后不断更新、升级。目前应用最为广泛的 Visual Basic 6.0 版是 1998 年推出的，该版本在 VB 5.0 的基础上，针对 Internet 应用和远程数据访问等方面进行了较大改进，增加了一些新控件并增强了已有功能。此外，Visual Basic 6.0 还提出了用组件编程的概念，大大扩展了面向对象编程的范畴。目前，Visual Basic 已经成为一种真正专业化的开发语言，用户不仅可以用它快速创建 Windows 应用程序，还可以编写企业级的客户/服务器程序和强大的数据库应用程序。

1.1.1　Visual Basic 的特点

Visual 的本义是“视觉的，可视的”，在此引申为可视化、图形化的应用程序开发方法；而 Visual Basic 就是可视化的编程语言。这种编程语言最显著的一个特点，便是用户无须编写大量代码去描述界面元素的外观和位置，而只要把预先建立的对象拖放到窗口的适当位置上即可。

作为 Windows 平台下最优秀的程序开发工具之一，Visual Basic 功能强大、应用广泛，从开发个人或小组使用的小工具，到大型企业应用系统，甚至通过 Internet 遍及全球的分布式应用软件，都可以使用 Visual Basic 语言进行开发。

总的来看，Visual Basic 具有以下几个主要特点。

1．面向对象的可视化设计平台

VB 提供了面向对象的可视化设计平台，将 Windows 应用程序界面设计的复杂性封装起来。程序员不必为界面设计编写大量的代码，只需按照设计方案，用系统提供的工具在界面上“画出”各种对象即可。界面设计的代码将由 VB 自动生成，程序员所需编写的只是实现程序特定功能的那部分代码，从而大大提高了开发效率。

2．事件驱动的编程机制

VB 通过事件执行对象的操作，即在响应不同事件时执行不同的代码段。事件可以由用户操作（如鼠标或键盘操作等）触发，也可以由系统（如应用程序本身、操作系统或其他应用程序的消息等）触发。

3．结构化的程序设计语言

VB 具有丰富的数据类型和内部函数，编程语言模块化、结构化，简单易懂。

4．强大的数据库功能和网络开发功能

VB 可以访问所有主流数据库，包括各种桌面数据库和大型网络数据库。用 VB 可以开发出功能完善的数据库应用程序。Visual Basic 6.0 对后台数据库的访问主要是通过 ADO（ActiveX Data Object）实现的。ADO 是目前应用范围很广的数据访问接口，在 VB 中可以非常方便地使用 ADO 数据控件，通过 VB 本身或第三方提供的 OLE DB 和 ODBC 访问各种类型的数据库。

Visual Basic 6.0 提供了一系列 Internet 开发工具，可以快速地开发 Web 应用程序，如 DHTML 工具可以使在 Visual Basic 6.0 中编写的程序代码直接用在动态网页设计中。

5．充分利用 Windows 资源

VB 通过动态数据交换（DDE）、对象链接与嵌入（OLE）以及动态链接库（DLL）技术实现与 Windows 资源的交互。在 Visual Basic 6.0 中引入的 ActiveX 技术扩展了原有的 OLE 技术，使开发人员摆脱了特定语言的束缚，能够用 VB 开发集文字、声音、图像、动画、电子表格、数据库和 Web 对象于一体的应用程序。

1.1.2 Visual Basic 的版本

VB 6.0 包括 3 个版本，分别为“学习版”、“专业版”和“企业版”。其中，“学习版”为 VB 6.0 的基础版本，主要供初学者学习使用；“专业版”主要供专业人员使用，它除了具有“学习版”的全部功能外，还包括 ActiveX、Internet 控件开发工具、动态 HTML 页面设计等高级特性；“企业版”是 VB 6.0 的最高版本，是供专业编程人员使用的，具有自动化管理器、部件管理器、数据库管理工具，并包含专业版的全部功能。

在本书中，我们使用的是 Visual Basic 6.0 中文企业版。

1.2 Visual Basic 的启动与退出

1．Visual Basic 的启动

启动 VB 的常用方法如下。

（1）选择“开始”→“所有程序”→“Microsoft Visual Basic 6.0 中文版”命令。

（2）双击桌面上的 VB 快捷方式图标。

启动 VB 后，将打开如图 1-1 所示的“新建工程”对话框。在该对话框中列出了多种工程类型，用户可根据实际需要进行选择。

图 1-1　“新建工程”对话框

（1）标准 EXE：建立一个标准的 EXE 工程。

（2）ActiveX EXE 和 ActiveX DLL：只能在专业版和企业版中建立这两种应用程序。在功能上，两种程序是一致的，只是封装不同。前者封装成 EXE（可执行）文件，后者封装成 DLL（动态链接库）。

（3）ActiveX 控件：只能在专业版或企业版中建立，主要用于开发用户自定义的 ActiveX 控件。

（4）VB 应用程序向导：该向导用于在开发环境下直接建立新的应用程序框架。

（5）数据工程：主要提供开发数据报表应用程序的框架。

（6）IIS 应用程序：用 VB 代码编写服务器端的 Internet 应用程序。

（7）外接程序：选择该类型，可以建立自己的 VB 外接程序，并在开发环境中自动打开连接设计器。

（8）DHTML 应用程序：只能在专业版或企业版中建立。可以编写响应 HTML 页面操作的 VB 代码，并把处理过程传送到服务器上。

（9）VB 企业版控件：用来在工具箱中加入企业版控件图标。

在上述多种工程类型中，对于初学者来说，比较适用的是第一种，即“标准 EXE”。

2．Visual Basic 的退出

选择“文件”→“退出”命令，或者单击工作界面右上角的“关闭”按钮，即可退出 Visual Basic。

1.3 Visual Basic 6.0 的集成开发环境

在“新建工程”对话框中选择要建立的工程类型，如“标准 EXE”，然后单击“打开”按钮，即可进入 VB 集成开发环境，如图 1-2 所示。在这个环境中，用户可以进行应用程序界面的设计、编写程序代码、调试程序、进行应用程序的编译等各项工作。

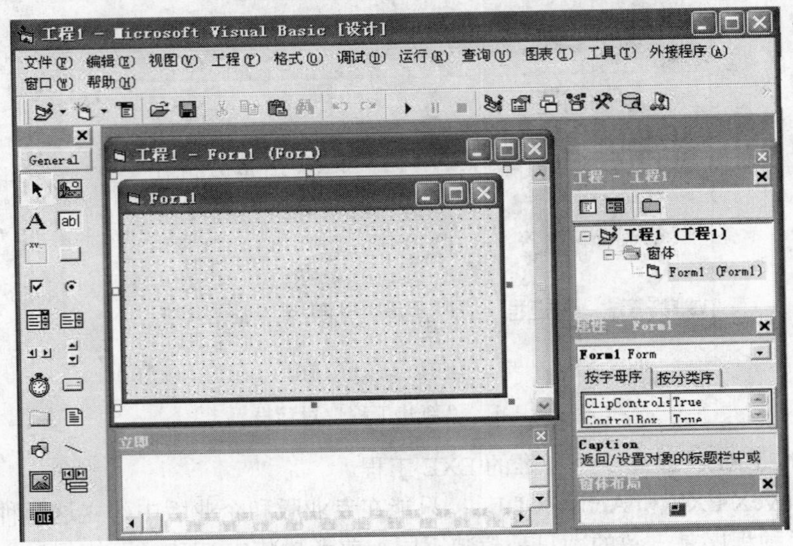

图 1-2 VB 集成开发环境

VB 6.0 集成开发环境主要由主窗口、窗体窗口、工具箱窗口、工程资源管理器窗口、属性窗口、窗体布局窗口、代码窗口和立即窗口等组成，下面分别介绍。

1.3.1 主窗口

主窗口由标题栏、菜单栏、工具栏以及工作区组成，下面分别介绍。

1. 标题栏和菜单栏

（1）标题栏

类似于 Windows 应用程序窗口，VB 的标题栏也是由 3 部分组成的，最左侧是控制菜单按钮，中间是当前激活的工程名称及当前工作模式，最右侧依次是最小化、最大化（还原）和关闭按钮。

VB 的工作模式有 3 种，分别介绍如下。

① 设计模式：在此模式下可进行用户界面的设计和代码的编写。

② 运行模式：运行应用程序，但不可编辑用户界面及代码。

③ 中断模式：暂时中断应用程序的运行，按 F5 键后程序将从中断处继续运行。此模式下可编辑代码，但不可编辑界面，并会弹出“立即”窗口。

（2）菜单栏

菜单栏由“文件”、“编辑”等 13 个菜单项组成，涵盖了 VB 编程中常用的各种命令。单击或按 Alt+菜单项对应的字母键，即可打开其下拉菜单。各菜单功能简介如下。

① 文件（File）：其中包含与访问文件有关的各种命令，主要用于新建、打开、保存、显示最近打开的工程文件及生成可执行文件等。

② 编辑（Edit）：其中包含与代码编辑、控件编辑等有关的各种命令。

③ 视图（View）：主要用于显示或隐藏各种窗口，如代码窗口、对象窗口、属性窗口、工具栏等。通过该菜单，可在各窗口中切换查看代码或控件。

④ 工程（Project）：其中包含与工程管理有关的各种命令，主要用于向工程中添加窗体、模块，从工程中移除部件等。

⑤ 格式（Format）：其中包含编辑用户界面时对控件进行调整的各种命令，如“对齐”、“统一尺寸”等。

⑥ 调试（Debug）：主要用于调试 VB 应用程序。

⑦ 运行（Run）：主要用于启动程序、设置断点和停止程序运行等。

⑧ 查询（Query）：其中包含操作数据库表时的查询以及其他数据访问命令。

⑨ 图表（Diagram）：其中包含与图表处理有关的各种命令。

⑩ 工具（Tools）：用于集成开发环境的设置以及工具的扩展，如向模块和窗体中添加过程并设置过程的属性、向窗体添加菜单等。

⑪ 外接程序（Add-Ins）：主要用于为工程添加和删除外接程序。

⑫ 窗口（Windows）：其中包含与屏幕布局窗口有关的各种命令，如“层叠”、“平铺”等。

⑬ 帮助（Help）：提供帮助信息。此项功能必须在安装 VB MSDN 后方可使用。

2．工具栏

工具栏提供了访问常用菜单命令的快捷方式，其中大多数按钮都对应着菜单中的一条常用命令。VB 中有 4 个工具栏，即标准工具栏、编辑工具栏、窗体编辑器工具栏、调试工具栏等。编程时标准工具栏将自动显示出来，其他工具栏则需要通过“视图”→“工具栏”子菜单中的相应命令来显示。

3．工作区

工具栏下方的大片深灰色区域便是工作区。工作区是其他各种窗口的容器。开发应用程序时可根据程序设计的需要，通过“视图”菜单或工具栏按钮在工作区中显示相关窗口。

1.3.2　窗体窗口

窗体窗口又称为“对象窗口”或“窗体设计器”。选择“视图”→“对象窗口”命令，即可打开窗体窗口。窗体窗口是设计用户界面的地方。窗体（Form）就是应用程序的用户界面，是组成应用程序的最基本元素。一个窗体窗口只含有一个窗体，因此如果应用程序由多个窗体组成，在设计时就会有多个窗体窗口。每个窗体必须具有唯一的名称，建立窗体时系统默认的窗体名称依次为 Form1、Form2、Form3 等。

1.3.3 工具箱窗口

工具箱窗口位于集成开发环境的左侧，如图 1-3 所示。在该窗口中有一个 General（通用）选项卡，内含 20 个图标。除“指针”（仅用于移动窗体、控件及调整它们的大小）外，其余 19 个均为 VB 可视标准控件。此外，用户还可以通过“工程”→“部件”命令将其他需要的控件添加到工具箱中。

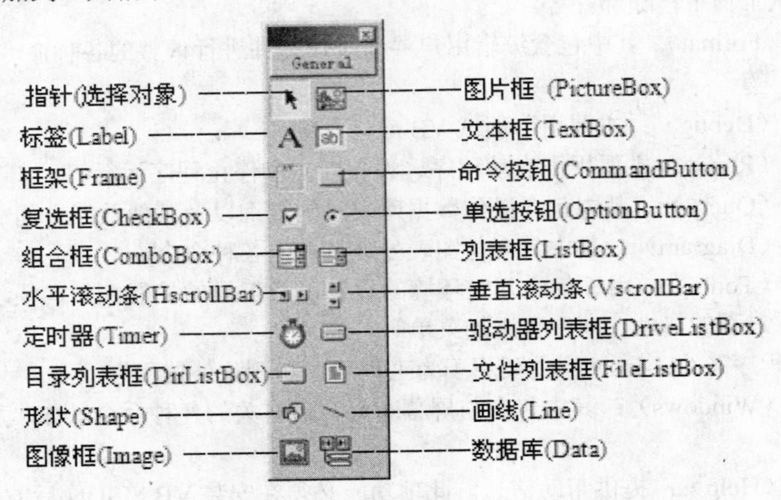

图 1-3　工具箱窗口

如果不希望显示工具箱，可直接单击右上角的 ☒ 按钮将其关闭。选择“视图”→“工具箱”命令，则可使其再次显示出来。

注意：工具箱显示出来后，在代码运行状态下会自动隐藏，返回设计状态又会自动出现。

1.3.4 工程资源管理器窗口

在 VB 中，工程是指用于创建应用程序的所有文件的集合。工程资源管理器窗口（简称工程窗口）用于显示和管理当前程序中所包含的全部文件，如图 1-4 所示。工程窗口由 3 部分组成，自上而下分别为标题栏、工具栏和文件列表。

（1）▤ （查看代码）按钮：单击该按钮可切换到代码窗口，显示和编辑代码。

（2）▤ （查看对象）按钮：单击该按钮可切换到窗体设计器窗口，显示和编辑对象。

（3）▭ （切换文件夹）按钮：单击该按钮可隐藏或显示包含在对象文件夹中的个别

项目列表。

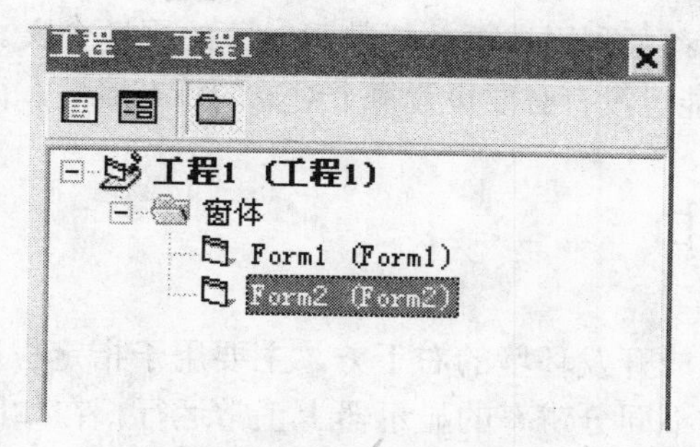

图 1-4　工程资源管理器窗口

1.3.5　属性窗口

在进行应用程序界面设计时，窗体和控件的属性，如标题、大小、字体、颜色等，可以通过属性窗口来设置和修改。

属性窗口如图 1-5 所示，主要由 4 个部分组成。

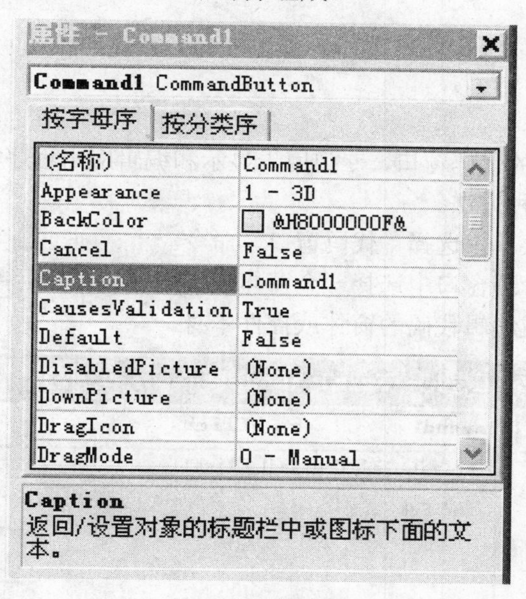

图 1-5　属性窗口

（1）对象列表框：单击右侧的下拉按钮，在弹出的下拉列表中可以选择窗体所包含的对象。

（2）属性显示排列方式：用户可以选择“按字母序”或“按分类序”两种排列方式显示属性。

（3）属性列表框：属性列表框分为左、右两列，左边是各种属性的名称，右边是该属性的默认值。用户可由左边选定某一属性，然后在右边对该属性的值进行设置或修改。

（4）属性含义说明框：当在属性列表框中选定某一属性时，在属性含义说明框中将显示所选属性的含义。初学者可利用该项功能熟悉对象的属性含义。

在实际应用中，不可能也没有必要设置每个对象的所有属性，很多属性都可取其默认值。

1.3.6 窗体布局窗口

窗体布局窗口位于集成开发环境的右下方，主要用于指定程序运行时的初始位置，使所开发的应用程序能够在不同分辨率的显示器上正常运行。在如图 1-6 所示窗体布局窗口中，通过鼠标将 Form 窗体拖到合适的位置，即可确定该窗体运行时的初始位置。

图 1-6 窗体布局窗口

1.3.7 代码窗口

每个窗体有都自己的代码窗口，专门用于显示和编辑应用程序源代码，如图 1-7 所示。打开代码窗口有以下 3 种方法。

（1）在“视图”菜单中选择“代码窗口”命令。

（2）在工程资源管理窗口中选择一个窗体或标准模块，然后单击“查看代码”按钮。

（3）双击要查看或编辑代码的窗体或控件本身。

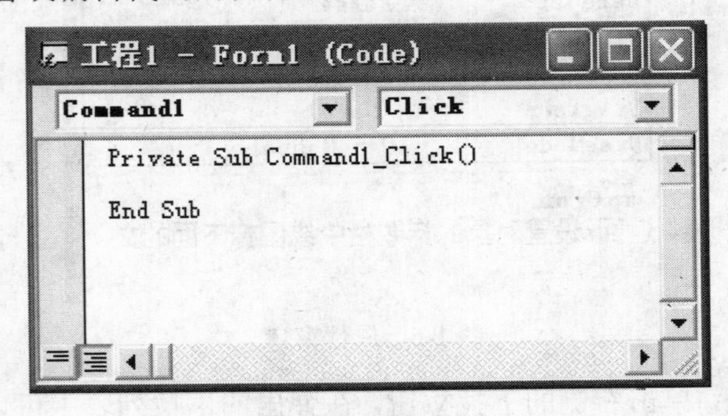

图 1-7 代码窗口

1.3.8 立即窗口

立即窗口是为调试应用程序而提供的，用户可以直接在该窗口中利用 Print 方法显示表达式的值。

1.4 编写简单的 Visual Basic 程序实例

VB 程序的开发过程基本上可分为以下 8 个步骤。

（1）选择“文件”→“新建工程”命令，创建一个新的工程。

（2）建立应用程序窗体。

在新建的工程中，已为用户创建了一个默认的窗体 Form1，可直接利用该窗体来构造用户的图形界面。若应用程序需要用到多个窗体，可通过选择“工程”→“添加窗体”命令来为工程添加新窗体。

（3）在窗体中绘制所需的控制对象。

（4）设置窗体和控件的属性。

（5）为需要响应用户操作的对象编写事件过程代码。

VB 应用程序以事件驱动方式工作，代码不是按预定的顺序执行，而是在响应不同的事件时执行不同的代码段，所以需要编写相应的事件过程代码。

（6）保存工程。

一个 VB 程序也称为一个工程（*.vbp），主要是由窗体文件（*.frm 或*.frx）、标准模块文件（*.bas）、类模块文件（*.cls）等组成的。

一个应用程序至少要有一个工程文件（*.vbp）和一个窗体文件（*.frm 或*.frx）。为了便于使用和管理，建议把工程文件和窗体文件存储在相同的文件夹内。

（7）运行及调试应用程序。

（8）编译工程，生成可执行的应用程序。

下面通过一个简单的 Visual Basic 程序的建立与调试实例，简要介绍 Visual Basic 应用程序的开发步骤和 Visual Basic 集成开发环境的使用，使读者初步掌握 Visual Basic 程序的开发过程，理解 VB 程序的运行机制。读者可以通过上机实验，自己动手建立一个简单的 VB 程序。

【例 1-1】设计一个简单的程序，输入 2 个任意的数，然后求出它们的和。

分析：输入数可用文本框控件来实现；“+”和“=”号可用标签显示；用命令按钮来执行求和；求和的结果用一个文本框控件来显示。因此，本程序将用到的控件包括 3 个文本框控件，2 个标签控件，1 个命令按钮控件。

程序设计步骤如下。

1．创建用户界面

启动 VB 后，在打开的“新建工程”对话框中选择所需的工程类型“标准 EXE”，然后单击“打开”按钮，即可新建一个工程。

用户界面由对象组成，建立用户界面实际上就是在窗体上添加代表各个对象的控件。可以按照下面的步骤建立用户界面。

（1）单击工具箱中的“文本框”图标，在窗体的适当位置添加 3 个文本框控件，其中将自动显示 Text1、Text2 和 Text3。

（2）单击工具箱中的“标签”图标，在窗体的适当位置添加 2 个标签控件，其中将自动显示 Label1 和 Label2。

（3）单击工具箱中的“命令按钮”图标，在窗体的适当位置添加一个命令按钮控件，其中将自动显示 Command1。

（4）上述控件添加完后，根据具体情况，对每个控件的大小和位置进行适当的调整。完成后的用户界面如图 1-8 所示。

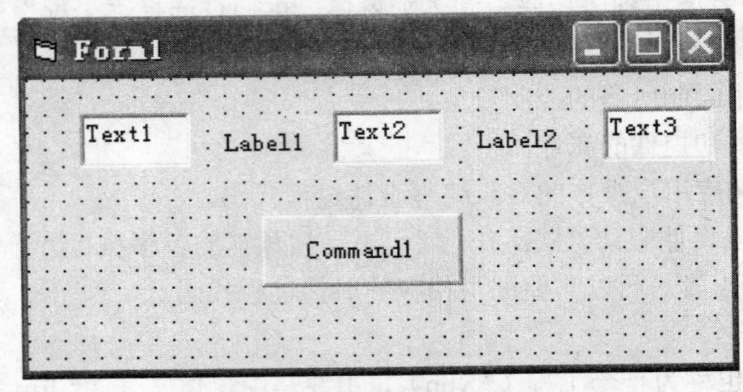

图 1-8　例 1-1 界面设计

2．设置属性

控件绘制好后，接下来就应根据需要，设置或修改控件的相关属性。例如，为了使窗体标题栏所显示的内容更符合应用程序的主题，通常需要修改标题栏的显示内容。这可通过窗体对象的 Caption（标题）属性来完成，Caption 属性值决定了标题的显示内容。在此把窗体 Form1 的 Caption 属性设置为“求和”。

根据题意，文本框 Text1 和 Text2 用来显示输入的数，Text3 用来显示求和的结果，应把其初始显示内容设置为空白。文本框显示内容可通过 Text 属性来设置。操作步骤如下：单击 Text1 文本框，然后从属性列表框中找到 Text 属性，将该属性的值 Text1 删除，这样 Text1 文本框的值即被设置为空白。接下来，用同样的方法把 Text2 和 Text3 的值设置为空白。

标签 Lable1 用来显示“+”. 号。其属性修改方法为：单击标签 Lable1，从属性列表框中找到 Caption 属性，将该属性的值 Lable1 改为“+”。

标签 Lable2 用来显示“=”号。其属性修改方法为：单击标签 Lable2，从属性列表框中找到 Caption 属性，将该属性的值 Lable2 改为“=”。

命令按钮 Command1 的标题应显示为“计算”，因此单击命令按钮 Command1，从属性列表框中找到 Caption 属性，将该属性的值 Command1 改为“计算”。

完成后的用户界面如图 1-9 所示。

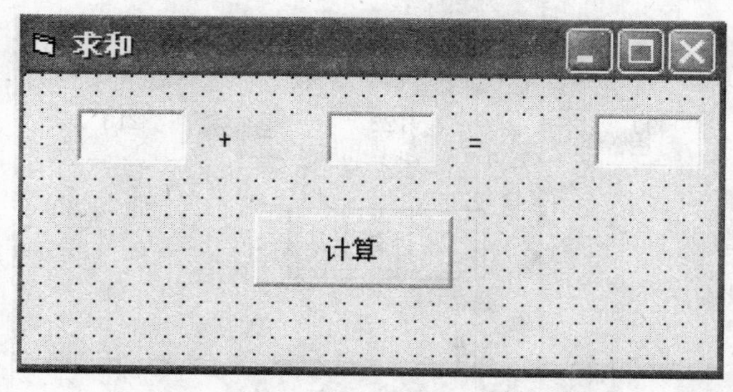

图 1-9　界面设计

3．编写代码

Visual Basic 采用事件驱动机制，其程序代码是针对某个对象事件编写的，每个事件对应一个事件过程。按题意本例单击命令按钮时执行求和运算，所以对命令按钮 Command1 编写单击（Click）事件过程。操作方法如下。

双击命令按钮，进入代码窗口编写程序代码。在命令按钮 Command1 的单击事件 Click 中输入如下代码。

```
Private Sub Command1_Click()
  Text3.Text = Val(Text1.Text) + Val(Text2.Text)
End Sub
```

4．保存工程

运行程序之前，应先保存程序，以避免由于程序不正确造成死机时界面属性和程序代码的丢失。由于一个工程含有多种文件（如工程文件和窗体文件），这些文件集合在一起才能构成应用程序，因此建议用户在保存工程时，将同一工程所有类型的文件都存放在同一文件夹中，以便日后修改和管理程序文件。

保存工程时，窗体文件和工程文件等需要分别保存。窗体文件的保存类型为“窗体文件（*.frm）”，默认窗体文件名为 Form1。窗体文件存盘后，系统将自动弹出“工程另存为”对话框。工程文件的保存类型为“工程文件（*.vbp）”，默认工程文件名为“工程 1.vbp”。

本例将窗体命名为 vb1.frm、工程命名为 vb1.vbp，保存在 D:\VB 文件夹中。

5．运行程序

单击工具栏上的“启动”按钮或按 F5 键，即可运行程序。在文本框中输入要相加的 2 个数，单击“计算”按钮，窗体显示如图 1-10 所示。

在程序运行时，可以反复输入相加的 2 个数值，然后单击“计算”按钮，得到多个求和的结果。

如果应用程序的运行结果不符合设计的要求，则需要修改程序。修改程序包括修改对象的属性和代码，也可以添加新的对象和代码，或者调整控件的大小等，直到满足设计需要为止。

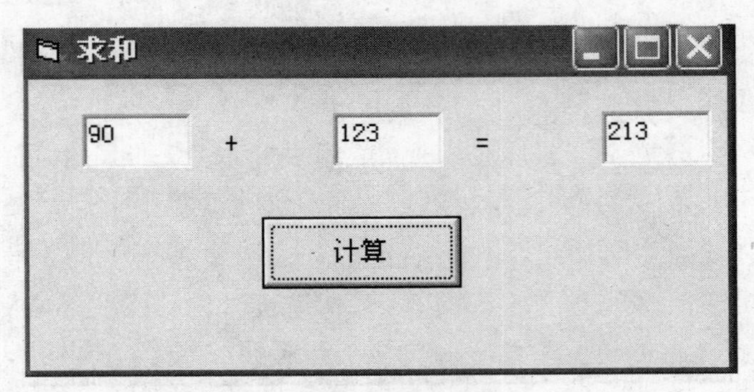

图 1-10　例 1-1 运行结果

6. 生成可执行文件

当完成工程的全部文件之后，可以将此工程转换成可执行文件（.exe）。

在 VB 中对程序（工程）的编译非常简单，选择“文件”→“生成工程 1.exe”命令，在打开的“生成工程”对话框中设置程序的保存路径和文件名，然后单击“确定”按钮，即可生成 Windows 应用程序。以后此工程即可脱离 VB 环境，直接在 Windows 下运行（不要求在该系统中安装 VB）。

本例生成 vb1.exe 文件，保存在 D:\VB 文件夹中。

本 章 小 结

本章主要介绍了 VB 的特点、版本、启动与退出的方法，以及集成开发环境等，并通过一个简单的 VB 程序实例，简要讲述了 VB 应用程序的开发步骤和 VB 集成开发环境的使用，使读者初步掌握 Visual Basic 程序的开发过程，理解 VB 程序的运行机制。

习　题

一、思考题

1. Visual Basic 6.0 有哪些主要特点？
2. 如何启动 Visual Basic 6.0？
3. Visual Basic 6.0 集成开发环境中有哪些常用窗口？它们的主要功能是什么？
4. 工程资源管理器窗口和属性窗口各有哪些组成部分？它们的主要功能是什么？
5. 如果集成开发环境中的某些窗口已被关闭，如何再将它们打开？
6. 简述用 VB 开发应用程序的一般步骤。

二、选择题

1. 下面不是 VB 工作模式的是（　　）。

A．设计模式　　B．运行模式　　C．汇编模式　　D．中断模式

2．可视化编程的最大优点是（　　）。

A．具有标准工具箱

B．一个工程文件由若干个窗体文件组成

C．不需要编写大量代码来描述图形对象

D．所见即所得

3．Visual Basic 的编程机制是（　　）。

A．可视化　　B．面向对象　　C．面向图形　　D．事件驱动

4．在设计阶段，当双击窗体上的某个控件时，所打开的窗口是（　　）。

A．工程资源管理器窗口　　B．工具箱窗口

C．代码窗口　　D．属性窗口

5．下列叙述错误的是（　　）。

A．VB 是可视化程序设计语言

B．VB 采用事件驱动编程机制

C．VB 是面向过程的程序设计语言

D．VB 应用程序可以以编译方式执行

6．假定一个 VB 应用程序由一个窗体模块和一个标准模块构成，为了保存该应用程序，以下正确的操作是（　　）。

A．只保存窗体模块文件

B．分别保存窗体模块、标准模块和工程文件

C．只保存窗体模块和标准模块文件

D．只保存工程文件

上 机 实 验

1．启动 VB6.0，熟悉 VB 集成开发环境。

2．启动 VB 6.0 后，进入立即窗口，输入如图 1-11 所示的语句，观察显示的结果。

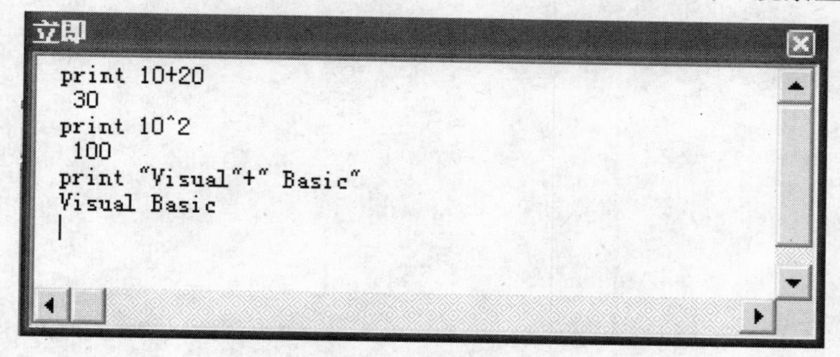

图 1-11　立即窗口

3．启动 VB 6.0，按照例 1-1 的内容，创建并运行求和运算的程序。

4．在窗体中添加 Command1 和 Command2 两个命令按钮控件、一个文本框控件 Text1，然后编写如下代码。

```
Private Sub Command1_Click()
        Text1.Text = "Visual"
End Sub
Private Sub Command2_Click()
        Text1.Text = "Basic"
End Sub
```

运行程序后，首先单击 Command2 按钮，然后再单击 Command1 按钮，观察文本框中的显示结果是什么。

5．在窗体上添加两个文本框控件和一个命令按钮控件，然后在代码窗口中编写如下事件过程。

```
Private Sub Command1_Click()
    Text1.Text = "VB 程序设计"
    Text2.Text = Text1.Text
    Text1.Text = "欢迎学习"
End Sub
```

程序运行后，单击命令按钮，在两个文本框中各显示什么内容？

第2章 对象与控件

VB 是面向对象的程序设计语言，应用程序的开发以对象为基础，并运用事件驱动机制实现对事件的响应。VB 提供了大量控件，可用于设计界面和实现各种功能，用户可以通过拖放操作完成界面设计，界面设计的代码将由 VB 自动生成，需要程序员编写的只是实现程序特定功能的那部分代码，从而大大提高了开发效率。

VB 通过事件执行对象的操作，即在响应不同事件时执行不同的代码段。事件可以由用户操作（如鼠标或键盘操作等）触发，也可以由系统（如应用程序本身、操作系统或其他应用程序的消息等）触发。

2.1 对象的基本知识

1. 对象

对象（Object）的原意是指物体，它是现实世界中事物的抽象表示。对象在实际生活中随处可见。例如，一把椅子、一部电话等都是对象。在面向对象的程序设计中，对象是具有属性和方法，且能对特定事件作出反应的实体，如窗体、文本框、命令按钮等都是对象。对象是由代码和数据组合而成的封装体，可以作为一个整体来处理。对象可以是应用程序的一部分，如控件或窗体，也可以是整个应用程序。对象有 3 个要素：属性、方法和事件。

在 VB 程序中，对象是指 VB 可以访问的实体。例如，窗体、命令按钮、列表框是对象，外部文件是对象，程序中的变量也是对象等。

在开发一个应用程序时，必须先建立各种对象，然后围绕对象来进行程序设计。

2. 类

类（Class）是同种对象的集合与抽象。对象是类的具体化，是类的实例，而类是创建对象实例的模板。

在 VB 中，所见到的类大多是系统已经设计完成的，我们只需使用就可以了，如 VB 工具箱中的可视类图标是 VB 系统设计好的标准类控件。例如，工具箱中的“TextBox”控件就是一个标准类，当我们从该类中“取出”某个 Text 控件后，这个 Text 控件就成为一个对象，它自动继承了 TextBox 类的各种特征。即当在窗体上画一个控件时，就将类转换为一个对象，也就创建了一个控件对象，控件对象简称控件。

注意： 窗体是一个特例，它既是对象又是类。

3．属性

属性是用来描述对象的数据，例如，学生的姓名、性别、年龄等，都是学生对象的属性。其中，姓名、性别、年龄是属性名，“张三”、“男”、“20 岁”是对应的属性值。不同的对象具有不同的属性。通过对属性值的改变，可以使对象的状态发生变化。

VB 中的对象有多种属性，它们是用来描述和反映对象特性的参数，如控件的名称、标题、颜色、字体以及是否可见等。一般情况下，对于大多数属性，使用 VB 提供的默认值即可。当然，也可以根据应用程序的需要，选择其中若干属性进行设置。

在 VB 中，对象属性的设置有两种方法。

（1）在属性窗口中直接设置。

（2）在程序代码中通过赋值实现，格式如下。

```
[对象名.]属性 = 属性值
```

若对象是当前窗体，可省略对象名。例如

```
Text1.Text="Hello!"
```

该语句的作用是将文本框对象 Text1 的 Text 属性设置为“Hello!”。

```
Caption.= "欢迎"
```

该语句的作用是将当前窗体的 Caption 属性设置为“欢迎”。

4．事件和事件过程

（1）事件

事件是对象对外部变化的响应，如有人打 110，值班人员立即响应。事件是由用户或系统触发，是预先定义好的，可以由对象识别的操作。不同的对象所能识别的事件不同。例如，窗体能识别单击和双击事件，而命令按钮只能识别单击却不能识别双击事件。

每个控件都可以对一个或多个事件进行识别和响应，如窗体加载事件（Load）、鼠标单击事件（Click）、鼠标双击事件（DblClick）等。

（2）事件过程

当对象发生了某个事件时，如果要处理这个事件，就必须设计事件处理的步骤。事件处理的步骤称为事件过程。VB 程序设计的主要任务就是为对象编写事件过程中的程序代码。

在事件驱动的应用程序中，各事件的发生顺序是任意的，代码不是按照预定的路径执行，而是在响应不同的事件时执行不同的代码（即事件过程）。因此，编程人员只需对每一个对象的特定事件编写相应的代码即可，无须考虑程序的执行顺序。

对于窗体对象，其事件过程的表达形式如下。

```
Sub Form_事件过程名[（参数列表）]
    ...（事件过程代码）
End Sub
```

对于除窗体以外的对象，其事件过程的形式如下。

```
Sub 对象名_事件过程名[（参数列表）]
```

```
    ...（事件过程代码）
End Sub
```

例如，单击命令按钮 Command1 时，将文本框 Text1 中的内容清空，对应的事件过程如下。

```
Private Sub Command1_Click()
    Text1.Text = ""
End Sub
```

5. 方法

方法是面向对象程序设计语言为编程者提供的用来完成特定操作的过程和函数。在 VB 中已将一些通用的过程和函数编写好并封装起来，作为方法供用户直接调用，这给用户的编程带来了极大的方便。因为方法是面向对象的，所以在调用时一般要指明对象。对象方法的调用格式为：

```
[对象.]方法[参数名表]
```

其中，若省略了对象，则表示为当前对象，一般指窗体。

例如，在窗体 Form1 上输出“Visual Basic 程序设计”可使用窗体的 Print 方法，具体语句如下。

```
Form1.Print  " Visual Basic 程序设计"
```

若当前窗体是 Form1，则可写为：

```
Print  " Visual Basic 程序设计"
```

2.2　键盘和鼠标事件

在程序运行过程中，当用户按下某个键时，触发键盘事件（如按下或松开某个键）；当用户单击、双击，或拖动鼠标时，会发生与鼠标有关的事件，这些事件需要在程序中获取并做出相应的处理。本节主要介绍与键盘和鼠标有关的事件过程。

2.2.1　键盘事件

常用的与键盘有关的事件有 KeyPress、KeyDown 和 KeyUp 事件。

KeyDown 事件：用户按下任一键将会触发该事件。

KeyPress 事件：用户按下并释放一个能产生 ASCII 码的键时将会触发该事件。

KeyUp 事件：用户释放任一键时将会触发该事件。

注意：KeyDown 和 KeyUp 事件与 KeyPress 事件有何不同？

KeyDown 和 KeyUp 事件返回的是“键代码”（Keycode），而 Keypress 事件返回的是“字符”的 ASCII 码。例如，在 KeyDown 与 KeyUp 事件过程中，从键盘上输入 A 或 a 被视做相同的字母（即具有相同的 Keycode 65）；而对 KeyPress 而言，所得到的 ASCII 码则不一样，“a”的 ASCII 码为 97，而“A”的 ASCII 码为 65。

键盘事件可以用在窗体、复选框、组合框、命令按钮、列表框、图片框、文本框和滚动条等可以获得输入焦点的控件。按键动作发生时，所触发的是拥有输入焦点的那个控件的键盘事件。

1. KeyPress 事件

在按下与 ASCII 字符对应的键时将触发 KeyPress 事件。ASCII 字符集不仅代表标准键盘的字母、数字和标点符号，而且也代表大多数控制键，但是 KeyPress 事件只识别控制键中的 Enter、Tab 和 BackSpace 键；对于方向键（→、←、↑、↓）、Insert 键、Delete 键、F1～F12 功能键等不产生 ASCII 码的按键，KeyPress 事件不会发生。

KeyPress 事件过程的语法格式是：

```
Private Sub 对象名_KeyPress(KeyAscii As Integer)
...
End Sub
```

说明：KeyAscii 参数返回字符对应的 ASCII 码值。如按下“A”键，KeyAscii 的值为 65；按下“a”键，KeyAscii 的值为 97。

【例 2-1】在窗体上创建一个文本框，按下某个键时触发 KeyPress 事件，文本框显示该键的 ASCII 码值。程序代码如下。

```
Private Sub Text1_KeyPress(KeyAscii As Integer)
  Text1.Text = "的ASCII为" & KeyAscii
End Sub
```

程序运行时，如果用户按了 a 键，则运行结果如图 2-1 所示。

图 2-1　例 2-1 运行结果

2. KeyDown 和 KeyUp 事件

KeyDown 是当一个键被按下时所产生的事件。而 KeyUp 是松开被按下的键时所产生的事件。

KeyDown 和 KeyUp 事件过程的语法格式如下。

```
Private Sub 对象名_KeyDown(KeyCode As Integer, Shift As Integer)
    ...
End Sub
Private Sub 对象名_KeyUp(KeyCode As Integer, Shift As Integer)
    ...
End Sub
```

说明：

（1）KeyCode 参数表示按下的物理键。上档键字符和下档键字符也是使用同一键，它们的 KeyCode 值相同。

KeyCode 参数通过 ASCII 值或键代码常数来识别键。字母键的键代码与此字母的大写字符的 ASCII 值相同，所以“A”和“a”的 KeyCode 都是 65。

（2）Shift 参数

Shift 表示在该事件发生时响应 Shift、Ctrl 和 Alt 键的状态，它是一个整数。Shift 参数的取值及意义见表 2-1。

表 2-1　Shift 参数的值

值	系统常数	Shift、Ctrl、Alt 键的状态
0		3 个键都未按下
1	VBShiftMask	只按下 Shift 键
2	VBCtrlMask	只按下 Ctrl 键
3	VBShiftMask+VBCtrlMask	同时按下 Shift 键和 Ctrl 键
4	VBAltMask	只按下 Alt 键
5	VBShiftMask+VBAltMask	同时按下 Shift 键和 Alt 键
6	VBCtrlMask+VBAltMask	同时按下 Ctrl 键和 Alt 键
7	VBCtrlMask+VBAltMask+VBShiftMask	3 个键同时按下

【例 2-2】在窗体上创建一个文本框，文本框的 KeyDown 事件过程判断是否按下了“A”键。

```
Private Sub Text1_KeyDown(KeyCode As Integer, Shift As Integer)
   If KeyCode = VbKeyA Then
     MsgBox "你按了 A 键 "
   End if
End Sub
```

【例 2-3】本例是用 Shift 参数判断是否按下了字母 A 的大写形式。在窗体上创建一个文本框，文本框的 KeyDown 事件过程代码如下。

```
Private Sub Text1_KeyDown(KeyCode As Integer, Shift As Integer)
   If KeyCode = VbKeyA  and  Shift = 1 Then
     MsgBox "你按了大写字母 A 键."
```

```
    End if
End Sub
```

2.2.2 鼠标事件

鼠标事件是由用户操作鼠标而引发的事件。常用的鼠标事件有 Click 事件、DbClick 事件、MouseMove 事件、MouseDown 事件、MouseUp 事件。

1. Click 事件

用户单击鼠标左键时发生 Click 事件，格式如下。

```
Private Sub 对象名_Click ( [ index As Integer ] )
    ...
End Sub
```

【例 2-4】单击命令按钮 Command1 时，输出 10+20 的值。代码如下。

```
Private Sub Command1_Click()
   Print " 10+20=";10+20
End Sub
```

2. DblClick 事件

用户双击鼠标左键时发生 DblClick 事件，格式如下。

```
Private Sub 对象名_DblClick ( [ index As Integer ] )
    ...
End Sub
```

【例 2-5】双击窗体 Form1 时，输出"欢迎使用 Visual Basic"。代码如下。

```
Private Sub Form_DblClick()
  Print "欢迎使用 Visual Basic"
End Sub
```

3. MouseMove 事件

鼠标光标在对象内移动时会触发 MouseMove 事件，格式如下。

```
Private Sub 对象名_MouseMove(Button As Integer, Shift As Integer, X As Single,
Y As Single)
    ...
End Sub
```

说明:

(1) Button 参数表示按下或松开鼠标哪个按钮，Button 参数取值见表 2-2。

表 2-2　Button 参数的值

Button 参数的值	功　能
0	表示没有按下鼠标任何键
1	表示按下鼠标左键
2	表示按下鼠标右键
3	表示同时按下左、右键

（2）Shift 参数表示在 Button 参数指定的按钮被按下或松开的情况下，键盘的 Shift、Ctrl 和 Alt 的状态。Shift 参数的值见表 2-3。

表 2-3　Shift 参数的值

Shift 参数取值	功　能
0	没有按下转换键
1	按下 Shift 键
2	按下 Ctrl 键
3	按下 Shift+Ctrl 键
4	按下 Alt 键
5	按下 Shift+Alt 键
6	按下 Alt+ Ctrl 键
7	按下 Alt+ Ctrl+Shift 键

（3）参数 X、Y。参数 X 和 Y 指示鼠标在对象上按下时的位置。

【例 2-6】编写事件过程，当鼠标光标在窗体内移动时，按下"Ctrl"键输出"你按了 Ctrl 键"。代码如下。

```
Private Sub Form_MouseMove(Button As Integer, Shift As Integer, X As Single,
Y As Single)
    If Shift = 2 Then
        Print "你按了 Ctrl 键"
    End If
End Sub
```

思考：运行此程序，鼠标在窗体内连续移动时，按下"Ctrl"键为何会输出多行"你按了 Ctrl 键"？

4. MouseDown 事件

用户按下鼠标上的任一按钮时，就会引发 MouseDown 事件。格式如下。

```
Private Sub 对象名_MouseDown(Button As Integer, Shift As Integer, X As Single,
Y As Single)
```

```
    ...
End Sub
```

【例 2-7】编写事件过程，当鼠标光标在窗体内同时按下 Ctrl+Shift 和鼠标右键时，窗体上输出“Visual Basic”。

```
Private Sub Form_MouseDown(Button As Integer, Shift As Integer, X As Single,
Y As Single)
    If Shift = 3 And Button = 2 Then
        Print "Visual Basic"
    End If
End Sub
```

5. MouseUp 事件

用户释放任意鼠标键按钮时，引发 MouseUp 事件。格式如下。

```
Private Sub 对象名_MouseUp (Button As Integer, Shift As Integer, X As Single,
Y As Single)
    ...
End Sub
```

【例 2-8】按下鼠标键并拖动鼠标，则沿鼠标拖动的轨迹画点，放开鼠标键则结束画点。

分析：定义一个变量 press 检测是否按下了鼠标键。MouseDown 事件发生则表明按下了鼠标键，所以 press = True；MouseMove 事件发生表明移动了鼠标，若按下鼠标键则画点；MouseUp 事件发生表明松开鼠标键，所以 press = False。

```
Dim press As Boolean
Private Sub Form_MouseDown(Button As Integer, Shift As Integer, X As Single,
Y As Single)
    press = True              '按下鼠标键
End Sub
Private Sub Form_MouseMove(Button As Integer, Shift As Integer, X As Single,
Y As Single)
    If press Then             '按下鼠标键则画点
        Form1.PSet (X, Y)
    End If
End Sub
Private Sub Form_MouseUp(Button As Integer, Shift As Integer, X As Single,
Y As Single)
    press = False             '松开鼠标键
End Sub
```

说明：Pset(X,Y)的功能是在坐标 X,Y 处画一个点。程序运行时鼠标拖动由 Pset(X,Y)画点，许多个点连在一起而形成一条轨迹线。运行结果如图 2-2 所示。

图 2-2　鼠标画点

2.2.3　拖放

在设计 VB 应用程序时，可能需要在窗体上拖动控件，改变其位置。但在程序运行时拖动控件，通常情况下并不能自动改变控件位置，这就必须使用 VB 的拖放功能，通过编程，才能实现在运行时拖动控件并改变其位置。按下鼠标按钮并移动控件的操作称为拖动，释放鼠标按钮的操作称为放下。

1．与拖放有关的属性

（1）DragMode 属性：用于设置控件的拖动方式。0 为手式拖动，1 为自动拖动。

（2）DragIcon 属性：用于指定拖动控件时显示的图标。

2．与拖放有关的事件

（1）DragDrop 事件：鼠标指针指向源控件，按下左键并移动至目的地后释放时，目标对象将产生 DragDrop 事件。

DragDrop 事件过程的使用格式如下。

```
Private Sub 对象名_DragDrop(Source As Control, X As Single, Y As Single)
    ...
End Sub
```

其中

Source 参数：指被拖动的控件。

X，Y：指拖动的目的地坐标。即拖动到什么位置。

（2）DragOver 事件：在拖动源对象的过程中，目标对象将产生 DragOver 事件。

3．与拖放有关的方法

（1）Move 方法：表示把控件移动到某一位置。

（2）Drag 方法：启动或停止手工拖动操作。0-取消指定控件的拖动操作，1-开始拖动操作，允许拖放指定的控件，2-结束拖动操作。

【例 2-9】通过自动拖放方式实现文本框控件在窗体上移动。具体实现的步骤如下。

（1）在窗体中加入支持自动拖放的控件（如文本框 Text1）。

（2）设置 Text1 控件的 DragMode = 1，即设置拖放模式为自动方式。

（3）调用 Source. Move 方法实现移动文本框控件。具体代码如下。

```
Private Sub Form_DragDrop(Source As Control, X As Single, Y As Single)
    Source.Move X, Y
End Sub
```

当程序运行时，便可通过鼠标拖动文本框控件到窗体的任何位置。

2.3　窗体的基本知识

窗体是构成一个应用程序的最基本部分，是用户与应用程序之间进行人机对话的界面。运行程序时，每个窗体对应一个窗口（在设计阶段称为窗体，在运行阶段称为窗口）。在窗体中可以创建各种控件对象，并可以通过修改控件的属性值来改变控件在窗体上的显示风格。可以说，窗体是进行界面设计的场所。

2.3.1　窗体的结构

窗体结构与 Windows 下的窗口十分类似，包括窗体的标题栏、最大化、最小化及关闭按钮。图 2-3 所示为一个窗体的示意图。

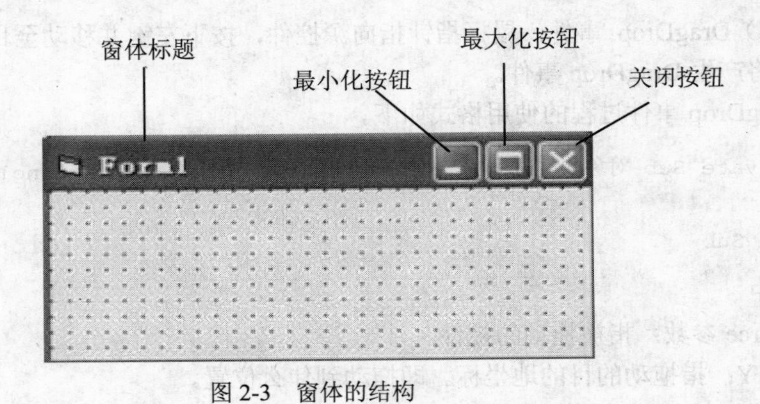

图 2-3　窗体的结构

2.3.2　窗体的属性

窗体的属性决定了窗体的外观与操作。在创建新工程时，VB 会在窗体设计器中自动加入一个空白的窗体，VB 为该窗体设置默认属性。用户可使用这些默认属性，也可以设置新的属性值来改变窗体的外观和行为。

与窗体有关的属性很多，一般包括窗体名称、窗体标题、边框风格、“最大化”按钮和“最小化”按钮、字体、图标、鼠标指针、窗口状态、背景色与前景色及窗体在桌面上的位置（左、右坐标、高度和宽度）等。常用的窗体属性包括下面 16 种。

（1）Name 属性：窗体的名称（默认值 Form1），是 VB 访问窗体的标识符。

（2）Caption 属性：设置窗体的标题（默认值 Form1），是窗体标题栏中显示的文本。

（3）BackColor 属性：用于确定窗体背景的颜色（默认值&H8000000F&，银灰色）。

（4）BoderStyle 属性：用于决定窗体的边框风格（默认值 2）。

（5）Enabled 属性：设置窗体是否对事件产生响应（默认值 True）。

（6）FontBold 属性：设置输出到窗体上的字符是否以粗体显示（默认值 False）。

（7）FontItalic 属性：设置输出到窗体上的字符是否以斜体显示（默认值 False）。

（8）FontName 属性：设置输出到窗体上的字符以何种字体显示（默认值“宋体”）。

（9）FontSize 属性：设置输出到窗体上的字符的大小（默认值 9）。以上 4 个关于字体的属性都可以在 Font 属性对话框中设置。

（10）Left 属性：设置窗体左上角的横坐标（默认值 0）。

（11）Top 属性：设置窗体左上角的纵坐标（默认值 0）。

（12）Width 属性：设置窗体的宽度（默认值 4800）。

（13）Height 属性：设置窗体的高度（默认值 3600）。

（14）Moveable 属性：设置窗体在运行时是否可移动（默认值 True）。

（15）Visible 属性：设置窗体在运行时是否可见（默认值 True）。

（16）WindowState 属性：该属性值设置窗体运行时的大小状态。取值 0（默认值）为标准状态，窗体宽、高分别约为屏幕宽、高的 1/3；取值 1 为最小化状态，成为任务栏上的一个图标；取值 2 为最大化状态，全屏幕显示。

2.3.3　窗体的事件

窗体事件是窗体识别的动作。窗体可以响应的事件很多，常用的有以下几种。

1．Click（单击）事件

Click 事件是单击鼠标左键时发生的事件。程序运行后，当单击窗口内的某个位置时，VB 将调用窗体事件过程 Form_Click。注意，单击的位置必须没有其他对象，如果单击窗体内的控件，则只能调用相应控件的 Click 事件。

2．DblClick（双击）事件

程序运行后，如果双击窗体内的某个位置时，则调用窗体的双击事件过程 Form_DblClick。

3．Load（装入）事件

程序运行时，窗体被装入工作区，将触发 Load 事件，所以该事件通常用来在启动应用程序时对属性和变量进行初始化。

4．Unload（卸载）事件

当从内存中清除一个窗体（关闭窗体）时触发该事件。

5．Resize 事件

当窗体大小发生改变时，将触发 Resize 事件。

6．Activate 事件

当窗体由非活动窗体变为活动窗体，即当窗体得到焦点时触发该事件。

【例 2-10】理解 Click 和 DblClick 事件，用鼠标单击或双击窗体时改变窗体的标题，窗体标题分别显示“你单击了窗体”或“你双击了窗体”。代码如下。

```
Private Sub Form_Click()
    Form1.Caption = "你单击了窗体"
End Sub
Private Sub Form_DblClick()
    Form1.Caption = "你双击了窗体"
End Sub
```

2.3.4　窗体的方法

窗体的常用方法包括以下 5 种。

1．Print 方法

用于在窗体上输出信息，其使用格式为：

```
[窗体名.] Print[Spc(n)|Tab(n)][表达式列表][; |, ]
```

其中

Spc(n)函数：用于在输出表达式前插入 n 个空格，允许重复使用。

Tab(n)函数：用于将表达式的值从窗体第 n 列开始输出，允许重复使用。

；（分号）：光标定位在上一个显示的字符后。

，（逗号）：光标定位在下一个打印区的开始位置处。

例如：

```
Print  tab(10);20+30     '从第 10 列起输出 50。
Print  Spc(5);60         '前面空 5 个空格，即从第 6 列起输出 60。
Print                    '输出一空行
```

2．Cls（清除）方法

Cls 方法用来清除运行时在窗体上显示的文本或图形，格式如下。

```
窗体名.Cls
```

Cls 方法清除运行时在窗体上显示的文本或图形，当使用 C1s 方法后，窗体的当前坐标属性 CurrentX 和 CurrentY 被设置为 0。

3．Move（移动）方法

Move 方法用来在屏幕上移动窗体，格式如下。

```
窗体名.Move  Left[,Top[,Width[,Height]]]
```

其中，Left、Top、Width、Height 均为单精度数值型数据，分别用来表示窗体相对于屏幕左边缘的水平坐标、相对于屏幕顶部的垂直坐标、窗体的新宽度和新高度。

Move 方法至少需要一个 Left 参数值，其余均可省略。如果要指定其余的参数值，则必须按顺序依次给定前面的参数值。例如，不能只指定 Width 值，而不指定 Left 和 Top 值，但允许只指定前面部分的参数，而省略后面部分。例如，允许只指定 Left 和 Top，而省略 Width 和 Height，此时窗体的宽度和高度在移动后保持不变。

【例 2-11】使用 Move 方法移动一个窗体。双击窗体，移动窗体并定位在屏幕的左上角，同时窗体的长宽也缩小一倍。

分析：屏幕左上角坐标为（0，0），窗体的长、宽除以 2 可使窗体缩小一倍。代码如下。

```
Private Sub Form_DblClick()
    Form1.Move 0, 0, Form1.Width / 2, Form1.Height / 2
End Sub
```

4．Show（显示）方法

Show 方法用于在屏幕上显示一个窗体，使指定的窗体在屏幕上可见。调用 Show 方法与设置窗体 Visible 属性为 True 具有相同的效果。其调用格式如下。

```
窗体名.Show
```

5．Hide（隐藏）方法

Hide 方法用于隐藏指定的窗体，但不从内存中删除窗体。其调用格式如下。

```
窗体名.Hide
```

【例 2-12】实现将指定的窗体在屏幕上显示或隐藏的切换，代码如下。

```
Private Sub Form_Click()
   Form1.Hide   ' 隐藏窗体
   MsgBox "单击确定按钮，使窗体重现屏幕"
   Form1.Show    ' 显示窗体
End Sub
```

说明：程序运行时单击窗体则隐藏窗体，单击消息对话框的“确定”按钮则再次显示窗体。

2.4　常用标准控件的使用

2.4.1　控件的基本知识

控件是包含在窗体中的对象。VB 中常用的控件有 20 多种，每种类型的控件都有各自的属性、方法和事件。有些控件主要用于输入文字和显示文本，如文本框、标签等；有些控件主要用于控制和处理数据，如命令按钮、滚动条、数据访问控件等。

VB 的控件分为标准控件、ActiveX 控件和可插入控件 3 类。

（1）标准控件：由 VB 的可执行文件提供，启动后出现在工具箱里，不能添加和删除。

（2）ActiveX 控件：扩展名为.ocx 的独立控件，又称为 OLE 控件或定制控件。

（3）可插入控件：可添加到工具箱中的对象，当作控件使用。

2.4.2　标签控件

标签控件（Label）是用来显示文本的控件。标签控件在界面设计中的用途十分广泛，它主要用来标注和显示提示信息，通常是标识那些本身不具有标题（Caption）属性的控件。例如，可用标签控件为文本框、列表框、组合框添加描述性的文字。

既可以在设计时通过属性窗口设定标签控件显示的内容，也可以在程序运行时通过代码改变控件显示的内容。

1．标签控件常用属性

（1）Caption 属性

该属性值即为标签所显示的文本内容。如 Label1.Caption= " 欢迎使用 VB " ，则标签显示的内容为“欢迎使用 VB”。

（2）AutoSize 属性

该属性决定标签是否自动改变大小，以显示其全部内容。若 AutoSize 属性值为 True，则自动改变标签大小以显示全部文本内容；若 AutoSize 属性值为 False（默认值），则保持标签大小不变，超出部分不予显示。

（3）BackStyle 属性

该属性值用以设置标签是否透明。BackStyle 属性值为 0，则为透明（与窗体同色）；BackStyle 属性值为 1（默认值），则为不透明。

（4）BordStyle 属性

该属性值用以设置标签是否有边框。BordStyle 属性值为 0（默认值），无边框；BordStyle 属性值为 1，有边框。

（5）Alignment 属性

Alignment 属性返回或设置标签中文本的对齐方式。当 Alignment 属性值为 0 时（默认值），文本在标签中左对齐；当 Alignment 属性值为 1 时，文本在标签中右对齐；当 Alignment 属性值为 2 时，文本在标签中居中对齐。

2. 标签控件主要事件

标签控件的主要作用在于显示文本信息，但也支持一些为数不多的事件，主要有以下几种事件。

（1）Click 事件（鼠标单击）

用鼠标单击标签时触发的事件，如改变标签的字体属性。

```
Private Sub Label1_Click()
    Label1.FontName = "隶书"
End Sub
```

（2）DblClick 事件（鼠标双击）

鼠标双击引发的事件，如改变标签为不可见。

```
Private Sub Label1_DblClick()
    Label1.Visible = False
End Sub
```

【例 2-13】标签的使用。在窗体上添加一个标签 Label1，设置其 Caption 属性为“欢迎使用 VB”，BordStyle 属性值为 1（有边框），Font 属性为“宋体三号”。单击标签字体变为“黑体”，双击标签则字体颜色变为“红色”。在代码窗口中输入以下代码。

```
Private Sub Label1_Click()
    Label1.Font = "黑体"
End Sub
Private Sub Label1_DblClick()
    Label1.ForeColor = vbRed   '设置字体颜色为红色
End Sub
```

运行程序，结果如图 2-4 所示。

图 2-4 标签的使用

2.4.3 文本框控件

文本框（TextBox）通常用于在运行时输入和输出文本，是计算机与用户进行信息交互的控件。

与标签控件不同的是，文本框中的文本可以在程序运行过程中让用户直接进行编辑修改，除非将文本框的 Locked 属性设为 True，使文本框的 Text 属性成为只读属性。

1．文本框控件常用属性

（1）Text 属性

Text 属性返回或设置文本框中的文本。Text 属性是文本框控件最重要的属性之一，可以在设计时设置 Text 属性，也可以在运行时直接在文本框内输入，或通过程序代码对 Text 属性重新赋值来改变 Text 属性的值。

（2）MaxLength 属性

MaxLength 属性返回或设置在文本框控件中能够输入字符的最大数。MaxLength 属性的取值范围 0～65535。默认值为 0，与 65535 等价。例如，将文本框 Text1 的 MaxLength 设置为 6，那么在运行时 Text1 只接受 6 个字符；又如执行下列语句后，窗体上文本框内显示“abcde”。

```
Text1.MaxLength=5
Text1.Text="abcdefghijk12345"
```

（3）MultiLine 属性

MultiLine 属性返回或设置文本框是否接受多行文本。

当 MultiLine 属性值为 False（默认值）时，文本框中的字符只能在一行中显示。

当 MultiLine 属性值为 True 时，则可以在文本框的 Text 属性中加入换行符使文本多行显示。换行符加入的方法如下两种。

① 设计时，在属性窗口中设置 Text 属性时，在需要换行时直接按 Ctrl+Enter 键进行换行。

② 在程序代码中用赋值语句修改 Text 属性，在需要换行时加入回车符（Chr(13)或 vbCr）和换行符（Chr(10)或 vbLf）才可换行，也可以将回车换行符连起来用 vbCrLf 表示。例如，Text1.text="计算机" + vbCrLf + "系统"。

（4）ScrollBars 属性

ScrollBars 属性返回或设置文本框是否有垂直或水平的滚动条。当文本过长，可能超过文本框的边界时，应该为文本框添加滚动条。具体说明如下。

① ScrollBars 属性值为 0（默认值）时，无滚动条。

② ScrollBars 属性值为 1 时，加水平滚动条。

③ ScrollBars 属性值为 2 时，加垂直滚动条。

④ ScrollBars 属性值为 3 时，同时加水平、垂直滚动条。

需要注意的是，必须将文本框的 MultiLine 属性设置为 True，ScrollBars 属性设置为 1、2、3 才会出现滚动条。

（5）PasswordChar 属性

PasswordChar 属性返回或设置一个值，该值指示所输入的字符或占位符在文本框中以何种形式显示。如果将 PasswordChar 设置为空字符串（""）（默认值），文本框将显示实际输入的文本。如果将 PasswordChar 设置为某个字符，文本框将所有的输入都显示为该字符。

文本框中需要输入密码时，设置 PasswordChar 属性为“*”，则输入的字符都显示为“*”，从而达到保密的效果。

例如，文本框 Text1 的 PasswordChar 属性设置为“*”，程序运行后如果输入“abcdefg”，Text1 中显示的内容是“*******”。

（6）Locked 属性

该属性设置文本框的内容是否可以编辑。如果 Locked 属性设为 True，则文本框中的文本成为只读文本，这时和标签控件类似，文本框只能用于显示，不能进行输入和编辑操作。

（7）SelLength 属性

在程序运行期间返回或设置选择的字符数。如在 Text1 中选中了 2 个字符，则 Text1.SelLength=2。

（8）SelStart 属性

返回或设置当前选择文本的起始位置。例如，Text1.SelStart = 0，表示选择文本的起始位置从第一个字符开始。

（9）SelText 属性

在程序运行期间返回选定的文本内容。

2．文本框控件的常用事件

（1）Change 事件

当文本框的内容发生改变时，就会触发 Change 事件。

（2）KeyPress 事件

在文本框中按下键盘上某个具有字符编辑功能的键后，触发 KeyPress 事件。

（3）GotFocus 事件

当光标焦点从其他控件进入该文本框就会触发 GotFocus 事件。

（4）LostFocus 事件

当光标焦点从该文本框移走就会触发 LostFocus 事件。

【例 2-14】文本框的使用。在窗体上添加一个文本框 Text1，一个标签 Label1，一个命令按钮 Command1。通过文本框输入密码，设置 PasswordChar 属性为“*”，密码显示“*”号。设置 Command1 的 Caption 属性为“确定”。程序运行时单击“确定”按钮，如果密码为“123456”则标签显示“欢迎使用 VB”，否则显示“密码错误！”。在代码窗口输入如下代码。

```
Private Sub Command1_Click()
  If Text1.Text = "123456" Then
    Label1.Caption = "欢迎使用 VB"
  Else
```

```
    Label1.Caption = "密码错误！"
  End If
End Sub
```

运行程序，结果如图 2-5 所示。

图 2-5　文本框的使用

2.4.4　命令按钮控件

在 VB 应用程序中，命令按钮控件（CommandButton）是使用最多的控件之一，常常用来作为一种命令控制。当用户单击命令按钮时，便可触发命令按钮的 Click 事件，从而执行其事件过程，达到完成某个特定操作的目的。

1．命令按钮控件常用属性

（1）Caption 属性

设置命令按钮的标题，即命令按钮上显示的文字。第一个命令按钮的默认值是 Command1。

（2）Cancel 属性

设置命令按钮是否为 Cancel 按钮，即当用户按 Esc 键时，是否触发它的 Click 事件。其值为 True 时表示响应 Cancel 事件；为 False（默认值）时表示不响应 Cancel 事件。

（3）Default 属性

设置命令按钮是否为默认按钮。一个窗体上可以有多个命令按钮，但只能有一个命令按钮为默认按钮。当某个命令按钮的 Default 设置为 True 时，窗体中其他的命令按钮自动设置为 False。当用户按回车键时，不管哪个命令按钮上有焦点，就相当于单击该默认命令按钮。

（4）Enabled 属性

返回或设置命令按钮是否能够对用户产生的事件作出反应。其值为 True（默认值）时表示该命令按钮能被按下以执行特定功能；为 False 时表示该命令按钮不能按下来执行特定功能。

（5）Visible 属性

设置命令按钮是否可见。其值为 True（默认值）时表示该命令按钮是可见的；为 False

时表示该命令按钮不可见。

2．命令按钮常用事件

命令按钮最常用的事件是Click事件，用鼠标的左键单击命令按钮就会触发Click事件。

【例2-15】在窗体上放置一个命令按钮，该命令按钮默认的显示文字是Command1，单击命令按钮，将命令按钮上显示的文字改为“你好”。代码如下。

```
Private Sub Command1_Click()
   Command1.Caption = "你好"
End Sub
```

2.4.5　单选按钮控件

单选按钮控件（OptionButton）主要用于将不同的选项提供给用户进行选择。在一组单选按钮中，只能选择其中的一个。程序运行时，如果用户单击该控件，单选按钮的圆圈中出现一个黑点，变为选中状态，同时，这个组内所有其他单选按钮变为未选中状态。

1．单选按钮控件常用属性

（1）Caption属性

设置单选按钮的标题，即单选按钮上显示的文字。第一个单选按钮的默认值是Option1。

（2）Value属性

Value属性用来表示单选按钮的状态，其值为True时表示单选按钮被选中，单选按钮的圆形框内会显示选中标记；其值为False时表示单选按钮未被选中，单选按钮的圆形框内为空白。

（3）Alignment属性

Alignment属性用来设置单选按钮标题的位置，其值为0时表示标题在控件右侧显示，为1时表示标题在控件左侧显示。

2．单选按钮控件的常用事件

单选按钮最常用的事件就是鼠标单击（Click）事件。当用户单击一个选项时，触发该单选按钮的Click事件并执行其事件过程代码。

【例2-16】在窗体上放置两个单选按钮，一个文本框。若选中第一个单选按钮时，文本框显示第一个单选按钮的标题；若选中第二个单选按钮时，文本框显示第二个单选按钮的标题。实现此功能的代码如下。

```
Private Sub Option1_Click()
   If Option1.Value = True Then
      Text1.Text = Option1.Caption
   End If
End Sub
```

```
Private Sub Option2_Click()
    If Option2.Value = True Then
       Text1.Text = Option2.Caption
    End If
End Sub
```

程序运行结果如图 2-6 所示。

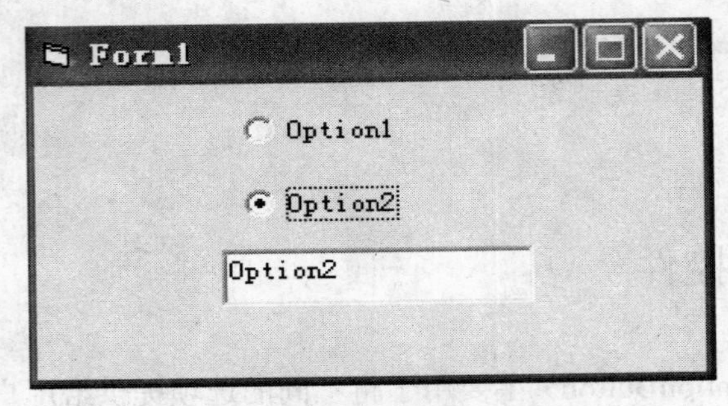

图 2-6　单选按钮应用

2.4.6　复选框控件

复选框控件（CheckBox）是提供选择项的控件，选中时，复选框中会有选中标记（√）；清除时，选中标记会消失。用户可以同时选中多个复选框。每单击一次复选框，其状态在选中和清除之间交替切换。

1．复选框控件常用属性

（1）Caption 属性

Caption 属性返回或设置复选框控件的标题，用于给出选项提示。

（2）Alignment 属性

Alignment 属性返回或设置复选框的对齐方式。Alignment 属性值为 0 时（默认值），复选框的方框在标题文字的左边；Alignment 属性值为 1 时，复选框的方框在标题文字的右边。

（3）Value 属性

Value 属性用来表示复选框的状态，其值可以为 0、1、2。

0：复选框没有被选中；

1：复选框被选中；

2：复选框被禁止（灰色）。

2．复选框控件的常用事件

复选框控件的常用事件为 Click 事件，复选框不支持鼠标双击事件，系统把一次双击解释为两次单击事件。

复选框控件在程序中是为用户提供选择项目的，为了判断用户是选中还是清除了复选框，需要读取单击后复选框的 Value 属性值，从而为程序的进一步运行提供依据。

【例 2-17】利用复选框和标签，演示字体的加粗、斜体、下划线效果。

分析：用标签设置要显示的文字，字体的属性如加粗（FontBold）、斜体（FontItalic）、下划线（FontUnderline）等取值均为 True 或 False，因此，可用复选框来控制每一个属性的取值对字体效果的影响。程序设计步骤如下。

（1）在窗体顶部绘制一个标签控件，在中间部分依次绘制 3 个复选框，然后按表 2-4 所示的属性设置方案设置各控件的属性。

表 2-4　属性设置方案

控件类别	属性名称	属性设置值	说明
Label1	Caption	欢迎使用 VB	
	Font	宋体	字体大小设置为四号
Check1	Caption	粗体	
Check2	Caption	斜体	
Check3	Caption	下划线	

（2）分别针对每个复选框的 Click 事件，编写如下代码。

```
Private Sub Check1_Click()
    Label1.FontBold = Check1.Value              '控制粗体
End Sub
Private Sub Check2_Click()
    Label1.FontItalic = Check2.Value            '控制斜体
End Sub
Private Sub Check3_Click()
    Label1.FontUnderline = Check3.Value         '控制下划线
End Sub
```

（3）程序运行结果如图 2-7 所示。

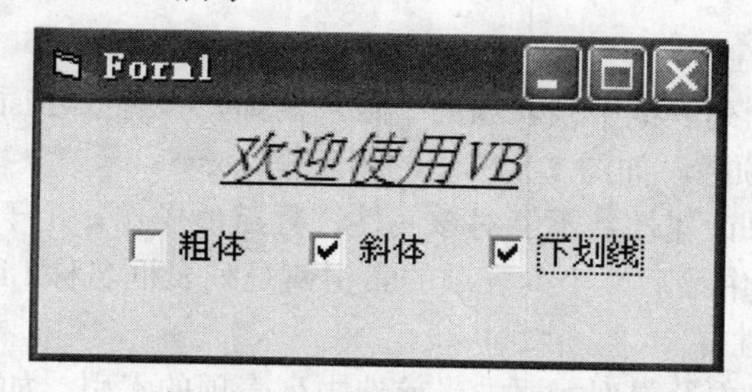

图 2-7　复选框控制字体结果

2.4.7　列表框控件

列表框控件（ListBox）通过列表形式为用户提供选项，当列表项的内容超出列表框的大小时，列表框会自动提供滚动条供用户进行列表项的定位选择。

用户可以在列表项中选择一项或多项。

1. 列表框控件常用属性

（1）Columns 属性

Columns 属性用来确定列表框的列数，默认设置为 0。其属性设置取值如下。

0：以单列的方式显示列表项。

1-n：以多列的方式显示列表项。

（2）List 属性

List 属性返回或设置列表框的列表项。列表框的各个列表项是以数组的方式保存的，数组的每一个元素存储列表框的一个列表项。因此，利用索引可以访问列表项，列表框中第一个列表项的索引为 0，第二个列表项的索引为 1，……，以此类推。

访问的格式为：

```
列表框名.List(Index)
```

例如，如图 2-8 所示的列表框控件名称为 List1，那么表达式 List1.List(0)的值为“英语”，List1.List(2)的值为“语文”。

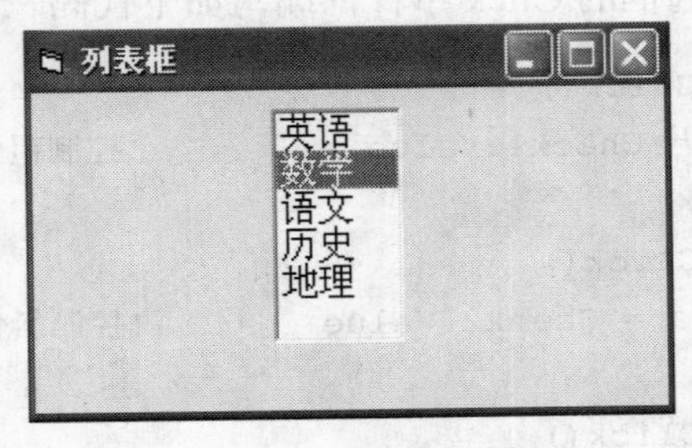

图 2-8　列表框示例

注意：在属性窗口中设置列表框的 List 属性时，两个列表项之间用 Ctrl+Enter 键换行，如果按 Enter 键将退出 List 属性的设置。

（3）ListCount 属性

ListCount 属性返回列表框中列表项的个数，例如，执行 x=List1.ListCount 后，x 的值为列表框 List1 中的总项数。如图 2-8 所示的列表框，x=5。

ListCount 属性是只读属性，不能对该属性进行赋值操作。由于列表项的索引值是从 0 开始计数，所以列表框中最后一个列表项的索引值是列表框名称.ListCount-1。

（4）ListIndex 属性

ListIndex 属性返回或设置列表框中当前选中列表项的索引，如果没有选中任何一项，则该属性值为-1。

例如，在列表框中如果选中了第 2 项（其下标值为 1），则执行下面的语句：x=List1.ListIndex 后，x=1。

（5）MultiSelect 属性

MultiSelect 属性返回或设置一个值，该值指示是否能够在列表框中进行复选以及如何进行复选。MultiSelect 属性在运行时是只读的。

MultiSelect 属性值为 0（默认值）：只能单选某一列表项。

MultiSelect 属性值为 1：简单复选，用鼠标单击可以选中多项。

MultiSelect 属性值为 2：扩展复选，在按住 Shift 键的同时并单击鼠标选中连续的多项；按住 Ctrl 键的同时并单击鼠标选中不连续的多项。

（6）Text 属性

Text 属性返回列表框中当前选中的列表项的内容，对于复选的列表框，Text 属性返回的是最后一个选中列表项的内容。如图 2-8 的列表框，当前选中的是第 2 项，所以 List1.Text="数学"。

（7）Selected 属性

该属性是一个数组，每个元素与列表框中的一项相对应。当元素的值为 True 时，表明选中了该项。用下面的语句可以检查指定的列表项是否被选中。

```
列表框名.Selected（索引值）
```

"索引值"从 0 开始，如图 2-8 所示的列表框，选中了第 2 项，所以 List1.Selected(1) 为 True。

（8）SelCount 属性

SelCount 属性返回列表框中被选中列表项的个数。如图 2-8 所示的列表框，由于只选中一项，所以 SelCount=1。

（9）Sorted 属性

Sorted 属性返回或设置一个值，指定列表框中的列表项是否自动排序。Sorted 属性为 False 时（默认值）不排序；Sorted 属性为 True 时列表框中的列表项自动按字典顺序排序。

（10）Style 属性

用于确定控件的外观风格，只能在设计时确定。可以设置为 0（标准形式）和 1（复选框形式）。

2．列表框控件的常用事件

（1）Click 单击事件

运行时单击列表框控件的某一列表项，可以使该表项从未选状态转到选中状态，或从选中状态转到未选状态，同时触发该列表框控件的 Click 事件。

（2）DblClick 事件

DblClick 事件是在运行时双击列表框控件的某一列表项时触发的事件。

（3）KeyPress 事件

在列表框获得焦点时，键盘的击键将触发列表框的 KeyPress 事件。

3．列表框控件的常用方法

（1）AddItem 方法

格式：

```
列表框控件名.AddItem 列表项文本[,索引值]
```

功能：将列表项文本添加到列表框中。索引值可以指定列表项文本的插入位置，省略索引值则将列表项文本追加到列表框末尾。

例如，图 2-8 所示的列表框 List1，执行下面语句。

```
List1.AddItem "生物", 0
```

将把“生物”添加到 List1 中的第一项，原来各项依次后移。

（2）RemoveItem 方法

格式：

```
列表框名.RemoveItem 索引值
```

功能：删除列表框中索引值指定的列表项。

如图 2-8 所示的列表框 List1，执行语句“List1.RemoveItem 2”将删除“语文”列表项，这时后面各项自动前移，List1.ListCount 也自动变为 4 了。

如果需要删除选定的列表项，首先通过 ListIndex 属性求得当前选定的列表项的索引值，从而通过 RemoveItem ListIndex 就可以删除了。

如图 2-8 所示的列表框 List1，当前选定的列表项是“数学”，执行下面语句。

```
List1.RemoveItem List1.ListIndex
```

将删除“数学”列表项。

（3）Clear 方法

格式：

```
列表框名.Clear
```

功能：清除列表框控件中的所有列表项。

如图 2-8 所示的列表框 List1，执行语句 List1.Clear 将清空 List1 中所有列表项。

【例 2-18】用标签显示列表框中选中的选项。在窗体上添加一个标签 Label1 和一个列表框 List1。在列表框 List1 的 List 属性中输入“英语”、“数学”、“语文”、“历史”、“地理”。在代码窗口中输入下面的代码。

```
Private Sub List1_Click()
    Label1.Caption = List1.List(List1.ListIndex)
End Sub
```

运行程序，标签 Label1 就会显示列表框中所选中的内容，如图 2-9 所示。

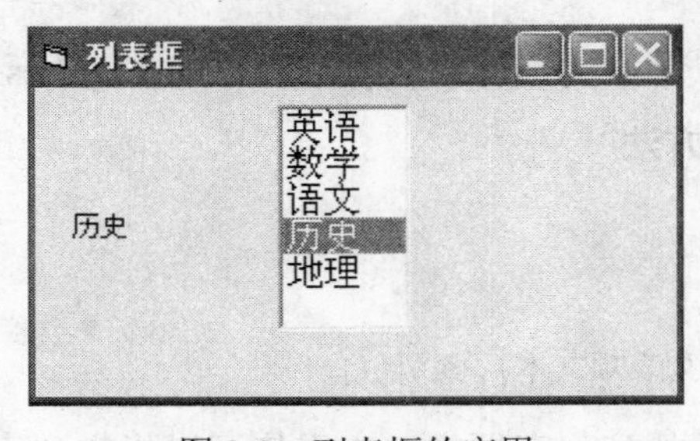

图 2-9　列表框的应用

2.4.8　组合框控件

组合框控件（ComboBox）也是提供选项的控件，兼有列表框和文本框的特性。组合框中的列表框部分提供选择列表项，文本框部分显示选定列表项的内容或进行输入。

列表框的属性基本上都可用于组合框，此外，组合框还有自己的一些属性。

1．Style 属性

这是组合框的一个重要属性，其取值为 0、1、2，它决定了组合框 3 种不同的风格，3 种不同风格的组合框如图 2-10 所示。

Style 属性值为 0（默认值），为下拉式组合框。下拉式组合框包括一个文本框和一个下拉式列表框，用户可以从列表框中进行选择，也可以在文本框中输入文本。

Style 属性值为 1，为简单组合框。简单组合框包括一个文本框和一个非下拉式列表框，用户可以从列表框中进行选择，也可以在文本框中输入文本。

Style 属性值为 2，为下拉式列表框。下拉式列表框包括一个不可输入的文本框和一个下拉式列表框。

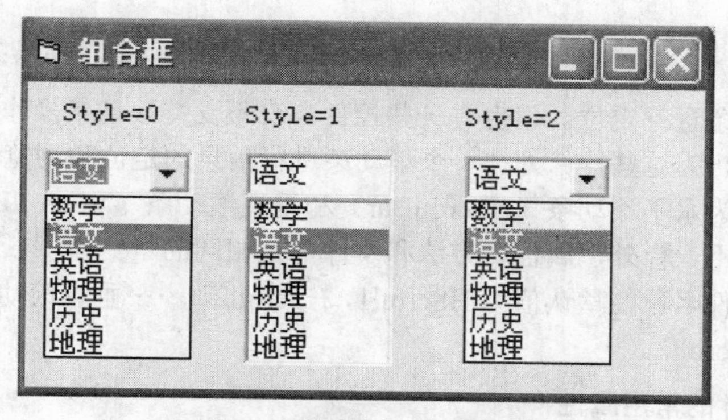

图 2-10　组合框的 3 种风格

2．Text 属性

Text 属性返回或设置组合框中所选中列表项的文本，或在下拉式组合框和简单组合框的文本框中输入的文本。如图 2-10 所示的组合框 Combo1，当前选中的是“语文”，所以 Combo1.Text=“语文”。

与列表框相似，组合框的常用事件有 Click 事件、DblClick 事件和 KeyPress 事件。组合框的常用事件还有 Change 事件（列表框没有 Change 事件），在组合框控件的文本框中输入了新的内容时触发组合框的 Change 事件。

组合框的常用方法也是 AddItem 方法、RemoveItem 方法和 Clear 方法。

【例 2-19】用文本框显示组合框中选中的选项。在窗体上添加一个文本框 Text1 和一个组合框 Combo1。在组合框 Combo1 的 List 属性中输入“数学”、“语文”、“英语”、“物理”、“历史”、“地理”。在代码窗口中输入下面的代码。

```
Private Sub Combo1_Click()
    Text1.Text = Combo1.List(Combo1.ListIndex)
End Sub
```

运行程序，文本框 Text1 就会显示组合框中所选中的内容，如图 2-11 所示。

图 2-11　组合框的使用

2.4.9　滚动条控件

有些控件自带滚动条，如文本框、列表框和组合框等，在项目列表很长或者信息量很大时可以通过滚动条进行定位。但也有一些控件自身不支持滚动条操作，这时我们需要自己设计滚动条控件，为这些控件外挂一个滚动条进行信息的定位和浏览。

滚动条控件分为水平滚动条（HScrollBar）和垂直滚动条（VScrollBar）两种，两种控件除了放置的方向不一样外，属性、方法和事件都是相同的。

水平滚动条控件名称的默认值为 HScroll1，HScroll2，……垂直滚动条控件名称的默认值为 VScroll1，VScroll2，……

1．滚动条控件的常用属性

（1）Max 属性

该属性表示当滚动框位于最右端或最下端时，即处于最大位置时所代表的值，其取值范围为-32768～32767，默认值为 32767。

（2）Min 属性

该属性表示当滚动框位于最左端或最上端时，即处于最小位置时所代表的值，其取值范围为-32768～32767，默认值为 0。

（3）Value 属性

Value 属性返回或设置滚动条上的滚动滑块所处的位置。注意：不能把 Value 属性设置为 Max 和 Min 范围之外的值。

若有一对象名为 HScroll1 水平滚动条，为了获得滚动条当前的值，则可用如下语句来实现。

```
Num= HScroll1.Value
```

（4）LargeChange 属性

该属性用于设置滚动条值的最大改变量。运行时，若用户用鼠标单击了滚动框两边的滚动条，此时，滚动条的值将发生最大改变，即滚动条的值将递增或递减 LargeChange 属性所设置的值。该属性的默认值为 1。例如，若设置 LargeChange 属性值为 10，则单击水平滚动框左边的滚动条时，滚动条的值将递减 10，若单击滚动框的右边，则值将递增 10。

（5）SmallChange 属性

该属性用于设置滚动条的最小改变量。当单击滚动条两端的箭头按钮时，滚动条的值将按最小改变量进行递增或递减。该属性的默认值为 1。

2．滚动条控件的常用事件

（1）Change 事件

运行时，当改变了滚动条的 Value 属性值，会触发滚动条的 Change 事件。用户单击滚动条两端的滚动箭头或单击滚动箭头和滚动滑块之间的区域时，或者通过程序代码对滚动条的 Value 属性重新进行了赋值，都会触发滚动条的 Change 事件。要利用滚动条进行位置调整、音量调节、速度控制等模拟输入，都要编写滚动条的 Change 事件程序代码。

（2）Scroll 事件

当拖动滚动条滑块时会触发 Scroll 事件（单击滚动箭头或滚动条时不发生 Scroll 事件）。

【例 2-20】利用滚动条控制颜色的改变。在窗体上添加一个水平滚动条 HScroll1 和一个标签 Label1。调用颜色函数 QBColor()改变标签的背景色。QBColor()有 16 种颜色，颜色码取值 0～15，所以设置滚动条 HScroll1 的 Max 属性为 15。在代码窗口输入如下代。

```
Private Sub HScroll1_Change()
   Label1.BackColor = QBColor(HScroll1.Value)
End Sub
```

运行程序，拖动滚动条滑块或单击滚动箭头即可改变标签的背景色，如图 2-12 所示。

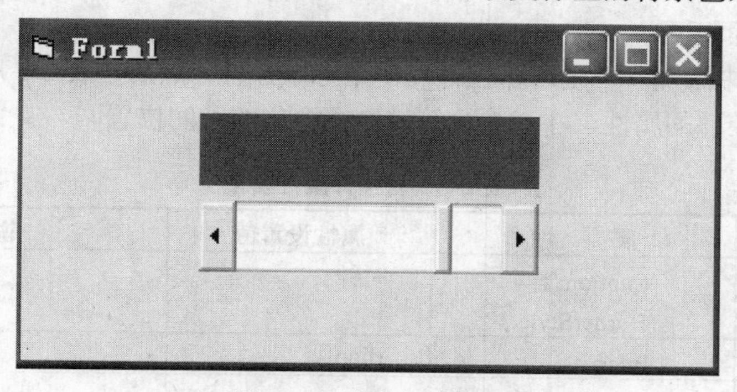

图 2-12　滚动条的使用

2.4.10　定时器控件

定时器控件（Timer）是 VB 提供的一个用于定时的特殊控件，当所预定的时间到了时，系统会自动触发其 Timer 事件，从而完成指定的操作，接着定时器又开始新一轮的计时，可用于定时检测系统或控件的状态、设计时钟、倒计数器、秒表等。

定时器控件运行时隐藏，它没有 Visible 属性。定时器控件的默认名称为 Timer1，Timer2，……

1．定时器控件的常用属性

（1）Interval 属性

Interval 属性返回或设置定时器控件的 Timer 事件响应所需间隔的毫秒数。

Interval 属性的取值范围为 0～64767。当 Interval 属性值为 0 时（默认值），定时器不起作用；当 Interval 属性为 1000 时，时间间隔是 1 秒。要注意的是，定时器的时间间隔并不精确，特别是当 Interval 属性设的太小时，甚至会影响系统的性能。

（2）Enabled 属性

Enabled 属性决定是否激活定时器，在到达时间间隔时触发 Timer 事件。当 Enabled 属性值为 True（默认值）时，激活定时器开始计时；当 Enabled 属性值为 False 时，定时器处于休眠状态、不计时，不会触发 Timer 事件。

2．定时器控件的 Timer 事件

定时器控件只响应一个事件，即该控件的 Timer 事件。编写 Timer 事件程序代码用来告诉系统在每次 Interval 到时该做什么。

【例 2-21】试在窗体中设计一个时钟，要求时钟的前景为绿色，背景为黑色，字体为宋体二号大小。

分析：由于定时器可每隔一定时间，触发一次 Timer 事件，因此，可将定时器设置为每隔一秒钟触发一次，然后在其事件过程中，利用函数获取系统的当前时间，并显示在一个标签中。由于每隔一秒都会触发一次 Timer 事件，因此，所显示的时间也会每隔一秒钟刷新一次，从而使时钟的走时体现出连续性和动态感来。

程序开发步骤如下。

（1）在窗体中添加一个定时器控件和一个标签控件，然后按表 2-5 所示的属性设置方案设置窗体和各控件的属性。注意将标签绘制在窗体的中间位置。

表 2-5　各控件属性设置

控　件	属　性	属性设置值	说　明
Form1	Caption BorderStyle	时钟 3	
Timer1	Interval	1000	
Label1	Caption BorderStyle BackColor ForeColor Font	 1 &H80000012& &H0000FF00& 宋体二号	设置为空 设置为单边线标签 设置为黑色 设置为绿色

（2）双击定时器控件，在定时器中编写实现本例要求的 Timer 事件过程。

```
Private Sub Timer1_Timer()
  Label1.Caption = Time
End Sub
```

（3）保存工程，然后按 F5 运行，其运行效果如图 2-13 所示。

图 2-13　时钟效果

2.4.11　框架控件

框架控件（Frame）的主要作用是对窗体上的控件进行分组，即把指定的控件放到框架中。使用时可以先添加框架，然后在框架内添加需要成为一组的控件。

由于框架是一种辅助性控件，功能比较单一，因此属性也比较少。常用属性主要有以下两个。

1．BorderStyle 属性

该属性用于决定框架是否有边线。其取值为 0 和 1 两种。若该属性设置为 0，则框架无边线；若设置为 1，则有凹陷的单边线，系统默认值为 1。

2．Caption 属性

该属性用于设置框架显示的标题。可将该属性设置为空，使框架形成封闭的边线。

【例 2-22】框架用法示例。在窗体上添加如图 2-14 所示的控件，然后按表 2-6 所示设置各控件的属性值。程序运行时可以改变文本框中文字的字体和大小。

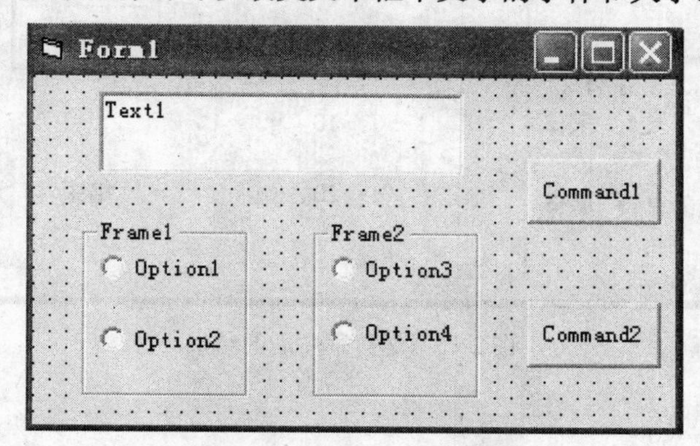

图 2-14　框架的使用

表 2-6　控件的属性值

控 件 类 别	属 性 名 称	属性设置值	说　明
Text1	Text	欢迎使用 VB	
	Font	宋体	字体大小设置为四号
Frame1	Caption	字体	
Frame 2	Caption	大小	
Option1	Caption	宋体	
Option2	Caption	黑体	
Option3	Caption	16	
Option4	Caption	20	
Command1	Caption	确定	
Command2	Caption	结束	

用 IIf 函数可以判断选中了哪个单选按钮，所以可以用来设置字体和大小。在代码窗口中输入下面的代码。

```
Private Sub Command1_Click()
    Text1.Font.Name = IIf(Option1.Value, "宋体", "黑体")       '设置字体
    Text1.Font.Size = IIf(Option3.Value, 16, 20)              '设置大小
End Sub
Private Sub Command2_Click()
    End                                                        '结束程序
End Sub
```

运行程序，结果如图 2-15 所示。

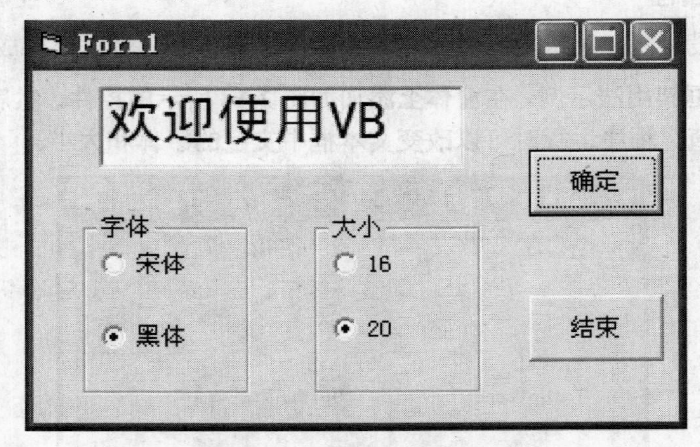

图 2-15　运行程序后的结果

2.4.12　焦点和 Tab 键顺序

1. 焦点

焦点是控件接收鼠标或键盘输入的能力。当对象具有焦点时，可以接收用户的输入，例如，输入 Windows 登录密码时，焦点就在等待输入密码的文本框中。

只有当控件的 Enabled 和 Visible 属性值均为 True 时，才可以接收焦点。Enabled 属性决定控件是否响应由用户产生的事件，如键盘、鼠标事件；Visible 属性决定控件是否可见。但是并非所有的控件都具有接收焦点的能力，例如，标签控件、直线控件、框架控件和定时器控件等都不能接收焦点。

为对象设置焦点的方法有如下几种。

（1）利用鼠标单击该对象。

（2）利用 Tab 键将焦点移动到该对象上。

（3）利用热键选择该对象。

（4）在程序代码中通过 SetFocus 方法将焦点放到某一个对象上，其语法格式为：

```
<对象>.SetFocus
```

例如，Text1.SetFocus 可使文本框 Text1 获得焦点。当文本框获得焦点时，其框内有闪烁的插入光标。

当对象获得焦点时，会触发 GetFocus 事件；失去焦点时，会触发 LostFocus 事件。

【例 2-23】在程序运行阶段，要在文本框 Text1 获得焦点时选中文本框中所有内容，对应的事件过程如下。

```
Private Sub Text1_GotFocus()
        Text1.SelStart=0                                '从第一个字符开始选取
        Text1.Sellength=Len(Text1.Text)                 '选取文本框中所有字符
End Sub
```

2. Tab 键顺序

Tab 键顺序是指当用户按下 Tab 键时，焦点在控件间移动的顺序，每个窗体都有自己的 Tab 键顺序。

默认状态下的 Tab 键顺序跟添加控件的顺序相同。例如在窗体上先后添加了 3 个命令按钮 Cmd1、Cmd2 和 Cmd3，则程序启动后 Cmd1 首先获得焦点，当用户按下 Tab 键时，焦点依次转移向 Cmd2、Cmd3，然后再回到 Cmd1，如此循环。

对象的 TabIndex 属性记录了该对象的 Tab 键顺序。窗体中第一个被创建的对象的 TabIndex 值为 0，第二个对象的 TabIndex 值为 1，以此类推。

2.5 应 用 举 例

【例 2-24】设计如图 2-16 所示的界面，选择交通工具和目的地后，单击文本框则在文本框中显示所乘的交通工具和到达的目的地。

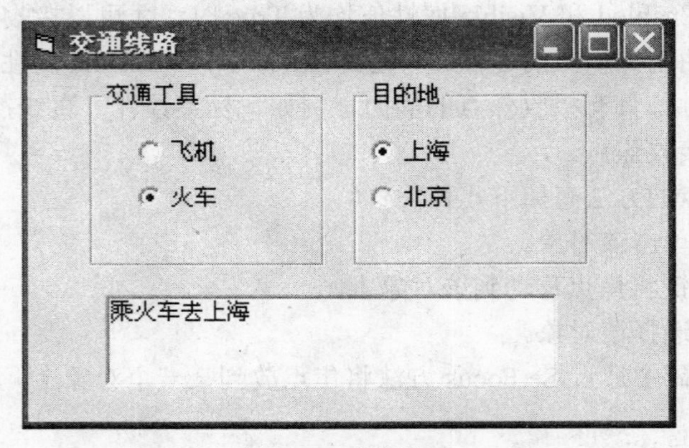

图 2-16　交通线路

分析：根据图 2-16 界面，在窗体上画两个框架，然后在框架内画单选按钮，再在窗体下部画一个文本框。各控件的属性按表 2-7 设置。

表 2-7　各控件属性设置

控　件	属　性	属性设置值
Form1	Caption	交通路线
Frame1	Caption	交通工具
Frame2	Caption	目的地
Option1	Caption	飞机
Option2	Caption	火车
Option3	Caption	上海
Option4	Caption	北京
Text1	Text	空

编写文本框的单击事件过程，用 If 语句判断所乘的交通工具和到达的目的地，代码如下。

```
Private Sub Text1_Click()
  If Option1.Value = True Then
    If Option3.Value = True Then
      Text1.Text = "乘" & Option1.Caption & "去" & Option3.Caption
    Else
      Text1.Text = "乘" & Option1.Caption & "去" & Option4.Caption
    End If
```

```
    End If
    If Option2.Value = True Then
        If Option3.Value = True Then
            Text1.Text = "乘" & Option2.Caption & "去" & Option3.Caption
        Else
            Text1.Text = "乘" & Option2.Caption & "去" & Option4.Caption
        End If
    End If
End Sub
```

运行程序，结果如图 2-16 所示。

【例 2-25】设计一个秒表演示程序，界面如图 2-17 所示。该程序具有“开始”、“停止”、“清零”等普通秒表的全部功能，计时精度达到 0.01 秒。

分析：用定时器控件 Timer 进行计时，设置其 Interval 为 10，则每隔 0.01 秒触发一次 Timer 事件，当毫秒数超过 99 之后，秒数加 1，同时将毫秒数置 0，进行新一轮的循环。而当秒数超过 59 以后，分数加 1，同时将秒数置 0，进入下一轮循环。

本例中要用到格式输出函数 Format()，其使用格式为：

```
Format(<表达式>,<格式字符串>)
```

例如，Format（5，“00”），表示以 05 格式输出。

图 2-17　秒表演示

程序设计步骤如下。

(1)在窗体上添加一个定时器控件 Timer1，一个框架 Frame1，5 个标签 Label1～Label5，3 个命令按钮 Command1～Command3，界面如图 2-18 所示。

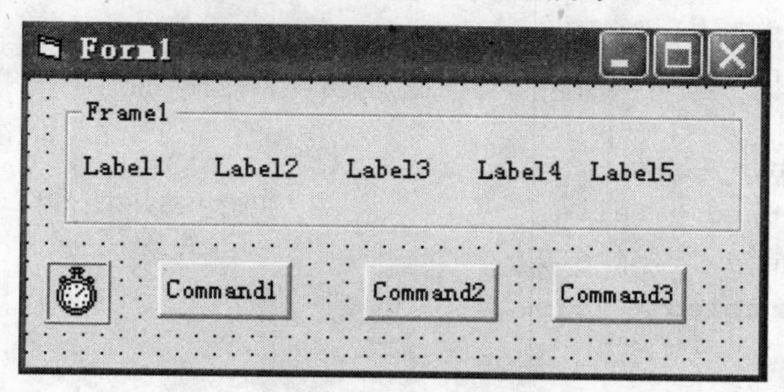

图 2-18　界面设计

（2）各控件属性值按表 2-8 设置，并适当调整控件的位置和大小，以达到整齐美观的效果。

表 2-8　各控件属性设置

控　件	属　性	属性设置值
Timer1	Interval	10
Frame1	Caption	秒表
Label1	Caption	00
Label2	Caption	分
Label3	Caption	00
Label4	Caption	秒
Label5	Caption	00
Command1	Caption	开始
Command2	Caption	停止
Command3	Caption	清零

（3）在代码窗口输入如下代码。

```
Dim mse, se, mi As Integer                    '分别用于存储百分秒、秒、分的变量
Private Sub Command1_Click()
    Timer1.Enabled = True                     '开始计时
    Command1.Enabled = False                  '开始按钮无效
    Command2.Enabled = True
End Sub
Private Sub Command2_Click()
    Timer1.Enabled = False                    '停止计时
    Command1.Enabled = True
End Sub
Private Sub Command3_Click()
    Label1.Caption = Format(0, "00")
    Label3.Caption = Format(0, "00")
    Label5.Caption = Format(0, "00")
    Timer1.Enabled = False                    '清零，停止计时
    mse = 0: se = 0: mi = 0
    Command2.Enabled = False                  '停止按钮无效
End Sub
Private Sub Form_Load()
    Timer1.Enabled = False                    '初始状态，未计时
    mse = 0: se = 0: mi = 0
    Command2.Enabled = False
End Sub
Private Sub Timer1_Timer()
```

```
    mse = mse + 1
    Label5.Caption = Format(mse, "00")
    If mse >99 Then
        mse = 0                                   '毫秒数超过 99 之后,置 0
        Label5.Caption = Format(mse, "00")
        se = se + 1                               '秒加 1
        Label3.Caption = Format(se, "00")
        If se > 59 Then
           se = 0                                 '秒数超过 59 以后,置 0
           Label3.Caption = Format(se, "00")
           mi = mi + 1                            '分加 1
           Label1.Caption = Format(mi, "00")
        End If
    End If
End Sub
```

（4）运行程序，按“开始”按钮计时，按“停止”按钮则停止计时，按“清零”按钮则清零，结果如图 2-17 所示。

本 章 小 结

本章主要介绍了 Visual Basic 中常用的控件，包括命令按钮、标签、文本框、单选按钮、复选框、框架、列表框、组合框、滚动条、定时器。介绍了这些控件的常用属性、常用方法和常用事件，并给出了这些控件的应用实例。通过本章学习，用户可以使用系统提供的常用控件来直接构造用户图形界面。

习　题

一、选择题

1．对象的性质和状态特征称为（　　）。

A．事件　　B．方法　　C．属性　　D．类

2．下列关于属性设置的叙述正确的是（　　）。

A．所有的对象都有同样的属性

B．控件的属性只能在设计时修改，运行时无法改变

C．控件的属性都有同样的默认值

D．引用对象属性的格式为：对象名称.属性

3．窗体的 load 事件的触发时机是（　　）。

A．单击窗体时　　B．窗体被加载时

C．窗体显示之后　　D．窗体卸载时

4．如果想要文本框中的内容在运行时不能被编辑，需要将文本框的（　　）属性设置为 True。

A．Locked　　B．MultiLine　　C．TabStop　　D．Visible

5．当拖动滚动条中的滑块时，将触发滚动条的事件是（　　）。

A．Move　　B．Change　　C．Scroll　　D．SetFocus

6．能清除文本框 Text1 中内容的语句是（　　）。

A．Text = ""　　B．Text1.Text = ""　　C．Text1.clear　　D．Text1.Cls

7．设置（　　）属性使标签 Label1 没有边框。

A．Label1.BorderStyle = 0　　B．Label1.BorderStyle = 1

C．Label1.BackStyle = True　　D．Label1.BackStyle = False

8．要取得复选框的状态，应访问（　　）属性。

A．Value　　B．Checked　　C．Visible　　D．Enabled

9．下列描述错误的是（　　）。

A．单击命令按钮可触发 MouseDown 事件

B．单击命令按钮可触发 MouseUp 事件

C．命令按钮支持单击事件

D．命令按钮支持双击事件

10．引用列表框 List1 最后一项数据应使用（　　）。

A．List1.List（ListCount-1）

B．List1.List（List1.ListCount-1）

C．List1.List（ListCount）

D．List1.List（List1.ListCount）

11．窗体上有一个名称为 Frame1 的框架，若要把框架上显示的“Frame1”改为汉字“框架”，下面正确的语句是（　　）。

A．Frame1.Name="框架"　　B．Frame1.Caption="框架"

C．Frame1.Text="框架"　　D．Frame1.Value="框架"

12．窗体上有一个列表框控件 List1，含有若干列表项。以下能表示当前被选中的列表项内容的是（　　）。

A．List1.List　　B．List1.ListIndex

C．List1.Text　　D．List1.Index

13．为了在按下 Esc 键时执行某个命令按钮的 Click 事件过程，需要把该命令按钮的一个属性设置为 True，这个属性是（　　）。

A．Value　　B．Default　　C．Cancel　　D．Enabled

14．表示滚动条控件取值范围最大值的属性是（　　）。

A．Max　　B．Largechange　　C．Value　　D．Max-Min

15．在窗体上画一个名称为 List1 的列表框，一个名称为 Label1 的标签。列表框中显

示若干城市的名称。当单击列表框中的某个城市名时，在标签中显示选中城市的名称。下列能正确实现上述功能的语句是（　　）。

A. Label1.Caption = List1.Listindex

B. Label1. Name = List1. Listindex

C. Label1.Name = List1.Text

D. Label1.Caption = List1.Text

16. 在窗体上有若干控件，其中有一个名称为 Text1 的文本框。影响 Text1 的 Tab 顺序的属性是（　　）。

A. Tabstop　　B. Enabled　　C. Visible　　D. Tabindex

17. 以下关于 KeyPress 事件过程中参数 KeyAscii 的叙述正确的是（　　）。

A. KeyAscii 参数是所按键的 ASCII 码

B. KeyAscii 参数的数据类型为字符串

C. KeyAscii 参数可以省略

D. KeyAscii 参数是所按键上标注的字符

18. 在窗体（名称为 Form1）上添加一个名称为 Text1 的文本框和一个名称为 Command1 的命令按钮，然后编写一个事件过程。程序运行以后，如果在文本框中输入一个字符，则把命令按钮的标题设置为“VB 考试”。以下能实现上述操作的事件过程是（　　）。

A.
```
Private Sub Text1_Change()
    Command1.Caption= " VB 考试 "
End Sub
```

B.
```
Private Sub Command1_Click()
    Caption= " VB 考试 "
End Sub
```

C.
```
Private Sub Form1_Click()
    Text1.Caption= " VB 考试 "
End Sub
```

D.
```
Private Sub Command1_Click()
    Text1.Text= " VB 考试 "
End Sub
```

19. 下列控件中，没有 Caption 属性的是（　　）。

A. 框架　　B. 列表框　　C. 复选框　　D. 单选按钮

20. 在窗体上画一个名称为 Timer1 的计时器控件，要求每隔 0.5 秒发生一次计时器事件，则以下正确的属性设置语句为（　　）。

A. Timer1.Interval=0.5　　B. Timer1.Interval=5

C. Timer.Interval=50　　D. Timer1.Interval=500

二、填空题

1. 假定一个文本框的 Name 属性为 Text1，为了在该文本框中显示“Hello”，所使用的语句为________。

2. 在执行 KeyPress 事件过程时，KeyAscii 是所按键的________值。对于有上档字符和下档字符的键，当执行 KeyDown 事件过程时，KeyCode 是________字符的________值。

3. 为了执行对象的自动拖放，必须把该对象的________属性设置为________；而为了执行手动拖放，必须把该对象的________属性设置为________。

4. 为了使标签中的内容居中显示，应把 Alignment 属性设置为________。

5. 使文本框获得焦点的方法是________。

上 机 实 验

1. 新建一个窗体，单击工具箱中的 ListBox 控件图标，然后在窗体上拖拉出一个列表框，通过属性窗口设置列表框的 Name 属性为“L1”，通过设置列表框的 List 属性为列表框添加“AAAA”、“BBBB”、“CCCC”和“DDDD”四个列表项。

请按上述要求操作，然后编写程序，程序实现的功能是：单击列表框 L1 中的某一项，则将此项从列表框 L1 中删除。

【编程提示】打开代码窗口，输入如下的代码。

```
Private Sub L1_Click()
   L1.RemoveItem ListIndex
End Sub
```

2. 在窗体上添加一命令按钮，一个文本框和一个计时器控件，名称分别为 Command1，Text1 和 Timer1，在属性窗口中把计时器的 Interval 属性设置为 1000，Enabled 属性设置为 False。程序运行后，如果单击命令按钮，则每隔一秒钟在文本框中显示一次当前的时间。

请按上述要求操作，然后编写程序实现上述功能。

【编程提示】打开代码窗口，输入如下的代码。

```
Private Sub Command1_Click()
   Timer1.Enabled = True
End Sub
Private Sub Timer1_Timer()
   Text1.Text = Time
End Sub
```

3. 在窗体上添加一个名为 Text1 的文本框，并编写如下程序。

```
Private Sub Form_Load()
      Show
      Text1.Text = ""
      Text1.Setfocus
```

```
End Sub
Private Sub Form_Mouseup(Button As Integer, _
    Shift As Integer, X As Single, Y As Single)
    Print "程序设计"
End Sub
Private Sub Text1_Keydown(Keycode As Integer, Shift As Integer)
    Print "Visual Basic";
End Sub
```

程序运行后，如果在文本框中输入字母“A”，然后单击窗体，则在窗体上显示的内容是什么？

4．在名称为 Form1 的窗体上添加一个文本框，名称为 Txt1，字体为“宋体小四号”，文本框中的初始内容为“计算机二级考试”；再添加一个命令按钮，名称为 Cmd1，标题为“黑体红色”。请编写适当事件过程，使得在运行时，单击命令按钮，则把文本框中文字的字体改为黑体，颜色为红色，如图 2-19 所示。

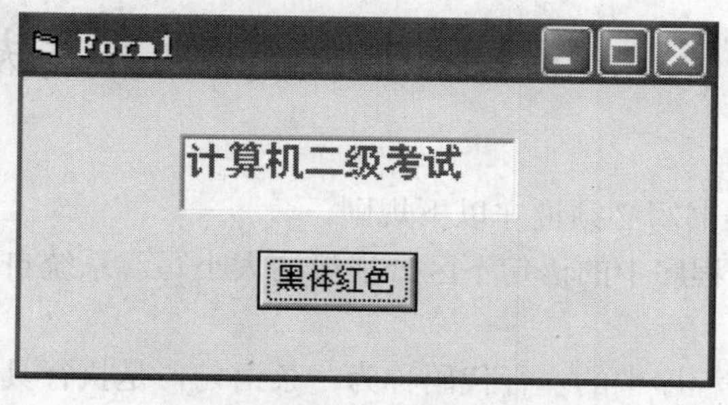

图 2-19　运行结果

5．在名为 Form1 的窗体上建立一个名为 Hsb1 的水平滚动条，其最大值为 500，最小值为 0。要求程序运行后，每次移动滚动框滑块时，都执行语句 Form1.Print Hsb1.Value，运行结果如图 2-20 所示。

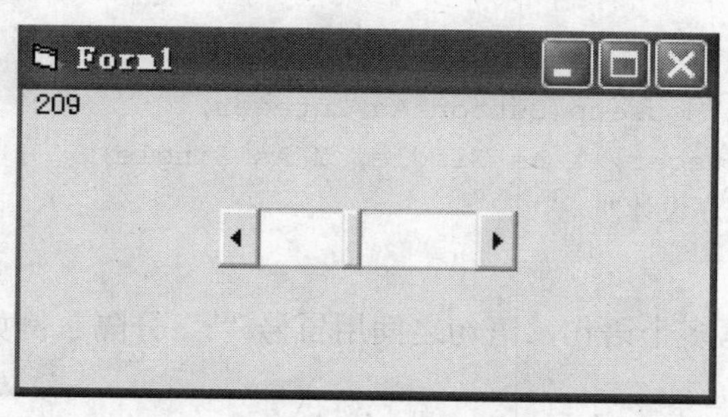

图 2-20　运行结果

6．在名为 Form1 的窗体上添加一个名称为 Lab1 的标签，其标题为“VB 程序设计”，BorderStyle 属性为 1，可以根据标题自动调整大小；再绘制一个命令按钮，其名称和标题均为 Cmd1。编写适当的事件过程，使程序运行后，如果单击命令按钮，则标签消失，同时用标签的标题作为命令按钮的标题。

第3章 Visual Basic语言基础

通过第2章的学习，我们对VB有了初步的认识。读者可以参照例题，编写一些简单的应用程序。

完成应用程序的界面设计后，用户就需要编写事件过程代码，用来对用户事件和系统事件作出响应。要编写程序，就会用到各类不同的数据、常量、变量，以及由这些数据及运算符组成的各种表达式。这些是程序设计语言的重要基础。

本章将介绍构成VB应用程序的基本元素以及使用方法，主要包括数据类型、表达式、运算符和常用函数等内容。

3.1 Visual Basic 程序的书写规则

Visual Basic 程序的书写必须遵守以下规则。

（1）Visual Basic 程序中的语句不区分字母的大小写。系统自动转换每个单词的首字母为大写。

（2）Visual Basic 程序中的一行代码称为一条语句，是执行具体操作的指令，一行语句最多只允许输入255个字符的长度，每个语句行以回车结束。

（3）一条语句可以写在一行中，也可以写在多行上，续行符号是下划线“_”（下划线之前有一个空格）。语句的续行一般在语句的运算符处断开，不要在对象名、属性名、方法名、变量名、常量名以及关键字的中间断开。同一条语句被续行后，各行之间不能有空行。例如：

```
Private Sub Form_Mouseup(Button As Integer, _
    Shift As Integer, X As Single, Y As Single)
    Print "VB程序设计"
End Sub
```

（4）一行中可书写多个语句，语句之间用冒号“:”分隔。例如：

```
a=0:b=0: c=0
```

（5）以半角的单引号“'”或者“Rem”开头的语句是注释语句。程序运行过程中，注释内容不被执行。注释内容可以单独占一行，也可以写在语句后面，但续行符后面不能跟注释内容。例如：

```
Rem 本程序随机产生2个两位正整数并求和
```

```
Private Sub Form_Click()
    Dim a As Integer, b As Integer, c As Integer
    Randomize                          '初始化随机数生成器
    a = Int(90 * Rnd + 10)             '产生[10,99]区间内的随机整数
    b = Int(90 * Rnd + 10)
    c = a + b                          '求两数之和
    Print "产生的两个随机数："; a, b
    Print "求和结果："; c
End Sub
```

3.2　数据类型

数据是程序的必要组成部分，也是程序处理的对象。Visual Basic 中预定义了丰富的数据类型，不同数据类型体现了不同数据结构的特点。

3.2.1　标准数据类型

1. 数值数据类型（Numeric）

（1）整型（Integer）

整型用于保存整数，但所表示数的范围小，取值范围是-32768～32767，占 2 个字节，类型符是%号。

例如，Dim a As Integer 或 Dim a% 都表示定义 a 为整型。

（2）长整型（Long）

长整型也用于保存整数，表示数的范围较大，取值范围是-2147483648～2147483647，占 4 个字节，类型符是&号。

例如，Dim a As Long 或 Dim a& 都表示定义 a 为长整型。

（3）单精度型（Single）

Single 用于保存浮点实数，小数点后有效数字最多是 7 位，其取值范围是-3.402823E-38～3.402823E38，占 4 个字节，类型符是!号。

例如，Dim a As Single 或 Dim a! 都表示定义 a 为单精度型。

（4）双精度型（Double）

Double 也用于保存浮点实数，但精度比 Single 高，小数点后有效数字最多是 15 位，其取值范围是-1.797613486316E308～1.797613486316E308，占 8 个字节，类型符是#号。

例如，Dim a As Double 或 Dim a# 都表示定义 a 为双精度型。

（5）字节型（Byte）

Byte 用于存储二进制数，取值范围是 0～255，占 1 个字节。

（6）货币型（Currency）

Currency 型用于存储定点实数或整数，可保留 4 位整数及 15 位小数，在所表示的数后会自动增加@符号。

2．日期类型（Date）

Date 型按 8 个字节的浮点数进行存储，表示日期的范围从公元 100 年 1 月 1 日到 9999 年 12 月 31 日。日期数据在引用时一定要用#号前后括起来。如：D1=#2011-11-12#。

3．逻辑类型（Boolean）

Boolean 型只有两个常量：True 和 False。当逻辑数据转换为整型数据时，True 转换为 -1，False 转换为 0。

4．字符类型（String）

String 型存放字符型数据，须用单引号或双引号前后括起来，类型符是$号。String 型又分为定长和不定长字符串两种。

（1）不定长字符类型的定义：

```
Dim s1 As String ,s2$          '定义 s1,s2 为不定长的字符串
s1="Visual"                    's1 的长度是 6
s2="VB"                        's2 的长度是 2
```

（2）定长字符类型的定义：

```
Dim 变量名 As String           *字符串长度
```

例如，

```
Dim s1 As String *8            '定义 s1 的长度为 8 个字符
```

5．对象类型（Object）

对象数据类型用来表示应用程序中的对象，可用 Set 语句来指定一个被声明为 Object 的变量，去引用应用程序中的任何实际对象。例如：

```
Sub Form_Click()
   Dim Temp As Object
   Set Temp=Form1                 'Temp 表示窗体 Form1
   Temp.Caption="窗体的标题"      '相当于设置 Form1.Caption
End Sub
```

6．变体类型（Variant）

Variant 是一种特殊的数据类型，是所有未定义的变量的默认数据类型，它对数据的处理完全取决于程序上下文的需要，它可以包括数值型、日期型、字符型和对象型的数据。如果赋予 Variant 变量，VB 会自动完成必要的数据类型转换。例如：

```
Dim S1                         'S1 类型默认为 Variant
S1 = "17"                      'S1 为字符串"17"
S1 = S1 - 15                   '把 S1 自动转为整型，S1 为数值 2
```

```
S1 = "A" & S1                    '把 S1 自动转为字符型，S1 为字符串"A2"
```

3.2.2　用户定义的数据类型

在 Visual Basic 中，用户也可以根据自己的需要自定义数据类型。自定义类型通过 Type 语句实现，其形式为：

```
Type <自定义类型名>
    <元素名>[（下标）] As <类型名>
    ...
    <元素名>[（下标）] As <类型名>
End Type
```

说明：

（1）元素名：表示用户自定义的一个数据类型。

（2）下标：表示定义数组。

（3）类型名：标准类型。

例如，定义一个关于高考考生信息的自定义类型。

```
Type Stud                        'Stud 为自定义类型
  Nom As Integer                 '定义考生编号为整型
  Nam As String *20              '定义考生姓名为字符型
  Sex As String *1               '定义考生性别为字符型
End Type
```

定义了类型之后，便可在变量声明中使用该类型。例如：

```
Dim Student as Stud              '定义变量 Student 为 Stud 类型
```

在程序中使用变量的元素的形式为：

```
<变量名>.<元素名>
```

例如：

```
Student.Nom=1                    '对变量 Student 的分量 Nom 赋值 1
```

3.3　常量和变量

3.3.1　常量

常量是指在程序中事先设置、运行过程中保持不变的数据。常量的类型由它们的书写格式决定。

例如：

12345 是一个整型常数

“12345”是一个长度为 5 的字符串常量

“student”是一个长度为 7 的字符串常量

8/12/2011 12:30:00# 为日期型常量

1．数值常量

数值常量包括整型常数、长整型常数、单精度常数、双精度常数、货币型常数、字节型常数等。

对于各种数值类型的常量值，为了显式地指明常数的类型，可以在常数后面加上类型说明符，这些说明符分别如下。

%：整型，如 890% 是一个整型常数。

&：长整型，如 45010234& 是一个长整型常数。

!：单精度浮点型，如-0.123！是一个单精度浮点型常数。

：双精度浮点型，如 1.236# 是一个双精度浮点型常数。

@：货币型，如 8010234@ 是一个货币型常数。

2．字符串常量

字符串常量是用双引号括起来的一串字符，每个字符占 1 个字节，可以是任何合法字符，如"VB"、"123"、chr$(13)（回车符）、"程序设计"等。

3．逻辑常量

逻辑常量只有两个值：真（True）和假（False）。当把数值常量转换为 Boolean 时，0 为 False，非 0 值为 True；当把 Boolean 常量转换为数值时，False 转换为 0，True 转换为-1。

4．日期常量

日期常量用来表示日期和时间，VB 可以表示多种格式的日期和时间，输出格式由 Windows 设置的格式决定。日期数据用两个“#”把表示日期和时间的值括起来，如#08/18/2011#、#08/18/2011 08:10:38 AM#等。

5．符号常量

当程序中多次出现某个数据时，为便于程序修改和阅读，可以给它赋予一个名字，以后用到这个值时就用名字代表，这个名字就称为符号常量。符号常量的定义格式如下。

```
Const  <符号常量名> = <常量>
```

为使其与变量名区分，一般常量名使用大写字母。

例如：

```
Const  PI=3.14159          'PI 是符号常量
a=PI+1                     'a 的值为 4.14159
```

6．系统提供的常量

由系统已定义的、用户可直接使用的常量叫系统常量，例如：

```
Private Sub Command1_Click()
    x = MsgBox("确定", vbOKCancel, "aaaa", 10, 100)
End Sub
```

在上述过程中，赋值语句中的 vbOKCancel 就是一个 VB 的系统常量。

3.3.2　变量

在程序运行过程中其值可以改变的量称为变量。常量的类型由书写格式决定，而变量的类型由类型声明决定。

1．变量的命名规则

（1）变量必须以字母或汉字开头，由字母、汉字、数字或下划线组成，长度不大于 255。如 Sum、a2、x_1 都是 VB 的变量名。

（2）变量不能使用 VB 中的保留字。保留字是指 VB 系统中已经定义的关键字，如运算符、语句、函数、过程名、方法、属性名等都不能用作变量名。例如

合法的变量名：i、a1、X_Y 、abc123、cmdOK、frmFirst

不合法的变量名：123abc 、X-Y 、Is、_AB、If、Caption、String

（3）变量名不区分大小写。即大小写是一样的，如 A1 与 a1 是同一变量。

2．变量声明

在程序中用到的变量，一般应先声明其类型然后再引用，这称为“显式声明”。

（1）使用 Dim 语句声明

语句格式如下。

```
Dim  <变量名表>  [As  类型]
```

说明：

① 如果默认“As 类型”，默认为 Variant 类型。

② 同一 Dim 语句中声明若干不同的变量，变量之间用逗号隔开，必须指定每个变量的数据类型。例如：

```
Dim a As Integer, b As Integer, c As Integer
```

注意：Dim a,b As Integer 和 Dim a As Integer, b As Integer 并不相同，前者定义 a 为 Variant 类型，后者定义 a 为 Integer 型。

③ 在过程内部用 Dim 语句声明的变量，只有在该过程执行时才存在。过程结束，该变量的值也就消失。

【例 3-1】输入长方形的 2 条边长，然后计算长方形的周长。

分析：通过文本框输入边长，周长也用文本框来输出。在窗体上添加 3 个文本框 Text1～Text3、1 个命令按钮 Command1。在代码窗口中输入下面代码。

```
Private Sub Command1_Click()
  Dim m As Single, n As Single, k As Single
  m = Text1.Text        '输入边长
  n = Text2.Text        '输入边长
  k = 2 * (m + n)       '计算周长
  Text3.Text = k        '输出周长
End Sub
```

运行程序，输入边长，单击命令按钮则计算周长。

（2）用 Static 语句声明

语句格式如下。

```
Static  <变量名>  [As  数据类型]
```

用 Static 语句说明的变量称为静态变量，即执行一个过程后，这种变量的值会保留，下次再调用此过程时，该变量的值是上次保留的值。例如：

```
Static a1 As Single
```

（3）用 Public 语句声明

语句格式如下。

```
Public  <变量名>  [As  数据类型]
```

这种变量称为全局变量，可被一个工程中的各个模块引用。例如：

```
Public a1 As Integer
```

（4）隐式声明

在 VB 中，允许对使用的变量不进行声明而直接使用，称为“隐式声明”。所有隐式声明的变量都是 Variant 型的。例如：

```
Private Sub Command1_Click()
    S1 = 20          'S1 未声明直接引用，为 Variant 型。
    S1= S1+100
    Print S1
End Sub
```

需要注意的是数组在使用前必须给出声明。

3. 变量的初始值

在程序中声明了变量以后，VB 自动将数值类型的变量赋初值 0，变长字符串被初始化为零长度的字符串（""），定长字符串则用空格填充，而逻辑型的变量初始化为 False。

3.4　运算符与表达式

3.4.1　算术运算符

如表 3-1 所示，VB 中共有 7 个算术运算符，除了负号是单目运算符，其他都是双目运算符。

表 3-1　算术运算符

运　算　符	名　　称	实　　例
^	乘方	2^3 值为 8，−2^3 值为−8
*	乘法	5*8
/	除法	5/2 的值为 2.5
\	整除	5\2 值为 2，12.58\3.45 值为 4（两边先四舍五入再运算）
Mod	求余数	7 mod 2 值为 1，12.58 Mod 3.45 值为 1（两边先四舍五入再运算）
+	加法	1+2
−	减法、取负	5−8，−3

1．算术运算符的优先级

算术运算符之间的运算优先级从高到低如下所示，由此可知：指数运算优先级最高，而加、减运算优先级最低。

指数运算^ → 取负− → 乘、除 → 整除 \ → 求余 Mod →加、减

其中，整除和求余运算只能对整型数据（Byte、Integer、Long）进行，如果其两边的任一个操作数为实型（Single、Double），则 VB 自动对其进行四舍五入、再用四舍五入后的值作整除或求余运算。

乘、除和加、减分别为同级运算符，同级运算从左向右进行。在表达式中加括号可以改变表达式的求值顺序。

例如，求下面 VB 表达式的值。

（1）16/4−2^5*8 MOD 5\2=4

（2）2*3^2−4*2/2+3^2=23

（3）5/4*6\5 Mod 2=1

2．算术表达式

常量、变量、函数都是表达式，将它们加圆括号或用运算符做有意义的连接后也是表达式，书写 VB 的算术表达式，应注意与数学表达式在写法上的区别。

（1）不能漏写运算符，如 3xy 应写作 3*x*y。

（2）VB 算术表达式中使用的括号都是小括号。

例如，由下列数学式子写出相应的 VB 算术表达式。

① $-(a^2+b^3)y^4$：写成-(a^2+b^3)*y^4

② $\mathrm{Cos}^2(A+B)+5e^2$：写成 Cos (A+B) ^2+5*Exp(2)

③ $\frac{b-\sqrt{b^2-4ac}}{2a}$：写成(b-sqr(b*b-4*a*c))/(2*a)

3.4.2 关系运算符与关系表达式

关系运算符也称比较运算符，用来对两个相同类型的表达式进行比较，其结果是一个逻辑值，若关系成立，结果为 True，否则为 False。

在关系表达式求值时，应注意以下比较规则。

（1）数值数据比较大小，如 3 <= 5 为 True。

（2）日期类型数据比较先后，如 #11/18/2009# > #03/05/2011# 为 False。

（3）字符类型数据比较字符的 ASCII 码，若两端首字符相同则比较第 2 个字符……直到比较出相应字符的 ASCII 值大小或两端所有字符比较结束。例如：

① "ABCd" >= "ABCD" 为 True

② "ABCd" >= "cd" 为 False

③ "ABCd" = "ABCd" 为 True

④ "ABCd" >="ABE" 为 False

两个字符串的“=”关系比较结果为 True，它们必定是两个完全相同的字符串。

3.4.3 逻辑运算符与逻辑表达式

逻辑运算又称为布尔运算，用逻辑运算符连接两个或多个关系表达式，构成逻辑表达式。其运算结果为逻辑型数据，即 True 或 False。

逻辑运算符有 Not，And，Or，Xor，Eqv，Imp，优先级由高到低是：

Not→And→Or、Xor→Eqv→Imp

1．非（Not）运算

进行取反运算。

例如，设 a=2 ，b=6，则 Not(a>b)的结果为 True。

2．与（And)运算

两个表达式均为 True，结果才为 True，否则为 False。

例如，设 a=2，b=6，则 (a<b)And (7>3)的结果为 True。

3．或（Or）运算

两个表达式只要有一个为 True，结果为 True ，只有当两个都为 False，结果才为 False。

例如：

（1）设 a=2，b=6，则(a<b)Or (4>7) 的值为 True。

（2）设 X=4，Y=8，Z=7，则 X<Y And (Not Y>Z) Or Z<X 的值为 False。

（3）设 a=3，b=4，c=5，则 a>b and Not c>a Or c>b And c<a+b 值为 True。

4．异或（Xor）运算

两个表达式值不相同时，结果为 True，否则为 False。

例如，(2<6) Xor (2>6)为 True。

5．等于（Eqv）运算

两个表达式值相同时，结果为 True，否则为 False。

例如，(2<6) Eqv (3<10)为 True。

6．蕴含(Imp)运算

第一个表达式（左边）值为 True，第二个表达式（右边）值为 False 时，结果为 False，其余为 True。

例如，(5>3)Imp(6<4)为 False，(5>3)Imp(6>4)为 True。

VB 不直接识别数学表达式，必须转换为 VB 合法表达式表示，例如：

（1）x 是小于 100 的非负数，写成 VB 表达式为 0<=x And x<100。

（2）10≤x<100，写成 VB 表达式为 x>=0 And x<100。

（3）a1 和 a2 有且只有一个与 a3 相等，写成 VB 表达式为 a1=a3 Xor a2=a3。

【例 3-2】输入年份，判断其是否为闰年。

分析：设 N 为年份，N 为闰年的条件是：能被 4 整除但不能被 100 整除；或能被 400 整除。用 VB 表达式表示为：

```
((N Mod 4=0) And (N Mod 100<>0)) Or (N Mod 400=0)
```

在窗体上添加 2 个文本框 Text1、Text2、1 个命令按钮 Command1，然后在代码窗口输入如下代码。

```
Private Sub Command1_Click()
  Dim N As Integer
  N = Text1.Text
  If ((N Mod 4 = 0) And (N Mod 100 <> 0)) Or (N Mod 400 = 0) Then
    Text2.Text = "是闰年"
  Else
    Text2.Text = "不是闰年"
  End If
End Sub
```

运行程序，在第 1 个文本框中输入年份，然后单击命令按钮判断其是否为闰年。

3.4.4　字符串运算符与字符串表达式

字符串运算符有两个“&”和“+”，用来连接两个或更多个字符串。

它们之间的区别为：“+”两边必须是字符串，“&”两边不一定要求是字符串。字符串连接符“&”具有自动将非字符串类型的数据转换成字符串后再进行连接的功能，而“+”则不具有这个功能。

例如：

```
" 123 " + " 456 "          '结果为 " 123456 "
" 123 " & " 456 "          '结果为 " 123456 "
"abcdef" & 12345           '结果为 "abcdef12345 "
 "abcdef " + 12345         '出错
"123" & 456                '结果为" 123456 "
 "123"+ 456                '结果为 579
```

3.4.5　日期运算符与日期表达式

日期型数据只有加（+）和减（-）两个运算符。两个日期型数据相减，结果是一个整型数据，即两个日期相差的天数。日期型数据加上（或减去）一个整型数据，结果仍为一日期型数据。例如：

```
#2011/05/01#+5                 '结果为日期型数据：#2011/05/06#
#2011/05/06#-#2011/05/01#      '结果为数值型数据：5
```

3.5　常用内部函数

3.5.1　数学函数

（1）三角函数：Sin(x)、Cos(x)、Tan(x)，反正切函数 Atan(x)。

以上函数分别返回正弦值、余弦值、正切值和反正切值。

VB 没有余切函数，求 x 弧度的余切值可以表示为 1/Tan(x)。

函数 Sin、Cos、Tan 的自变量必须是弧度，如数学式 Sin30°，写作 VB 的表达式为 Sin(30*3.1416/180)。

（2）Abs(x)：返回 x 的绝对值。如 Abs(-10)=10

（3）Exp(x)：返回 e 的指定次幂，即 e^x。如 Exp(3)=20.086

（4）Log(x)：返回 x 的自然对数。如 Log(10)=2.3

（5）Sgn(x)：符号函数，当 x>0 时，Sgn(x)的值为 1；当 x=0 时，Sgn(x)的值为 0；x<0 时，Sgn(x)的值为−1。

（6）Sqr(x)：返回 x 的平方根，如 Sqr(16)的值为 4，Sqr(1.44)的值为 1.2。

（7）Int(x)：返回不大于 x 的最大整数，如 Int(7.8)值为 7，Int(-7.8)值为-8。

（8）Fix(x)：返回 x 的整数部分，如 Fix(7.8)值为 7，Fix(-7.8)值为-7。

3.5.2　字符串函数

（1）Ltrim(x)：返回删除字符串 x 前导空格符后的字符串。

例如，Ltrim("　abc")="abc"

（2）Rtrim(x)：返回删除字符串 x 尾随空格符后的字符串。

例如，Rtrim("abc　")="abc"

（3）Trim(x)：返回删除字符串 x 前导和尾随空格符后的字符串。

例如，Trim("　abc　")="abc"

（4）Left(x,n)：返回字符串 x 前 n 个字符所组成的字符串。

例如，Left("abced",2) ="ab"

（5）Right(x,n)：返回字符串 x 后 n 个字符所组成的字符串。

例如，Right("abced",2)="ed"

（6）Mid(x,m,n)：返回字符串 x 从第 m 个字符起的 n 个字符所组成的字符串。例如：

若 s$ = "abcdefg"，则

Left(s$,2)="ab"

Right(s$,2)="fg"

Mid(s$,9,3) = ""(空字符串)

Mid(s$,2,3)="bcd"

（7）Len(x)：返回字符串 x 的长度，如果 x 不是字符串，则返回 x 所占存储空间的字节数。

例如，Len("abcdefg")=7，而 Len(k%)=2，因为 VB 用 2 个字节存储 Integer 类型的数据。

（8）Lcase(x)：返回以小写字母组成的字符串。

（9）Ucase(x): 返回以大写字母组成的字符串。

例如，Lcase("abCDe")="abcde"，Ucase("abCDe")="ABCDE"。

（10）Space(n)：返回由 n 个空格字符组成的字符串。例如，Space(2)= "　"。

（11）Instr(x,y)：字符串查找函数，返回字符串 y 在字符串 x 中首次出现的位置。如果 y 不是 x 的子串，即 y 没有出现在 x 中，则返回值为 0。

如 a$ = "abcd efg cd_xy"，则函数 Instr(a$,"cd")的计算结果为 3，因为 a$中包含了"cd"、第一次出现的位置是在 a$中的第 3 个字符；而函数 Instr(a$,"yx")的返回值为 0，因为字符串 a$中不存在子串"yx"。

3.5.3 日期和时间函数

（1）Now():返回系统日期和时间。
（2）Time():返回系统时间。
（3）Date():返回计算机系统当前日期（年-月-日）。
（4）Day(日期型表达式)：返回日期中的日（1～31），如 Day(#2011/5/08#)=8。
（5）WeekDay(日期型表达式)：返回日期中的星期（1～7）。
（6）Month()：返回日期中的月（1～12）。
（7）Year(日期型表达式)：返回日期中的年份，如 Year (#2011/5/08#)=2011。

【例 3-3】使用日期/时间函数示例。在窗体的代码窗口中输入下面的代码。

```
Private Sub Form_Click()
    x = #1/1/2013#
    a = x - Date
    b = Weekday(x)
    c = Year(Date)
    d = Month(Date)
    e = Hour(Time)
    f = Minute(Time)
    Print "现在距离 2013 年元旦还有：  "; a; "天"
    Print "2013 年元旦是：星期"; b - 1
    Print "本月份是："; c; "年"; d; "月"
    Print "现在是："; e; "时"; f; "分"
End Sub
```

运行程序后单击窗体，输出结果如图 3-1 所示。

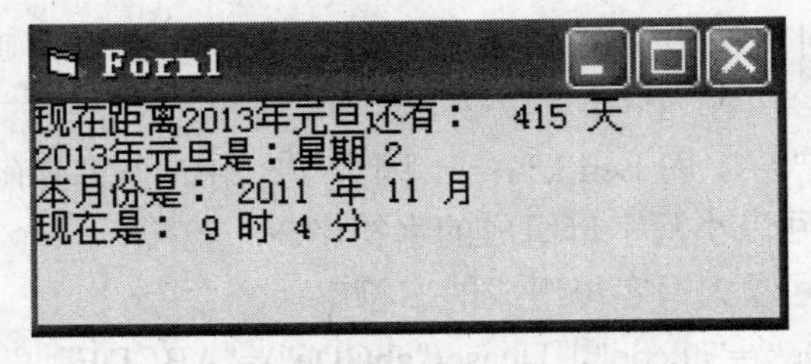

图 3-1　例 3-3 运行结果

3.5.4 转换函数

（1）Str(x)：返回把数值型数据 x 转换为字符型后的字符串。例如：

```
Str(-123.45)="-123.45"
```

大于零的数值转换后符号位用空格表示，例如：

```
Str(123.45)=" 123.45"
```

（2）Val(x)：把一个数字字符串 x 转换为相应的数值。

如果字符串 x 中包含非数字字符，则仅将第一个数字形式的字符串转换为相应的数值、后面的字符不作处理；如果字符串 x 中所有的字符均为非数字字符，则返回 0。例如：

```
Val("123.45abc678")=123.45。
Val("ABC")=0
```

（3）Chr(x)：返回以 ASCII 值为 x 的字符，例如：

```
Chr(65)="A"
Chr(97)= "a"
```

（4）Asc(x)：返回字符串 x 首字符所对应的 ASCII 值，例如：

```
Asc("a")=97
Asc("ABcde")=65
```

3.5.5 随机函数

1. Randomize 语句

该语句的作用是初始化 VB 的随机函数发生器，使得每次运行程序时产生的随机数都不相同。

2. Rnd([x])函数

随机函数，产生一个[0 , 1)之间的 Single 型的随机数。一般地，要得到[a,b]之间的随机整数，可用公式 Int(Rnd * (b - a + 1)) + a 产生。

```
Int(Rnd*100)+1      '产生 1~100 的随机整数（包括 1 和 100）
Int(Rnd*100)        '产生 0~99 的随机整数（包括 0，不包括 100）
```

【例 3-4】产生 3 位随机正整数，然后输出百位、十位、个位数字。

分析：用 Int(Rnd * 900) + 100 可以产生 100～999 的随机整数 M，百位数 H=M\100，十位数 T=(M - H * 100) \ 10，个位数 D = M Mod 10。程序代码如下。

```
Private Sub Form_Click()
    Dim M As Integer  'M用来存放三位正整数
    Dim H As Integer, T As Integer, D As Integer  'H、T、D分别存放百位数、十
位数、个位数
    Randomize
    M = Int(Rnd * 900) + 100
    H = M \ 100
```

```
    T = (M - H * 100) \ 10
    D = M Mod 10
    Print "产生的随机数是"; M
    Print "百位数是:";H
    Print "十位数是:";T
    Print "个位数是:";D
End Sub
```

运行程序，单击窗体，输出结果如图 3-2 所示。

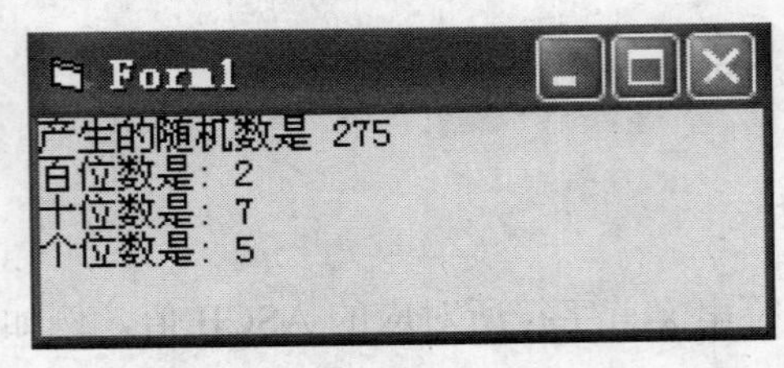

图 3-2　例 3-4 运行结果

本 章 小 结

本章介绍了 VB 的数据类型、常量、变量、各种运算符及表达式的运算，通过本章的学习，要求熟悉 VB 的基本数据类型及其使用方法；掌握常量的概念及其使用方法；掌握变量的定义及赋值的方法；掌握 VB 中的各类运算符的功能；掌握 VB 表达式的书写规则；掌握 VB 常用函数的功能与使用方法。

习　　题

一、选择题

1．下列可作为 Visual Basic 的变量名的是（　　）。

A．X_YZ　　B．A(A+B)　　C．A%D　　D．Print

2．数据类型中的数值数据类型可以包括（　　）、Double、Currency 和 Byte。

A．Integer、Object、Single　　B．Integer、Long、Variant

C．Integer、Long、Data　　D．Integer、Long、Single

3．以下（　　）可以作为字符串常量。

A．m　　B．#01/01/99#　　C．"m"　　D．True

4．下列（ ）是日期常量。

A．"2/1/02" B．22/1/02 C．#2/1/02# D．{2/1/02}

5．下列合法的单精度型变量是（ ）。

A．num! B．sum% C．name$ D．mm#

6．声明一个长度为 10 个字符的字符串变量 mstr，应使用（ ）。

A．Dim mstr 10 String B．Dim mstr(10) As String

C．Dim mstr As String * 10 D．Dim mstr As String[10]

7．VB 认为下面（ ）组变量是同一个变量。

A．A1 和 a1 B．Sum 和 Summary

C．Aver 和 Average D．A1 和 A_1

8．设 a = 2，b = 3，c = 4，d = 5，表达式 NOT a<=c OR 4*c=b^2 AND b<>a+c 的值是（ ）。

A．-1 B．1 C．True D．False

9．假设变量 Flag 是一个布尔型变量，则下面正确的赋值语句是（ ）。

A．Flag="TRUE" B．Flag=[TRUE]

C．Flag=#TRUE# D．Flag=3<4

10．\、/、Mod、* 4 个算术运算符中，优先级最低的是（ ）。

A．\ B．/ C．Mod D．*

11．表达式(7\3+1)+(18\5-1)的值是（ ）。

A．8.67 B．7.8 C．5 D．6.67

12．表达式 5^2 Mod 25\2^2 的值是（ ）。

A．1 B．0 C．6 D．4

13．表示条件"身高 T 超过 1.7 米且体重 W 小于 62 千克"的布尔表达式为（ ）。

A．T≥1.7 And W<62 B．T<=1.7 Or W>=62

C．T>1.7 And W<62 D．T>1.7 Or W<62

14．设有如下变量声明 Dim Testdate As Date，为变量 Testdate 正确赋值的表达方式是（ ）。

A．Textdate=#1/1/2011#

B．Testdate=#"1/1/2011"#

C．Textdate=Date("1/1/2011")

D．Testdate=Format("M/D/Yy","1/1/2011")

15．设 A="Visual Basic"，下面使 B="Basic"的语句是（ ）。

A．B=Left(A,8,12) B．B=Mid(A,8,5)

C．B=Rigth(A,5,5) D．B=Left(A,8,5)

16．执行语句 S=Len(Mid("VisualBasic",1,6))后，S 的值是（ ）。

A．Visual B．Basic C．6 D．11

17．设 A = 5，B = 10，则执行 C = Int((B−A) * Rnd + A) + 1 后，C 值的范围为（ ）。

A．5～10 B．6～9 C．6～10 D．5～9

18．设 A=10，B=5，C=1，执行语句 Print A > B > C 后，窗体上显示的是（　）。

A．True　　B．False　　C．1　　D．出错信息

19．执行语句 PRINT INT(-13.2)的输出结果为（　）。

A．-13.2　　B．13.2　　C．-13　　D．-14

20．Print Len("BASIC 程序设计")的结果是（　）。

A．13　　B．11　　C．5　　D．9

二、填空题

1．假定有如下的变量定义：Dim a, b As Integer，则变量 a 被定义为________类型，b 被定义为________类型。

2．在 VB 中，字符串常量要用________括起来，日期型常量要用________括起来。

3．表达式 chr(Asc("a") + 5)的值为________。

4．Int(-3.6)、Int(3.6)、Fix(-3.6)、Fix(3.6)的值分别是______、______、______、______。

5．Int(Rnd*100)表示的整数的范围是________。

6．变量 min@表示________类型的变量。

7．X 为[0,100]之间的数，能被 2 整除，但不能被 3 整除，写成 VB 表达式为________。

8．随机产生 100 至 200（不包括 100 和 200）之间的整数的表达式为________，如果包括 100 而不包括 200，则表达式为________。

9．设 X$ ="abc123456"，则"a"+ltrim(str$(val(right(X$,4))))的值是________。

10．若 a1 和 a2 之中没有一个与 a3 的值相等，则相应的表达式是________。

上 机 实 验

1．编写程序，求下列表达式的值，并分析输出的结果。

（1）16 / 4 - 2 ^ 5 * 8 / 4 Mod 5 \ 2

（2）设 A=30°，B=60°，求 $\mathrm{Cos}^2(A+B)+5e^2$

（3）Mid("UniversityOfPetroleum", 8, 4)

（4）Sgn(-6^2)+Int(-6^2)+Int(6^2)

（5）设 x=10，求 $\sqrt[3]{x+\sqrt{x^2+1}}$

2．编写程序，随机产生一个 4 位整数，输出该数及其各位数。

3．编写程序，随机产生二个 100 以内的整数，输出它们的和。

4．编写程序，从键盘输入圆的半径，输出其面积。

5．设 A 与 B 为整型变量，试编写程序，把 A 与 B 中的数据相互交换，界面如图 3-3 所示。

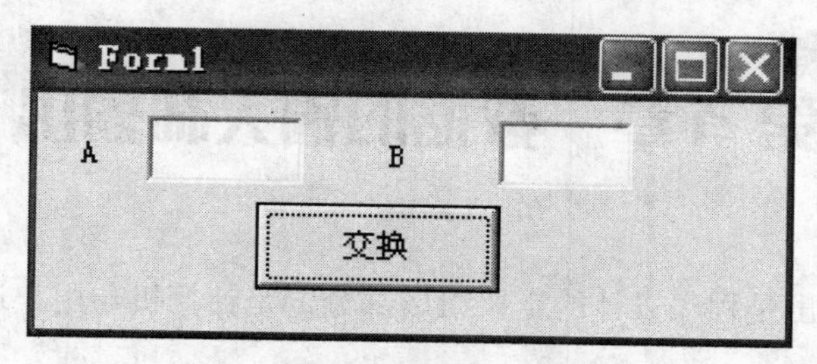

图 3-3　程序界面

6．在窗体上添加一个名称为 Command1 的命令按钮，然后编写如下事件过程。

```
Private Sub Command1_Click()
   A$="Visual Basic"
   Print String(3,A$)
End Sub
```

程序运行后，单击命令按钮，在窗体上显示的内容是什么？请分析输出结果。

7．在窗体上添加两个文本框，其名称分别为 Text1 和 Text2，然后编写如下程序。

```
Private Sub Form_Load()
    Show
    Text1.Text = ""
    Text2.Text = ""
    Text1.Setfocus
End Sub
Private Sub Text1_Change()
   Text2.Text = Mid(Text1.Text, 6)
End Sub
```

程序运行后，如果在文本框 Text1 中输入 GreatWall，则在文本框 Text2 中显示的内容是什么？请分析并输出结果。

第4章 数据的输入和输出

数据的输入和输出是程序设计的重要组成部分，是计算机与用户进行交互操作的基本途径。

4.1 数 据 输 入

4.1.1 InputBox 函数

InputBox 函数用来产生一个输入对话框（如图 4-1 所示），等待用户输入数据，并返回所输入内容。其使用格式为：

```
Value=InputBox(Prompt[,Title][,Default][,x,y][,Helpfile,Context])
```

其中各参数含义介绍如下。

（1）Prompt：一个字符串，用于显示提示信息。

（2）Title：一个字符串，用于显示对话框的标题。

（3）Default：一个字符串，用于显示输入区的初始信息。

（4）x,y：对话框左上角在屏幕上的位置。

（5）Helpfile,Context：帮助文件名及帮助主题号。有本选项时，在对话框中将自动增加一个帮助按钮。

图 4-1 InputBox 函数产生的输入框

【例 4-1】在对话框中输入两个整数，然后输出它们的和。程序代码如下。

```
Private Sub Form_Click()
   Dim x As Integer, y As Integer
   x = InputBox("请输入第一个整数：", "输入")
```

```
    y = InputBox("请输入第二个整数：", "输入")
    Print x + y
End Sub
```

默认情况下，InputBox 的返回值是一个字符串。用 InputBox 输入数字后，既可以将其作为数值型，也可以作为字符串，VB 会根据情况自动归类。当然，必要时，可以用 Val 函数转换为数值型。在例 4-1 中，如果输入 x=10，y=20，则输出结果为 30；如果去掉语句 Dim x As Integer, y As Integer，则输入的数字就默认为字符串，所以输出的结果就是 1020。

4.1.2　MsgBox 函数

MsgBox 函数用于产生一个消息提示对话框，等待用户单击按钮，并返回一个整数以标明用户单击了哪个按钮。其语法格式为：

```
MsgBox(Msg[,Type][,Title][,Helpfile,Context])
```

该函数有 5 个参数，只有第一个 msg 是必需的，其他参数均可省略。各参数含义介绍如下。

（1）Msg：一个字符串，代表消息提示对话框所显示的信息，其长度不能超过 1024 个字符。

（2）Title：对话框的标题。

（3）Helpfile,Context：显示帮助按钮。

（4）Type：一个整数或符号常量，用来控制在对话框中显示的按钮和图标的种类。表 4-1 列出了几种常用的 Type 参数值的含义。

表 4-1　Type 参数值的含义

符号常量	值	作　用
VbOkOnly	0	只显示“确定”按钮，是默认值
VbOkCancel	1	显示“确定”、“取消”按钮
VbAbortRetryIgnore	2	显示“终止”、“重试”、“忽略”按钮
VbYesNoCancel	3	显示“是”、“否”、“取消”按钮
VbYesNo	4	显示“是”、“否”按钮
VbRetryCancel	5	显示“重试”、“取消”按钮
VbCritical	16	显示暂停图标
VbQuestion	32	显示“？”图标
VbExclamation	48	显示“！”图标
VbInformation	64	显示“i”图标
VbDefaultButton1	0	默认按钮为第一个按钮
VbDefaultButton2	256	默认按钮为第二个按钮
VbDefaultButton3	512	默认按钮为第三个按钮

Tpye 参数为一数值表达式或符号常量表达式，是各种选择值的总和。例如，type=2+32+0 与 type=VbAbortRetryIgnore+VbQuestion+VbDefaultButton1 所表示的意义是一样的，即显示“终止”、“重试”、“忽略”3 个按钮，图标为“？”，默认为“终止”按钮。

MsgBox 函数的返回值为一个整数或符号常量，可根据其返回值，确定下一步操作。表 4-2 列出了其返回值所表示的含义。

表 4-2　MsgBox 函数返回值的含义

符号常量	值	含义
VbOk	1	确定
VbCancel	2	取消
VbAbort	3	终止
VbRetry	4	重试
VbIgnore	5	忽略
VbYes	6	是
VbNo	7	否

【例 4-2】用 MsgBox 函数设计一个提示对话框，其中含有“终止”、“重试”和“忽略”3 个按钮，图标为“？”，默认为“终止”按钮。其实现代码如下。

```
Private Sub Form_Click()
    Msg1$ = "要继续吗？"
    Msg2$ = "MsgBox 函数应用"
    r = MsgBox(Msg1$, 34, Msg2$)
    If r = 3 Then Print "你按了终止按钮"
    If r = 4 Then Print "你按了重试按钮"
    If r = 5 Then Print "你按了忽略按钮"
End Sub
```

运行程序，单击窗体，出现如图 4-2 所示对话框。

图 4-2　MsgBox 函数应用

说明：34=2+32+0；决定了对话框有“终止”、“重试”和“忽略”3 个按钮，图标为“？”，默认为“终止”按钮。

【例 4-3】用 MsgBox 函数设计一个提示对话框，其中含有“是”、“否”两个按钮，

默认为“否”按钮。单击“是”按钮时显示“结果正确”，单击“否”按钮时显示“结果错误”。其实现代码如下。

```
Private Sub Form_Click()
   Msg1 = "请确认是否正确？"
   Type1= vbYesNo + vbCritical + vbDefaultButton2
   r = MsgBox(Msg1, Type1, "MsgBox函数应用")
   If  r = vbYes Then
        Display = "结果正确"
    Else
        Display = "结果错误"
    End If
    Print Display
End Sub
```

运行程序，单击窗体，出现如图 4-3 所示对话框。

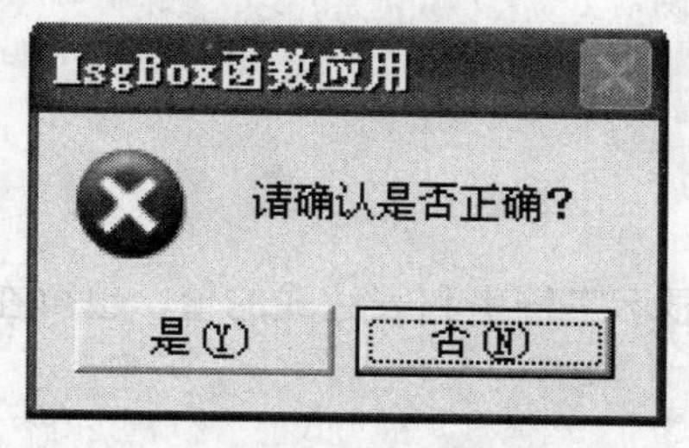

图 4-3　MsgBox 函数应用

说明：要求对话框中含有“是”、“否”两个按钮，默认为“否”按钮，所以参数应设置为 vbYesNo + vbCritical + vbDefaultButton2，也可写成 Type1=4+16+256。

4.1.3　MsgBox 语句

若不需要返回值，MsgBox 函数可以去掉圆括号，变成 MsgBox 语句。在程序运行的过程中，有时需要显示一些简单的信息，如警告或错误等，此时可以利用 MsgBox 语句产生“信息对话框”来显示这些内容。MsgBox 语句的语法格式为：

```
MsgBox  Msg [, [Type][, Title]]
```

其中，Msg 为提示信息，不能省略；Type、Title 的含义同 MsgBox 函数。

【例 4-4】使用 **MsgBox** 语句显示提示信息。

```
Private Sub Form_Click()
   Msg="请保存文件！系统即将关闭！"
   MsgBox  Msg,0, "MsgBox语句示例"
End sub
```

程序进行结果如图 4-4 所示。

图 4-4　MsgBox 语句应用

4.2　数据输出

Visual Basic 常用的输出方式有 Print 方法、标签控件、文本框控件等。本节主要介绍如何利用 Print 方法来输出数据。

4.2.1　Print 方法

Print 方法可以在窗体上显示字符串和表达式的值，也可在其他图形对象或打印机上输出信息。

其语法格式为：

```
[对象名.]Print[表达式表][,|;]
```

参数说明：

（1）“对象名”可以是窗体（Form）、立即窗口（Debug）、图片框（PictureBox）、打印机（Printer），若省略，则在当前窗体上输出。

例如：

```
Print "VB"                  '将字符串 VB 显示在窗体上
Picture1.print "VB"         '把字符串 VB 显示在图片框 Picture1 上
Printer.Print "VB"          '将字符串 VB 输出到打印机
```

（2）“表达式表”是一个或多个表达式。对于数值表达式，先计算出表达式的值，再输出；而字符串则原样输出；若省略，则输出一个空行。

例如：

```
Print 180/3                 '输出表达式的值 60
Print                       '输出一空行
Print  "X=180/3"            '输出字符串 X=180/3
```

（3）表达式表中各表达式之间用分隔符（逗号或分号）隔开。

① 用逗号分隔：按标准输出格式输出，下一个输出项将在下一个打印区（每隔 14 列开始一个打印区）的起始位置输出。

② 用分号分隔：以紧凑格式输出，紧跟着上一个输出项输出。如果是字符串，中间没有空格；如果是数值型数据，中间有一个空格。

例如，执行下面代码后，结果如图 4-5 所示。

```
Print 1, 2, 3
Print "We", "study", "VB"
Print 1; 2; 3
Print "We"; "study"; "VB"
```

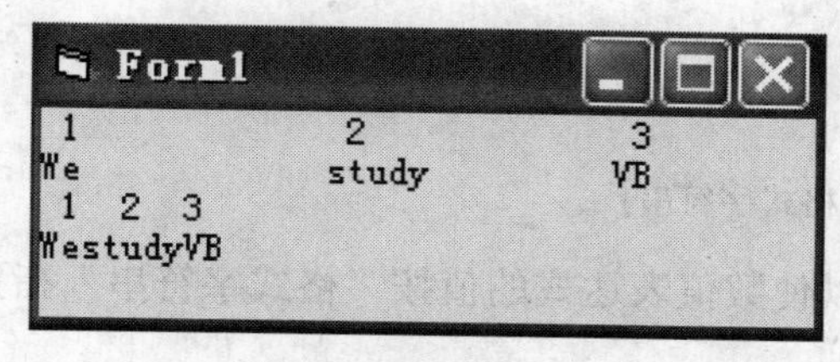

图 4-5　Print 输出格式

（4）分号或逗号为结尾符号。一般每执行一次 Print 方法都会自动换行，而以逗号或分号作为结尾符号则不换行，仍按标准格式或紧凑格式显示下一个信息。

例如执行下列语句：

```
print 1,2,
print 3;
print 4
```

显示结果为（□表示空格）：

□1□□□□□□□□□□□□□2□□□□□□□□□□□□□3□□4

4.2.2　与 Print 方法有关的函数

1. Tab 函数

其语法格式为：

```
Tab[(n)]
```

与 Print 方法一起使用，在参数 n 指定的位置输出其后表达式的值。

例如：

```
Print  Tab(25); "ABC"      '在第 25 列显示"ABC"
```

2. Spc 函数

其语法格式为：

```
Spc(n)
```

与 Print 方法一起使用，使光标从当前位置跳过 n 个空格，对输出位置进行定位。

说明：

与 Tab 函数不同的是，Tab 函数的参数 n 是相对于屏幕最左列而言的列号，而 Spc 函数中的 n 是相对于前一输出项的最后一个字符而言跳过的空格数。

例如：

```
Print  "Hello";Tab(10); "World"    'World从第10列显示
Print  "Hello";Spc(10); "World"    'Hello和World之间相隔10个空格
```

3. Format 函数

其语法格式为：

```
Format (数值表达式,格式字符串)
```

利用 Format 函数可以使数值表达式的值按“格式字符串”指定的格式输出。

说明：

（1）#：表示一个数字位，若要显示的数据位数多于“#”个数，则原样输出；若少于“#”个数，则在指定区域段内左对齐显示数据项。

（2）0：与“#”功能基本相同，不同之处要显示的数据位数少于 0 的个数时，将以 0 补齐，并左对齐显示该数据项。例如：

```
Print  format(19330, "########")    '结果为：19330
Print  format(19330, "00000000")    '结果为：00019330
```

（3）小数点：小数点与#或 0 结合，可以放在格式字符串中的任何位置；若小数位数超过格式符指定位数，则按四舍五入处理。例如：

```
Print  format(897.12, "###.##")    '结果为：897.12
Print  format(7.887, "000.00")     '结果为：007.89
```

（4）逗号：在格式字符串中插入逗号，可起到“千位分隔符”的作用。例如：

```
Print  format(12345.67, "###,###.##")  '结果为：12,345.67
```

【例 4-5】试验数值的格式化输出。执行以下代码。

```
Private Sub Form_Click()
        Print Format(12345.6, "000,000.00")
        Print Format(12345.6, "###,###.##")
        Print Format(12345.678, "###,###.##")
        Print Format(12345.6, "$##,##0.00")
        Print Format(0.123, "0.00")
        Print Format(12345.6, "0.00E+00")
End Sub
```

运行程序，单击窗体，结果如图 4-6 所示。

图 4-6　Format 输出格式

4.2.3　打印机输出

1. 直接输出

使用 Printer 对象的 Print 方法，可以直接将信息送到打印机输出。

其语法格式为：

```
Printer.Print [表达式]
```

【例 4-6】下述代码将在打印机中直接打印出相关信息。

```
Private Sub Form_Click()
        Printer.FontName="黑体"
        Printer.FontSize=24
        Printer.Print  "VB 程序设计语言"
        Printer.EndDoc  '结束打印文件
End Sub
```

程序运行时，单击窗体，打印机将以黑体 24 磅大小输出“VB 程序设计语言”。

2. 窗体输出

使用窗体的 PrintForm 方法可以将窗体中的所有信息传送到打印机。要用 PrintForm 方法打印应用程序中的信息，需先将该信息显示在窗体中，然后再用 PrintForm 方法打印窗体。

其语法格式为：

```
[窗体名.]PrintForm
```

若省略窗体名称，则打印当前窗体。PrintForm 将打印窗体的全部内容，即使窗体的某部分在屏幕上看不到。

【例 4-7】通过窗体将指定信息输出到打印机。

```
Private Sub Form_click()
        FontName="黑体"
```

```
    Print "VB 程序设计语言"
    PrintForm
End Sub
```

程序运行时，单击窗体，打印机将以黑体输出“VB 程序设计语言”。

4.3　应 用 举 例

【例 4-8】编写程序，从键盘输入圆的半径，然后计算圆的面积。

分析：圆的面积 $s=\pi r^2$，用 InputBox 函数输入半径 r 的值，如果输入的值为负数，则用 MsgBox 语句提示错误信息，结果用 Print 方法输出。其实现代码如下。

```
Private Sub Form_Click()
  Dim r As Single, s As Single
   r = InputBox("输入半径", "计算圆的面积")
   If r <= 0 Then
     MsgBox "半径不能为负！", vbInformation + vbOKOnly, "系统提示"
   Else
     FontSize = 18
     s = 3.14 * r * r
     Print "圆的半径："; r
     Print "圆的面积："; s
   End If
End Sub
```

【例 4-9】编写程序，实现摄氏温度和华氏温度的相互转换。

分析：设 C 为摄氏温度，F 为华氏温度，转换公式为 F=9/5*C+32。利用 InputBox 函数输入温度的值，再用 Print 方法输出结果。

在窗体上添加两个命令按钮 Command1 和 Command2，将 Command1 的 Caption 属性设置为“输入摄氏温度”，将 Command2 的 Caption 属性设置为“输入华氏温度”，然后在代码窗口中输入如下代码。

```
Private Sub Command1_Click()
   Dim C As Single, F As Single
   C = InputBox("输入摄氏温度")
   F = 9 / 5 * C + 32
   Print Tab(5); "摄氏温度"; Tab(15); "华氏温度"
   Print Tab(5); C; Tab(15); F
End Sub
Private Sub Command2_Click()
```

```
    Dim C As Single, F As Single
    F = InputBox("输入华氏温度")
    C = 5 / 9 * (F - 32)
    Print Tab(5); "华氏温度"; Tab(15); "摄氏温度"
    Print Tab(5); F; Tab(15); C
End Sub
```

运行程序，结果如图4-7所示。

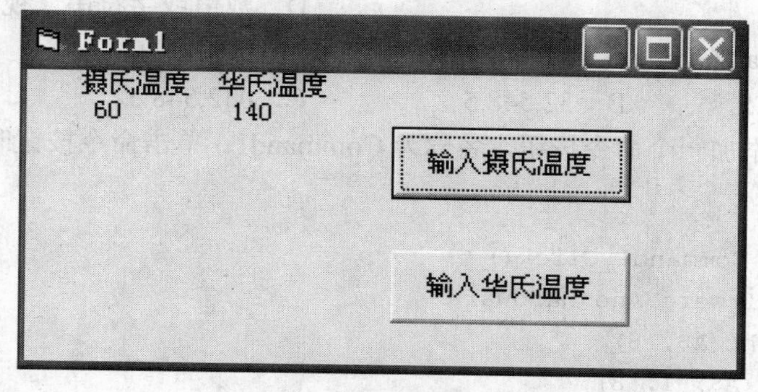

图4-7　程序运行结果

本章小结

本章介绍了Visual Basic中数据输入和输出的方法，包括用于数据输入的InputBox函数、MsgBox函数、MsgBox语句；用于数据输出的Print方法及与Print方法有关的函数。这些数据的输入与输出方法是程序与用户进行交互操作的基本途径。

习　题

一、选择题

1．执行如下语句：

```
A=InputBox("今天","明天","昨天" ..."前天",5)
```

将显示一个输入对话框，在对话框的输入区中显示的信息是（　　）。

A．今天　　B．昨天　　C．明天　　D．前天

2．假设有语句：

```
X=InputBox("输入数值","0","示例")
```

程序运行后，如果输入10并按Enter键，则下列叙述中正确的是（　　）。

A．变量 X 的值是数值 10

B．在 InputBox 对话框标题栏中显示的是“示例”

C．0 是默认值

D．变量 X 的值是字符串"10"

3．InputBox 函数返回值的类型为（　　）。

A．数值　　B．字符串

C．变体　　D．数值或字符串（视输入的数据而定）

4．Print Format$(32548.5,"000,000.00")语句的输出结果是（　　）。

A．32548.5　　B．32,548.5　　C．032,548.5　　D．32,548.50

5．在窗体上添加一个命令按钮，名称为 Command1。单击命令按钮时，执行如下事件过程。

```
Private Sub Command1_Click()
    A$ = "Software And Hardware"
    B$ = Right(A$, 8)
    C$ = Mid(A$, 1, 8)
    Msgbox A$, , B$, C$, 1
End Sub
```

则在弹出信息框的标题栏中显示的信息是（　　）。

A．Software And Hardware　　B．Software

C．Hardware　　D．1

6．Print Format$(12345, "000.00")语句的输出结果是（　　）。

A．123.45　　B．12345.00　　C．12345　　D．00123.45

7．MsgBox 函数和 MsgBox 语句的本质区别是（　　）。

A．MsgBox 函数和 MsgBox 语句的参数个数不同

B．MsgBox 函数书写时有括号，MsgBox 语句书写时没有括号

C．MsgBox 函数与 MsgBox 语句执行时打开的对话框类型不同

D．MsgBox 函数返回函数值，MsgBox 语句没有函数值返回

8．在窗体上添加一个命令按钮、一个文本框，执行下面程序。

```
Private Sub Command1_Click()
    x=InputBox("请输入 x 的值：")
    y=Text1.Text
    z=x+y
    Print z
End Sub
```

运行程序，在文本框 Text1 中输入 456，单击命令按钮后，在 InputBox 函数弹出的对话框中输入 123，则窗口上输出结果是（　　）。

A．123　　B．579　　C．123456　　D．错误信息

9．以下不能输出“Program”的语句是（　　）。

A．Print mid("VBProgram",3,7)　　B．Print Right("VBProgram",7)

C．Print Mid("VBProgram",3)　　D．Print Left("VBProgram",7)

10．执行语句 A = MsgBox("AAAA", , "BBBB", "", 5)所产生的信息框的标题是（　　）。

A．BBBB　　B．空　　C．AAAA　　D．出错

二、填空题

1．有下列事件过程：

```
Private Sub Command1_Click()
  a=InputBox("输入第一个数：")
  b=InputBox("输入第二个数：")
  print a+b
End Sub
```

运行程序时，若输入数值2和3，则窗体上输出结果为________。

2．在窗体上添加一个命令按钮（名称为Command1），然后编写如下事件过程。

```
Private Sub Command1_Click()
  a=4:b=5:c=6
  Print a=b+c
End Sub
```

程序运行后，单击命令按钮，其结果为________。

3．执行语句 Print Format(9.8596, "$00,00.00")的结果是________。

4．假定有如下的窗体事件过程：

```
Private Sub Form_Click()
  A$ = "Microsoft Visual Basic"
  B$ = Right(A$, 5)
  C = Mid(A$, 1, 9)
  Msgbox A$, 34, B$, C$, 5
End Sub
```

程序运行后单击窗体，则弹出信息框的标题栏中显示的信息是________。

5．假定有如下的窗体事件过程：

```
Private Sub Form_Click()
   r = MsgBox("在这里显示提示" + Chr(13) + "提示信息", _
      vbAbortRetryIgnore + vbCritical, "请确认")
   Print "r=";r
End Sub
```

程序运行后单击窗体，然后在弹出的信息框中单击“终止”按钮，则在窗体上输出的结果是________。

上 机 实 验

1．在窗体的代码窗口中输入如下代码。

```
Private Sub Form_Click()
  Dim r As Integer
  r = MsgBox("MsgBox", vbYesNo + vbCritical + vbDefaultButton2, "示例")
  Print "你所按的按钮对应的值为"; r
End Sub
```

运行程序，观察运行结果。单击窗体，然后在弹出的信息框中单击“是”按钮，在窗体上输出的结果是什么？

2．在窗体的代码窗口中输入如下代码。

```
Private Sub Form_Click()
   Print "12345678901234567890"
   Print Tab(3); 10; Spc(3); 20, Space$(3); "abc"
   Print
   Print "cde";
   Print 30; Tab(5); "efg"
End Sub
```

运行程序，观察运行结果。单击窗体，写出在窗体上显示的内容。先自己填写下面横线中的内容，然后与计算机的输出结果进行比较，看看是否一致；如果不一致找出其中的原因，记录正确的结果。

（1）数值 10 显示在第________行的第________列和________列。

（2）数值 20 显示在第________行的第________列和________列。

（3）字符串"abc"显示在第________行的第________列、________列和________列。

（4）字符串"cde"显示在第________行的第________列、________列和________列。

（5）数值 30 显示在第________行的第________列和________列。

（6）字符串"efg"显示在第________行的第________列、________列和________列。

3．编写程序，用 InputBox 函数输入三角形的 3 条边，计算并输出三角形的面积。提示：面积 $area=\sqrt{s(s-a)(s-b)(s-c)}$，其中 $s=(a+b+c)/2$。

4．编写程序，首先从键盘输入两个变量值，然后根据选择决定是否进行变量值交换。输入变量值的对话框如图 4-8 所示，给出“是否交换”选择的对话框如图 4-9 所示。据此将下面的程序补充完整。

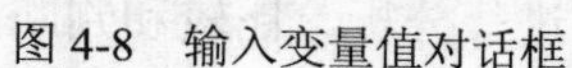
图 4-8　输入变量值对话框

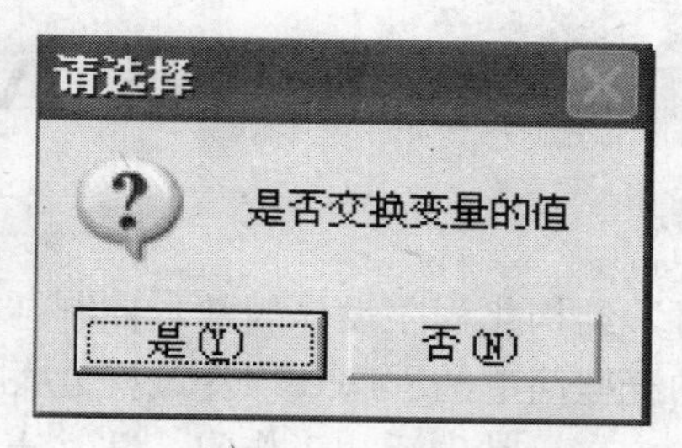

图 4-9　选择对话框

```
Private Sub Form_Click()
    Dim a As Integer, b As Integer, temp As Integer
    Dim choice As Integer
    a = ________________
    b = ________________
    Print "a="; a, "b="; b
    choice = ________________
    If choice = vbYes Then                '如果单击了“是”按钮
      temp = a: a = b: b = temp           '交换 a 和 b 的值
    End If
    Print "a="; a, "b="; b
End Sub
```

5. 编写程序，从键盘输入字符时，在窗体上立即显示所输入的字符和该字符的 ASCII 码，如图 4-10 所示。双击窗体时，清除窗体上显示的内容。

提示：利用窗体的 KeyPress 事件。

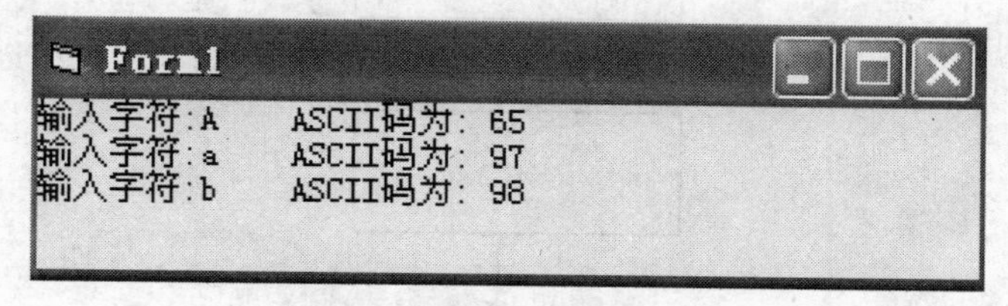

图 4-10　输出界面

第5章　Visual Basic 控制结构

结构化程序设计的基本控制结构有 3 种：顺序结构、选择结构和循环结构。前面编写的一些简单的程序（事件过程）大多为顺序结构，即整个程序按书写顺序依次执行。

在日常生活和工作中，常常需要对给定的条件进行分析、比较和判断，并根据判断结果采取不同的操作。在 Visual Basic 中，这样的问题通过选择结构来解决。

在实际应用中，经常会遇到一些需要反复多次处理的问题，如计算每个同学的平均成绩等。为此，Visual Basic 提供了循环语句，循环语句产生一个重复执行的语句序列，直到指定的条件满足为止。

5.1　顺序结构

顺序结构是经常使用的一种程序控制结构，它是按照程序编写的先后顺序，自顶向下顺序地执行各条语句，即先执行第一句，再执行第二句，一句一句执行下去，直到执行完最后一句。顺序结构的流程如图 5-1 所示。

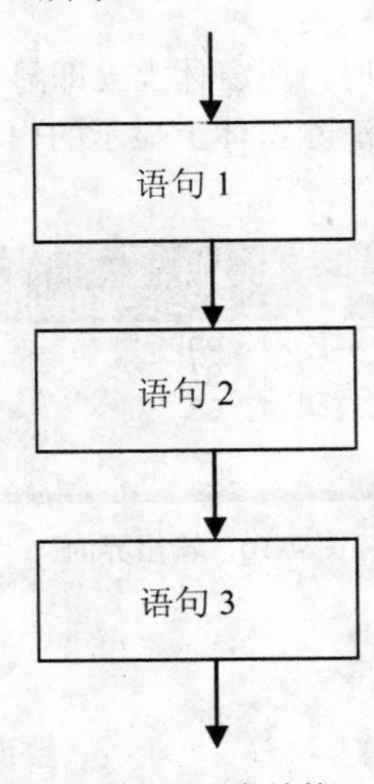

图 5-1　顺序结构

【例 5-1】求平行四边形的面积。面积公式为 S=absint，其中 a、b 为边长，t 为 a 和 b 间的夹角。要求结果保留两位小数。其实现代码如下。

```
Private Sub Form_Click()
```

```
    Const PI = 3.14                                    '用于设置π的值，为符号常量
    Dim A As Single, B As Single, T As Single, S As Single
    A = InputBox("请输入边长 a")
    B = InputBox("请输入边长 b")
    T = InputBox("请输入角度 t")
    S = Round(A * B * Sin(T * PI / 180), 2)    '保留 2 位小数
    Print "a="; A, "b="; B, "t="; T, "S="; S
End Sub
```

本例程序按顺序依次执行。程序运行时，单击窗体，然后分别输入 10、30、35 时，窗体上显示如下。

```
a=10    b=30    t=35    S=172.07
```

5.2　选择结构

选择结构是描述自然界和社会生活中分支现象的一种重要手段，其特点是根据所给定的条件成立与否，决定从不同分支中选择执行某一分支的相应操作。在 VB 中提供的用来实现选择结构的语句主要有 IF 条件语句和 Select Case 语句。

5.2.1　If 条件语句

If 语句有单分支、双分支和多分支等结构，可以根据实际需要选择适当的结构。

1．单分支结构 If…Then 语句

格式 1：

```
If  <表达式>  Then
   语句块
End If
```

格式 2：

```
If  <表达式>  Then <语句>
```

说明：

（1）该语句的执行流程如图 5-2 所示。表达式的值为 True 时执行语句块，否则执行下一条语句。

（2）采用格式 1 时，必须从 Then 后换行，且必须用 End If 结束。语句块中可包含多条语句。

（3）采用格式 2 时，整个条件语句写在一行，不能使用 End If 结束。若 Then 后的语

句有多条，语句之间用“：”分隔。

例如，已知两个数 x 和 y，比较它们的大小，使得 x 大于 y。

采用格式 1 时可写成：

```
If  x<y Then
    t=x
    x=y
    y=t
End If
```

采用格式 2 时可写成：

```
If  x<y Then t=x: x=y: y=t
```

2．双分支结构 If...Then...Else 语句

格式 1：

```
If  <表达式>  Then
   <语句块 1>
Else
   <语句块 2>
End If
```

格式 2：

```
If  <表达式> Then <语句 1> Else <语句 2>
```

说明：

该语句的执行流程如图 5-3 所示，当表达式的值为 True 时执行语句块 1，否则执行语句块 2。

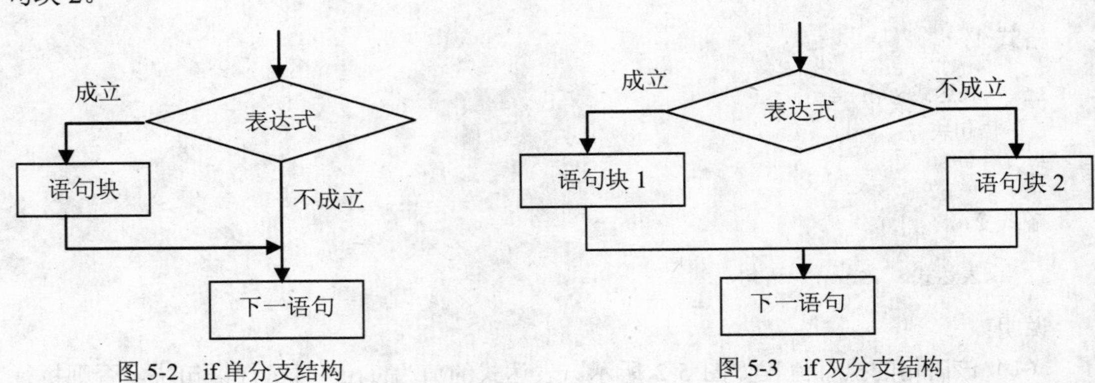

图 5-2 if 单分支结构　　图 5-3 if 双分支结构

【例 5-2】编写程序，从键盘输入考试成绩，判断是否及格。其实现代码如下。

```
Private Sub Command1_Click()
    score = Val(InputBox("请输入你的成绩："))
    if  score >= 60  then
```

```
        Print "你的成绩是：";score; "分"
        Print "祝贺你考试通过。"
    Else
        Print "你的成绩是：";score;"分"
        Print "你的考试未通过."
    End If
End Sub
```

【例5-3】编写程序，在文本框中输入一个整数，判断该数的奇偶性。

分析：判断某整数的奇偶性，可以检查该数能否被2整除。若该数能被2整除，则该数为偶数，否则为奇数。

本程序界面如图5-4所示。需要在窗体上依次添加一个文本框，用于输入整数；两个标签，用于显示标题和输出结果；两个命令按钮，用于判断和清除数据。

设计步骤如下。

（1）建立用户界面，设置对象属性。各对象的属性如表5-1所示。

表5-1 例5-3各对象的属性

对象名	属性	属性值	对象名	属性	属性值
Form1	Caption	判断奇偶	Text1	Text	
Label1	Caption	请输入整数	Command1	Caption	判断
Label2	Caption		Command2	Caption	清除

（2）编写程序代码。

"判断"命令按钮Command1的Click事件代码如下。

```
Private Sub Command1_Click()
    Dim x As Integer
    x = Val(Text1.Text)
  If (x Mod 2) = 0 Then
    Label2.Caption = x & " 是偶数"
  Else
    Label2.Caption = x & " 是奇数"
  End If
End Sub
```

"清除"命令按钮Command2的Click事件的代码如下。

```
Private Sub Command2_Click()
    Text1.Text = ""
    Label2.Caption = ""
End Sub
```

程序运行后，结果如图5-4所示。

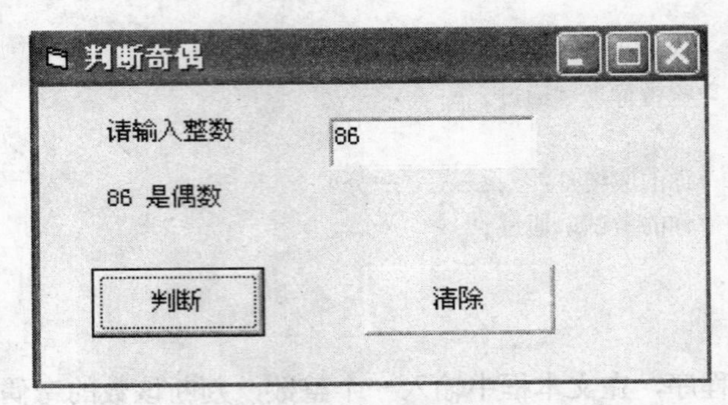

图 5-4　程序运行结果

3. 多分支结构 If...Then...ElseIf 结构

其语法格式如下。

```
If  <表达式 1>  Then
     <语句块 1>
ElseIf  <表达式 2>  Then
     <语句块 2>
          ...
 [Else
     语句块 n+1  ]
End If
```

说明：

该语句的执行流程如图 5-5 所示。首先判断表达式 1，如果其值为 True，则执行<语句块 1>，然后结束 If 语句。如果表达式 1 的值为 False，则判断表达式 2，如果其值为 True，则执行<语句块 2>，然后结束 If 语句。如果表达式 2 的值为 False，则继续判断其他表达式的值。如果所有表达式的值都为 False，则执行<语句块 n+1>。语句的流程如图 5-5 所示。

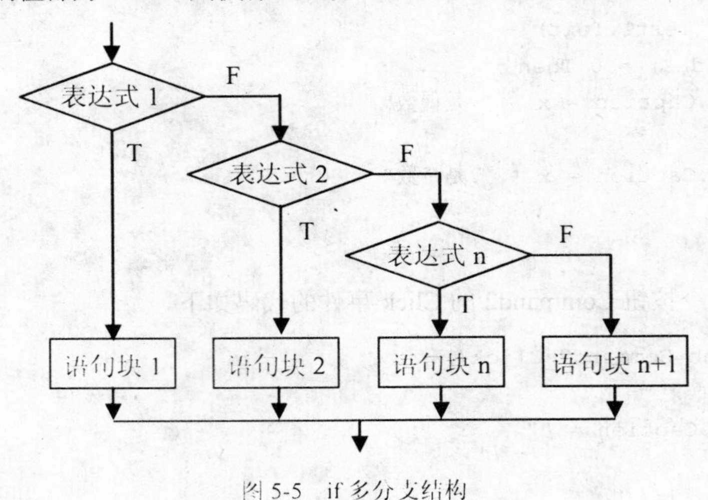

图 5-5　if 多分支结构

【例 5-4】编写程序，将输入的华氏温度 F 转换成摄氏温度 C，并显示相应的提示信息。

华氏温度转换为摄氏温度的公式：

$$C=5/9*(F-32)$$

提示信息如下：

- ✧ C>40 时，打印“高温”。
- ✧ 30<C≤40 时，打印“热”。
- ✧ 20<C≤30 时，打印“舒适”。
- ✧ 10<C≤20 时，打印“凉爽”。
- ✧ 0<C≤10 时，打印“冷”。
- ✧ C≤0 时，打印“冰冻”。

分析：根据提示信息，温度有 6 种情况。要判断这 6 种情况，需用多分支的 If 结构来实现。

程序设计步骤如下。

（1）建立用户界面，在窗体上添加相应的控件对象，设置各对象的属性，如表 5-2 所示。

表 5-2　例 5-4 各对象的属性

对象名	属性	属性值	对象名	属性	属性值
Form1	Caption	温度转换	Text1	Text	
Label1	Caption	请输入华氏温度	Text2	Text	
Label2	Caption	转换成摄氏温度为	Command1	Caption	执行转换
Label3	Caption				

（2）编写程序代码。

命令按钮 Command1 的 Click 事件代码如下。

```
Private Sub Command1_Click()
    F = Val(Text1.Text)
    C = 5 / 9 * (F - 32)
    Text2.Text = Round(C, 1)
    Label3.FontSize = 20
    If C > 40 Then
        Label3.Caption = "高温"
    ElseIf C > 30 Then
        Label3.Caption = "热"
    ElseIf C > 20 Then
        Label3.Caption = "舒适"
    ElseIf C > 10 Then
        Label3.Caption = "凉爽"
    ElseIf C > 0 Then
```

```
            Label3.Caption = "冷"
        Else
            Label3.Caption = "冰冻"
        End If
    End Sub
```

程序运行结果如图 5-6 所示。

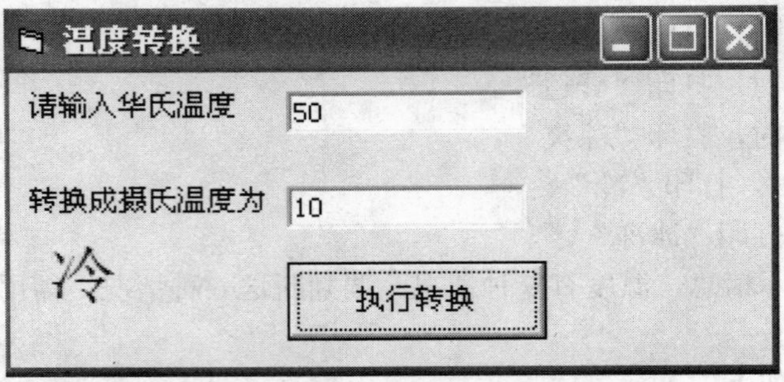

图 5-6　例 5-4 运行界面

注意：（1）不管有几个分支，依次判断，当某条件满足时执行相应的语句，其余分支不再执行。

（2）若条件都不满足，且有 Else 子句，则执行该语句块，否则什么也不执行。

（3）ElseIf 不能写成 Else If。

4．If 语句的嵌套

If 语句的嵌套是指在一个 If 语句中插入另一个 If 语句。内嵌的 If 语句可以出现在关键字 Then 或 Else 之后的语句块中。If 语句嵌套常用于复杂的多分支选择，其语法格式如下。

```
If <表达式 1> Then
    If <表达式 2> Then
        ...
    End If
    ...
End If
```

例如，求下面函数的值。

$$y=\begin{cases}0 & (a>0\text{且}b<0)\\1 & (a>0\text{且}b\geqslant 0)\\2 & (a\leqslant 0)\end{cases}$$

代码如下。

```
If a>0 Then
    If b<0 Then
        y=0
    Else
        y=1
```

```
    End If
Else
  y=2
End If
```

5.2.2　Select Case 语句

在对同一个表达式的多种不同取值情况进行不同处理时，采用 If...Then...ElseIf 结构或 If 语句嵌套会使程序显得较为杂乱，而用 Select Case 语句（情况语句）可使程序更加清晰易读。

Select Case 语句的语法格式如下。

```
Select Case  <表达式>
   Case  <表达式列表 1>
       语句块 1
   Case  <表达式列表 2>
      语句块 2
   ...
   Case  <表达式列表 n>
      语句块 n
   Case Else
      语句块 n+1
End Select
```

说明：

（1）执行过程：首先对<表达式>求值，然后测试该值与哪一个 Case 子句中的<表达式列表>相匹配，如果找到了，则执行与该 Case 子句有关的语句块；如果没有找到，则执行与 Case Else 子句有关的语句块，然后把控制转移到 End Select 后面的语句。

（2）表达式列表：表达式取值的可能范围，有下列几种表现形式。

① 值 1[，值 2]…。例如：

```
Case 2, 4, 6, 8
```

② 值 1 to 值 2。例如：

```
Case 1 to 10, Case "A" to "Z"
```

③ Is 关系运算符。例如：

```
Case  Is>10
```

注意：测试表达式类型应与 Case 表达式类型一致，且 3 种形式可以混用。例如，在下面的语句中就混用了 3 种形式。

```
Case Is < -5 , 0 , 5 To 100
```

【例 5-5】编写程序，随机产生 0～100 的整数作为某门功课的分数，按 0～59、60～69、70～89、90～100 划分为不及格、及格、良好、优秀 4 个层次。其实现代码如下。

```
Private Sub Form_Click()
    Dim m as Integer
    Randomize
m=Int(101*Rnd)
    Print m
    Select Case m
        Case 0 to 59
            Print "不及格"
        Case 60 to 69
            Print "及格"
        Case 70 to 89
            Print "良好"
        Case Else
            Print "优秀"
    End Select
End Sub
```

5.2.3 条件函数

Visual Basic 提供的条件函数有 IIf 函数和 Choose 函数，前者代替 If 语句，后者可用来代替 Select Case 语句。

1. IIf 函数

IIf 函数可用来执行简单的条件判断，其语法格式如下。

```
IIf(<表达式>, <表达式 1><表达式 2>)
```

说明：
该函数判断表达式的值，若为 True 则返回<表达式 1>的值，否则返回<表达式 2>的值。例如，求 a,b 中的最大值并赋予 Max，可写成如下语句。

```
Max=IIf(a>b,a,b)
```

它与下面的语句等价：

```
If a>b Then Max=a Else Max=b
```

2. Choose 函数

Choose 函数的语法格式如下。

```
Choose(整数表达式，选项列表)
```

说明：

Choose 函数根据整数表达式的值来决定返回选项列表中的某个值；若整数表达式的值小于 1 或大于列出的选项数目，则该函数返回 Null。

【例 5-6】编写程序，利用日期函数 Now、WeekDay 及条件函数 Choose 显示当前日期是星期几的形式，界面如图 5-7 所示。

分析：VB 中没有直接返回当前日期是星期几的函数。Now 函数可获得当前日期和时间；WeekDay 函数可获得指定日期是星期几的整数（1～7），规定星期日为 1，星期一为 2，依次类推。假如当前日期是 2011-6-4，为星期六，则 WeekDay(Now)返回的值为 7，须用条件函数 Choose 转换为星期六。代码如下。

```
Private Sub Form_Click()
    Print "今天是";now
    t=Choose(WeekDay(now), "星期日", "星期一", "星期二", "星期三", _
    "星期四", "星期五", "星期六")
    Print "今天是";t
End sub
```

程序运行后，单击窗体，结果如图 5-7 所示。

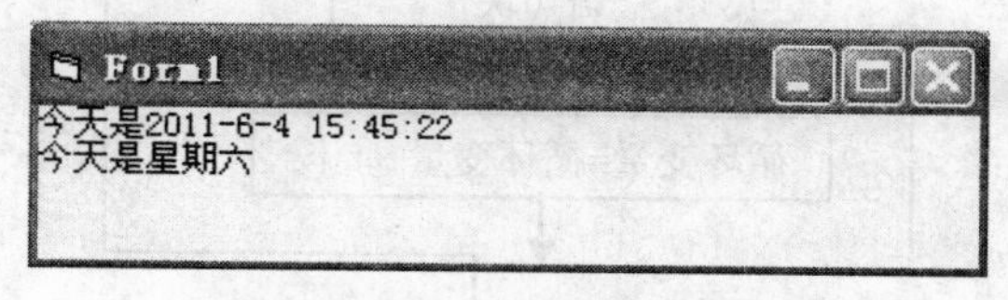

图 5-7 例 5-6 程序运行结果

5.3 循环控制结构

所谓循环结构，就是在指定的条件下，重复执行一组语句。这组被重复执行的语句就称为循环体，而指定的条件就称做循环条件。

循环结构可以分为 For 循环、Do 循环和 While 循环 3 种结构。

5.3.1 For 循环语句

For 循环也称为 For…Next 或计数循环，其一般格式如下。

```
For 循环变量=初值 To 终值 [Step 步长]
   [循环体]
   [Exit For]
   [循环体]
```

```
Next  循环变量
```

说明：

（1）循环变量也称为“循环控制变量”或“循环计数器”，它必须为数值型变量，但不能是下标变量或记录元素。

（2）For…Next 循环语句的执行流程如图 5-8 所示。

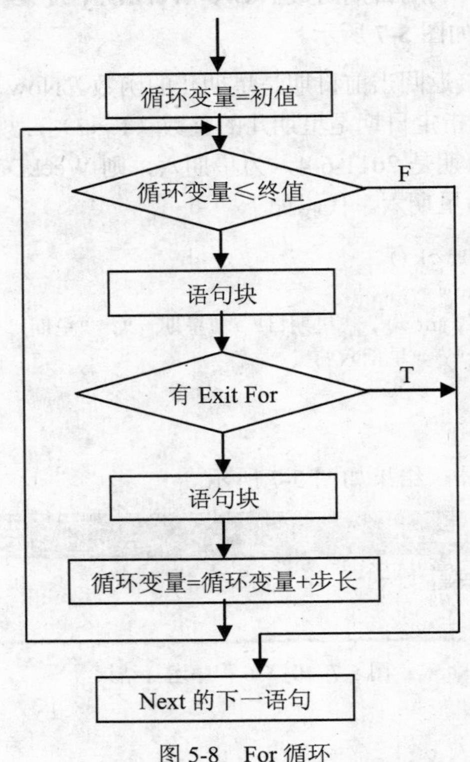

图 5-8　For 循环

① 将循环的初值赋给循环变量，同时将终值和步长值分别存放在两个专用的内存中。

② 将循环变量的值与终值进行比较，若未超过终值，执行一次循环体；否则退出循环，执行 Next 后续语句。

③ 碰到 Next 语句，循环变量增加一个步长值。

④ 转向步骤②，将新的循环变量的值与终值进行比较。

（3）初值、终值和步长也必须是数值表达式。其中，步长是指每次循环变量的增量。一般当初值<终值时，步长应取正数；而当初值>终值时，则步长应取负值。仅当步长为 1 时，Step 步长可以省略。

（4）Next 表示循环变量取下一个值，若循环变量为 i，则 Next i 表示 i=i+步长。

（5）循环次数由初值、终值和步长 3 个因素确定，计算公式如下。

循环次数=Int((终值−初值)/步长+1)

例如：

```
For I=2 to 18 step 3
```

```
    c=c+1
Next I
```

上述 For 的循环次数=Int((18-2)/3+1)=6。

（6）Exit For 语句可以终止 For…Next 语句的循环。

（7）在循环体内对循环变量可多次引用，但不要对其赋值，否则会影响循环执行的次数，例如，下面程序中由于循环变量赋值改变了循环次数。

```
For i=1 to 10
    Print i;
    i=i+1
Next i
```

循环执行了 5 次，显示结果：

```
1 3 5 7 9
```

【例 5-7】求 1～100 之间的所有奇数之和。

分析：奇数为 1，3，5，…，99，循环初值设为 1，步长为 2，即可列出所有奇数。其实现代码如下。

```
Private Sub Form_Click()
    Dim i as Integer,sum as integer
    sum=0
    For i=1 to 100 step 2
        sum=sum+i
    Next i
    MsgBox "1~100之间的奇数之和为：" & sum
End sub
```

【例 5-8】打印 3～100 间的质数及其个数。

分析：质数是指只能被 1 和自身整除的数。质数除 2 以外，其余均为奇数，因此只需针对 3～100 间的奇数进行判断。判断方法是：若要判断的数为 n，则用 2～n-1 的数分别与 n 相除，如果都不能整除，则 n 一定是质数；若有一个能整除，则 n 就不是质数。

由以上分析可见，判断一个数是否为质数，需要用一个循环来实现；要判断 3～100 间的每一个奇数，则又需要用一个循环来实现，因此本例要用两重循环才能实现。其实现代码如下。

```
Private Sub Form_Click()
    Dim n As Integer, i As Integer, num As Integer
    num = 0
    For n = 3 To 100 Step 2                         'n代表3~100间的某一个奇数
      For i = 2 To n - 1                            '分别用2到n-1的数去与n相除
        If Int(n / i) = n / i Then Exit For         '若能整除n，则退出内循环
```

```
        Next i
        If i = n Then                    'i=n 说明所有的数均不能将 n 整除，故 n 是质数
          Print n;
          num = num + 1
          If num Mod 10 = 0 Then Print   '每行打印 10 个数
        End If
      Next n
      Print
      Print "3~100 间的质数个数为："; num
    End Sub
```

运行程序，单击窗体，窗体上将显示 3～100 之间的所有质数及其个数。

5.3.2　Do 循环语句

Do 循环语句有两种语法格式：一种是先判定条件，称为当型循环结构；另一种是后判定条件，称为直到循环结构。

格式 1：　当型循环

```
Do [ While | Until <条件> ]
    <语句块>
    [ Exit  Do ]
    <语句块>
Loop
```

格式 2：直到循环

```
Do
    <语句块>
    [ Exit  Do ]
    <语句块>
Loop  [ While | Until <条件> ]
```

说明：

（1）格式 1 为先判断后执行，有可能一次也不执行循环体语句。其执行流程如图 5-9 和图 5-10 所示。

（2）格式 2 为先执行后判断，至少执行一次循环体语句。其执行流程如图 5-11 和图 5-12 所示。

（3）关键字 While 用于指明条件为真时就执行循环体中的语句；Until 刚好相反，条件为真时就退出循环。

（4）Exit Do 语句可以提前退出循环，执行 Loop 的下一条语句。

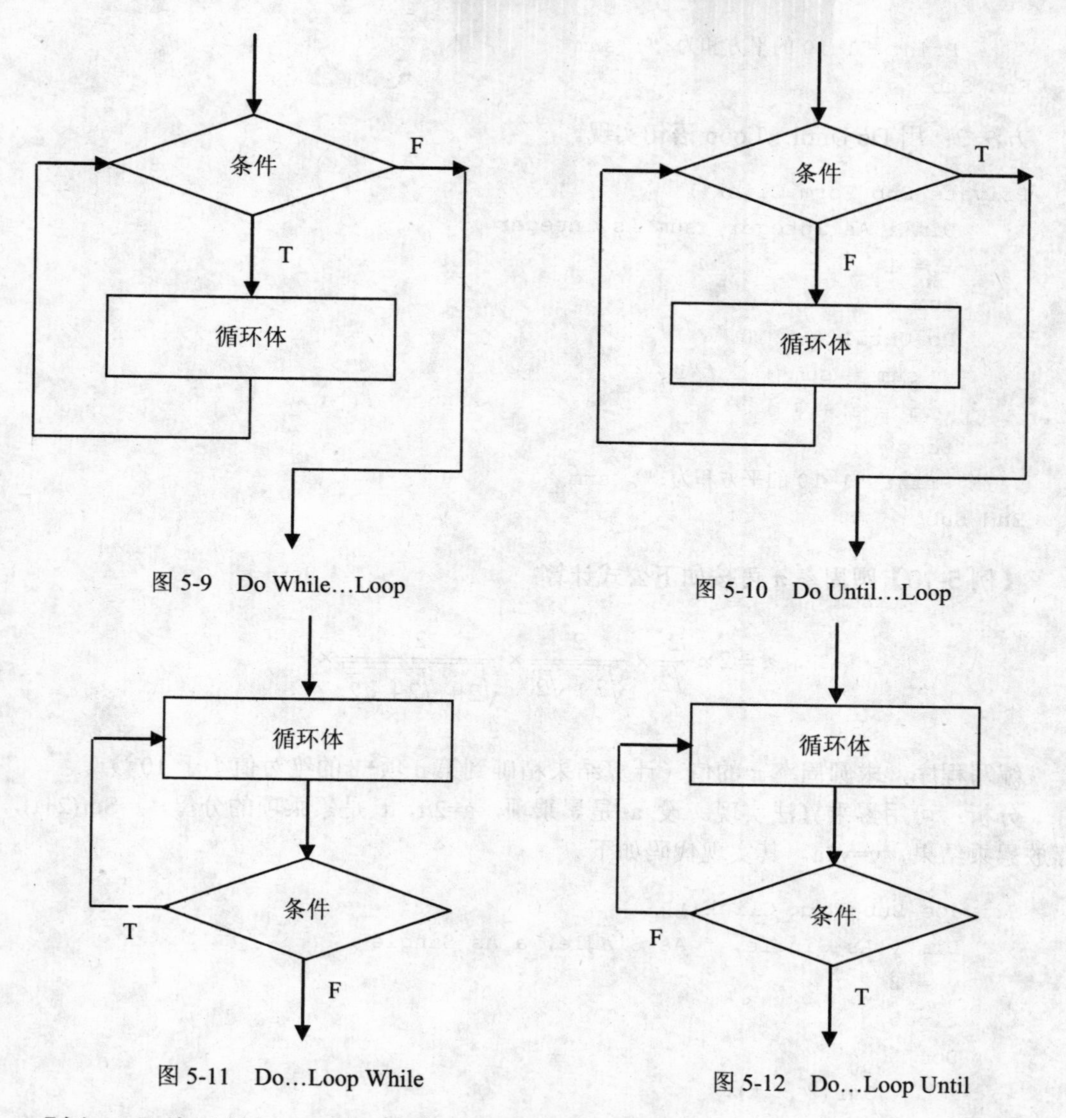

图 5-9　Do While…Loop

图 5-10　Do Until…Loop

图 5-11　Do…Loop While

图 5-12　Do…Loop Until

【例 5-9】编写程序，计算 $1^2+2^2+\cdots+10^2$ 的值。

分析：可用累加算法实现，循环执行 sum=sum+i*i 即可计算求得其结果。

方法 1：用 Do While…Loop 语句实现。

```
Private Sub Form_Click()
    Dim i As Integer, sum As Integer
    i = 1
    sum = 0
    Do While i <= 10
      sum = sum + i * i
      i = i + 1
    Loop
```

```
    Print "1~10 的平方和为:"; sum
End Sub
```

方法 2：用 Do Until…Loop 语句实现。

```
Private Sub Form_Click()
    Dim i As Integer, sum As Integer
    i = 1
    sum = 0
    Do Until i > 10
      sum = sum + i * i
      i = i + 1
    Loop
    Print "1~10 的平方和为:"; sum
End Sub
```

【例 5-10】圆周率 π 可按如下公式计算：

$$\pi = 2 \times \frac{2}{\sqrt{2}} \times \frac{2}{\sqrt{2+\sqrt{2}}} \times \frac{2}{\sqrt{2+\sqrt{2+\sqrt{2}}}} \times \cdots$$

编写程序，求圆周率 π 的值（计算结果精确到第 n 项-1 的绝对值小于 10^{-5}）。

分析：可用累乘算法实现。设 a 是累乘项，a=2/t，t 是累乘项的分母，t=Sqr(2+t)，y 存放累乘结果，y=y*a。其实现代码如下。

```
Private Sub Form_Click()
    Dim y As Single, t As Single, a As Single
    y = 2
    t = 0
    Do
      t = Sqr(2 + t)
      a = 2 / t
      If Abs(a - 1) < 0.00001 Then Exit Do
      y = y * a
    Loop
    Print "Pi="; y
End Sub
```

5.3.3 While 循环语句

如果不知道循环次数，要用一个条件来判断是否结束，可以用 while 循环语句来实现。该语句的特点是先判断条件，后执行循环体，常用于编制某些循环次数预先未知的程序。

其语法格式如下。

```
While  <条件>
    循环体
Wend
```

说明：

当条件为真（True）时执行循环体，否则退出 While 循环，执行 Wend 后面的语句。

【例 5-11】编写程序，求表达式 $s=1+x+x^2/2!+x^3/3!+\cdots+x^n/n!+\cdots$ 的值，直至末项小于 10^{-5} 为止（x 的值从键盘输入）。

分析：通过找出前后累加项之间的关联，在前一累加项的基础上递推出后一个累加项。可以看出第 i 个累加项 a 的构造公式为 a=a*x/i。其实现代码如下。

```
Private Sub Form_Click()
    Dim x As Single, s As Single, a As Single, i As Integer
    x = Val(InputBox("输入 x:"))
    a = 1: s = a: i = 0
    While a >= 0.00001
        i = i + 1                    '第 i 个累加项
        a = a * x / i                '根据前一累加项构造 a
        s = s + a                    '累加
    Wend
    Print "s="; s
End Sub
```

5.3.4　Exit 语句

Exit 语句的作用是在循环体执行的过程中强制终止循环，退出循环结构语句。Exit 语句常用于在循环过程中因为一个特殊的条件而退出循环，往往出现在 If 语句中。

在循环程序中，可使用以下两种跳出循环语句。

（1）Exit For：用于中途跳出 For 循环，可以直接使用，但是通常用条件判断语句加以限制，当满足某个条件时，才执行此语句，跳出 For 循环。

（2）Exit Do：用于中途跳出 Do 循环，同 Exit For 类似，可以直接使用，但是通常用条件判断语句加以限制。

【例 5-12】 从键盘上输入若干个学生的考试成绩，统计最高分数和最低分数，当输入负数时结束输入，最后输出统计结果。

分析：定义两个变量 amax 和 amin 用于保存最高分和最低分，每输入一个成绩，就和 amax 和 amin 进行比较，直至输入负数时结束。其实现代码如下。

```
Private Sub Form_Click()
```

```
    Dim x As Integer, amax As Integer, amin As Integer
    x = InputBox("Enter a score")              '输入第一个成绩
    amax = x                                   '最高分赋初值
    amin = x                                   '最低分赋初值
    Do
        x = InputBox("Enter a score")          '输入下一个成绩
        If x<0 Then Exit Do
        If x > amax Then                       '比较最高分
            amax = x
        End If
        If amin > x Then                       '比较最低分
            amin = x
        End If
    Loop
        Print "max="; amax, "min="; amin
End Sub
```

5.3.5　循环嵌套

无论是 Do 循环，还是 For...Next 循环，都可以在大循环中套用小循环，即以嵌套的方式使用，而且允许不同类型的循环相互嵌套使用。

嵌套的层数没有具体限制，但必须注意每一个循环必须有一个唯一的循环控制变量(不能同名)，内层的小循环一定要完整地被包含在外层的大循环之内，不得相互交叉。

例如，下面的嵌套是错误的。

```
For j=1 To 5
    For I=2 To 8
    ...
    Next j
Next  I
```

【例 5-13】编写“百元买百鸡”的程序。鸡翁一值钱五；鸡母一值钱三；鸡雏三值钱一。百钱买百鸡，请问鸡翁、鸡母、鸡雏各多少只？

分析：设鸡翁可买 i 只，鸡母可买 j 只，则鸡雏可买 100-i-j 只。需用二重循环求 i 和 j。其实现代码如下。

```
Private Sub Form_Click()
    Dim i As Integer,j As Integer,k As Integer
    Print "鸡翁", "鸡母", "鸡雏"
    For i = 1 To 100
        For j = 1 To 100
```

```
            k = 100 - i - j
            If 5 * i + 3 * j + k / 3 = 100 Then
               Print i, j, k
            End If
         Next j
      Next i
   End Sub
```

5.4　With…End With 语句

如果经常需要在同一对象中执行多个不同的操作，用 With 语句，可使该代码更容易编写、阅读和更有效地运行。

With 语句可以对某个对象执行一系列的语句，而不用重复指出对象的名称。例如，要改变一个对象的多个属性，可以在 With 语句中加上属性的赋值语句，这时候只需引用对象一次而不是在每个属性赋值时都要引用它。

语法格式为：

```
With 对象名
   <与对象操作的语句块>
End With
```

例如，下面语句是对 Text1 文本框设置有关的属性。

```
Text1.text="你好"
Text1.multiline=true
Text1.locked=true
Text1.maxlength=10
```

采用 With … End With 语句，上面的代码可改写成：

```
With Text1
     .text="你好"
     .multiline=true
     .locked=true
     .maxlength=10
End With
```

这样书写和阅读更为方便。注意：属性前面的“.”不能省略。

5.5 应用举例

【例 5-14】编写程序，在一个字符串变量中查找"at"，并用消息框给出查找结果——没有找到或找到的个数。

分析：字符串通过 InputBox 函数输入，该字符串是否含有子串"at"可用函数 Mid(str,i,2)来判断，从左边第 1 个字符起，取 2 个字符，等于"at"就计数。其实现代码如下。

```
Private Sub Form_Click()
    Dim str1 As String              '要查找的字符串
    Dim length As Integer           '字符串长度
    Dim sum As Integer              '查到的个数
    Dim i As Integer
    str1 = InputBox("请输入一个字符串")
    length = Len(str1)
    i = 1
    sum = 0
    Do While i <= length
        If Mid(str1, i, 2) = "at" Then
            sum = sum + 1
        End If
        i = i + 1
    Loop
    If sum = 0 Then
        MsgBox "没有找到！"
    Else
        MsgBox "找到了" & Str(sum) & "个"
    End If
End Sub
```

【例 5-15】空调原价为 2000 元/台，在不同季节其价格会出现一定的波动。冬季购买，优惠 15%；春、秋季购买，优惠 8%；夏季购买，不优惠。编写一个程序，打印出顾客在不同季节购买空调的单价、数量和总价，数据由键盘输入。

分析：本程序界面显示的信息较多，原价用标签控件 Label1 来显示；空调数量用文本框控件 Text1 输入，“数量”2 个字用标签控件 Label2 来显示；优惠后的单价用标签控件 Label3 来显示；总价用标签控件 Label4 来显示；春、夏、秋、冬季节依次用单选按钮 Option1、Option2、Option3、Option4 来选择（为了美观，将这些单选按钮放在一个框架 Frame1 中）。单击“计算”按钮则进行计算，所以在窗体上还要添加一个命令按钮 Command1。

其实现代码如下。

```
Private Sub Command1_Click()
```

```
  num = Val(Text1.Text)
  If Option1.Value = True Or Option3.Value = True Then
     price = 2000 * 0.92  '选择春秋优惠 8%
     Label3.Caption = "优惠 8%"
     Str1$ = "现价 " & price
     Label4.Caption = Str1$
     cost = num * price
     Str2$ = "总价 " & cost
     Label5.Caption = Str2$
  End If
  If Option2.Value = True Then
     price = 2000  '选择夏不优惠
     Label3.Caption = "优惠 0"
     Str1$ = "现价 " & price
     Label4.Caption = Str1$
     cost = num * price
     Str2$ = "总价 " & cost
     Label5.Caption = Str2$
  End If
  If Option4.Value = True Then
     price = 2000 * 0.85  '选择冬优惠 15%
     Label3.Caption = "优惠 15%"
     Str1$ = "现价 " & price
     Label4.Caption = Str1$
     cost = num * price
     Str2$ = "总价 " & cost
     Label5.Caption = Str2$
  End If
End Sub
```

程序运行界面如图 5-13 所示。

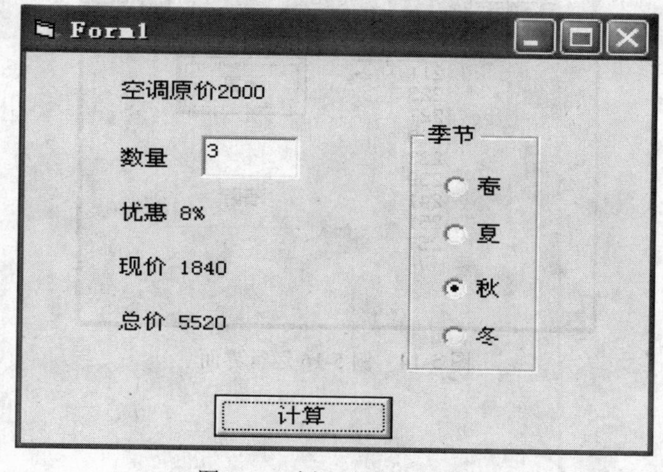

图 5-13　例 5-15 运行界面

【例 5-16】编写一个程序，要求单击“开始”按钮时，在列表框中输出 200～300 之间所有的质数；单击“清除”按钮时，清除文本框中的全部内容。

分析：质数是指只能被 1 和自身整除的数。判断方法是：若要判断的数为 n，则用 2～n-1 的数分别与 n 相除，如果都不能整除，则 n 一定是质数；若有一个能整除，则 n 就不是质数。

由以上分析可见，判断一个数是否为质数，需要用一个循环来实现；要判断完 200～300 所有的数，则又需要用一个循环来实现，因此本例需用二重循环才能实现。

在窗体上添加一个列表框 List1、两个命令按钮 Command1 和 Command2，将 Command1 的 Caption 设置为“计算”，Command2 的 Caption 设置为“清除”。其实现代码如下。

```
Private Sub Command1_Click()
  Dim n As Integer, i As Integer
  n = 200
  For n = 200 To 300
    For i = 2 To n - 1
        If Int(n / i) = n / i Then Exit For  '能被 i 整除，n 不是质数
    Next i
    If i = n Then
      List1.AddItem n                         'n 是质数，加入列表框
    End If
  Next n
End Sub
Private Sub Command2_Click()
  List1.Clear                                 '清除列表框
End Sub
```

程序运行界面如图 5-14 所示。

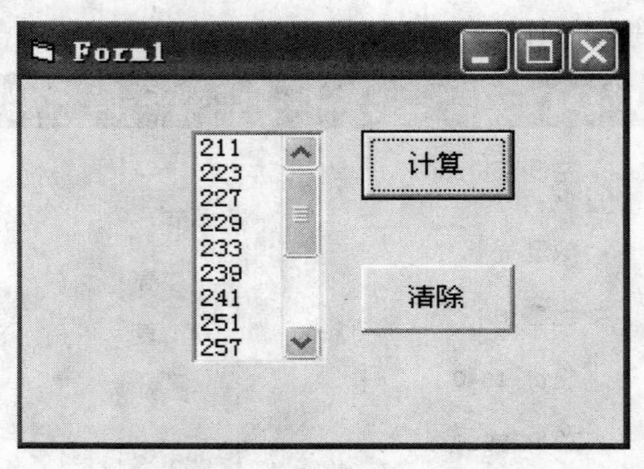

图 5-14　例 5-16 运行界面

本章小结

本章主要介绍了 Visual Basic 中常用的程序控制结构，即顺序结构、选择结构和循环结构，重点是选择结构和循环结构的使用。

If 语句有单分支、双分支和多分支等结构，可以根据实际需要选择适当的结构。在对同一个表达式的多种不同取值情况进行不同处理时，使用 If…Then…ElseIf 结构或 If 语句嵌套会使程序显得较为杂乱，而用 Select Case 语句可使程序更加清晰易读。

VB 中用来实现循环的语句有 For 循环、While 循环和 Do 循环，应根据不同的问题选择适当的循环。

读者需要重点掌握每种语句的语法结构以及使用情况，会适当地运用各种语句解决问题，尤其要注意语句的嵌套使用，以免产生混乱。

习　题

一、选择题

1．下列循环中的循环体至少执行一次的是（　　）。

A．For…Next　　B．While…Wend

C．Do While…Loop　　D．Do…Loop Until

2．以下程序段的执行结果为（　　）。

```
x=5
y=-6
If Not x>0 Then x=y-3 Else y=x+3
Print x-y; y-x
```

A．−3 3　　B．5 −9　　C．3 −3　　D．−6 5

3．假定 x 的值为 5，则在执行以下语句时，其输出结果为“VB”的 Select Case 语句是（　　）。

A.
```
Select Case x
   Case 10 To 1
      Print " VB "
End Select
```

B.
```
Select Case x
   Case Is >5, Is <5
      Print " VB "
End Select
```

C.
```
Select Case x
   Case Is >5, 1, 3 To 10
      Print " VB "
End Select
```

D.
```
Select Case x
   Case 1, 3, Is >5
      Print " VB "
End Select
```

4. 下面程序段的执行结果为（　　）。

```
X=2
Y=5
If X * Y < 1 Then Y=Y - 1 Else Y=-1
Print Y - X > 0
```

A. True　　B. False　　C. −1　　D. 1

5. 下面程序段的执行结果为（　　）。

```
x=Int(Rnd() + 4)
Select Case x
   Case 5
      Print "Excellent"
   Case 4
      Print "Good"
   Case 3
      Print "Pass"
   Case Else
      Print "Fail"
End Select
```

A. Excellent　　B. Good　　C. Pass　　D. Fail

6. 以下 Case 语句中错误的是（　　）。

A. Case 0 To 10　　B. Case Is>10

C. Case Is>10 And Is<50　　D. Case 3, 5, Is>10

7. 在窗体上添加一个命令按钮 Command1，然后编写如下程序。

```
Private Sub Command1_Click()
    For I=1 To 4
    For J=0 To I
        Print Chr$(65+I);
    Next J
    Print
  Next I
End Sub
```

程序运行后，单击命令按钮，则在窗体上显示的内容是（　　）。

A. BB
CCC
DDDD
EEEEE　　B. A
BB
CCC
DDDD　　C. B
CC
DDD
EEEE　　D. AA
BBB
CCCC
DDDDD

8. 以下程序段的输出结果是（　　）。

```
x=1
```

```
y=6
Do  Until  y>6
   x=x*y
   y=y+1
Loop
Print  x
```

A. 1　　B. 6　　C. 8　　D. 7

9．设 a=3，则执行

```
x=IIf(a>5,5,6)
```

后，x 的值为（　　）。

A. 5　　B. 6　　C. 0　　D. −1

10．执行下面的程序段后，x 的值为（　　）。

```
x=5
For  i=1  To  10  Step  2
   x=x+i\5
Next  i
```

A. 7　　B. 8　　C. 9　　D. 10

11．在窗体上添加一个命令按钮，然后编写如下事件过程。

```
Private  Sub  Command1_Click()
     For  i=1  To  4
          x=4
          For  j=1  To  3
               x=3
               For  k=1  To  2
                    x=x+6
               Next  k
          Next  j
     Next  i
     Print  x
End  Sub
```

程序运行后，单击命令按钮，输出结果是（　　）。

A. 7　　B. 15　　C. 12　　D. 538

12．阅读下面的程序段。

```
a=0
For  i=1  To  3
    For  j=1  To  i
        For  k=j  To  3
            a=a+1
```

```
        Next  k
    Next  j
Next  i
```

执行上面的 3 重循环后，a 的值为（　　）。

A．3　　B．9　　C．14　　D．21

13．在窗体上添加两个文本框 Text1 和 Text2，一个命令按钮 Command1，然后编写如下事件过程。

```
Private  Sub  Command1_Click()
        x=0
        Do  While  x<50
            x=(x+2)*(x+3)
            n=n+1
        Loop
        Text1.Text=Str(n)
        Text2.Text=Str(x)
End  Sub
```

程序运行后，单击命令按钮，在两个文本框中显示的值分别为（　　）。

A．1 和 0　　B．2 和 72　　C．2 和 56　　D．4 和 168

14．下面程序段运行时内层循环的循环总次数为（　　）。

```
For a=1 To 3
    For b=1 To a
      x=x+1
    Next b
Next a
```

A．3　　B．4　　C．5　　D．6

15．窗体上有一个命令按钮 Command1，编写如下事件过程。

```
Private Sub Command1_Click()
    Dim a As Integer, b As Integer
    a = 1: b = 0
    Do While a <= 5
        b = b + a * a
        a = a + 1
    Loop
    Print a, b
End Sub
```

运行时，单击按钮，输出结果是（　　）。

A．6　6　　B．6　55　　C．12　6　　D．55　6

16．下面程序在运行后，变量 x 的内容是（　　）。

```
x=0
for i=1 to 10
    Select Case i
    Case 1,3,5,7,9
       x=x+i
    End Select
Next i
```

A. 30　　B. 55　　C. 25　　D. 1

17. 下面程序执行后，输出结果是（　　）。

```
a=6
Select Case a
   Case 6
      Print 1;
   Case Is<=6
      Print 2;
   Case 6 to 10
      Print 3;
   Case Is>11
      Print 4;
End Select
```

A. 1　　B. 1 2　　C. 1 2 3　　D. 1 2 3 4

18. 下面的程序实现 1～100 的乘积，请选择下划线处的命令（　　）。

```
s = 1
i = 1
Do
  s = s * i
  i = i + 1
Loop While ______
Print s
```

A. i=100　　B. i>101　　C. i<100　　D. i<101

19. 下面程序的运行结果是（　　）。

```
Prive Sub Command1_Click()
    Dim s%:Dim i%:Dim flag as Boolean
    s=0:i=1:flag=True
    While i<10 And flag
        s=s+1:i=i+1
        If s Mod 5=0 Then
           flag=False
        End If
```

```
    Wend
    Print s
End Sub
```

A. 0　　B. 5　　C. 25　　D. 10

二、程序阅读题，写出各程序执行后的输出结果。

1．下列程序执行后输出的值是（　　）。

```
Private Sub Command1_Click()
    s = 0
    For i = 9 To 42 Step 11
      s = s + i
    Next i
   If i > 50 Then
       s = s + i
     Else
       s = s - i
    End If
    Print s
End Sub
```

2．下列程序执行后输出的值是（　　）。

```
Private Sub Command1_Click()
  Dim S  As Integer
  Dim i As Integer
  S = 1
    For i = 1 To 5
      S = S * i
    Next i
  Print S
End Sub
```

3．下面程序运行后，窗体上显示的信息是（　　）。

```
Private Sub Command1_Click()
    Dim i%, j%
    i = 1: j = 0
    Do
      Do
        s = s + j
        j = j + 1
        i = i + 1
      Loop While j <= 2
      s = s + i
```

```
      i = i + 2
   Loop Until i > 8
   Print s
End Sub
```

4．在窗体上有一个命令按钮 Command1，然后编写如下程序。

```
Private Sub Command1_Click()
    a$ = "VB程序设计教程": b$ = "欢迎学习计算机课程"
    p$ = ""
    For j = 1 To 6 Step 2
       p$ = p$ & Mid$(a$, 6 - j, 2) & Mid$(b$, j, 2)
       If Len(p$) = 6 Then Exit For
    Next j
    Print p$
End Sub
```

程序运行后，单击命令按钮，在窗体上显示的内容是（　　）。

5．下面程序运行后，单击窗体，窗体上显示的信息是（　　）。

```
Private Sub Form_Click()
   score = Int(Rnd *10) +60
   Select Case score
      Case Is < 60
         A$ = "不及格"
      Case 60 To 79
         A$ = "及格"
      Case 80 To 89
         A$ = "良好"
      Case Else
         A$ = "优秀"
   End Select
   Print A$
End Sub
```

三、程序填空题

1．已知变量 s1 中存放了一个字符，判断该字符是字母字符、数字字符还是其他字符。请在下划线处用适当的语句填空。代码如下。

```
If ________Then
   Print  s1 + "是字母字符"
ElseIf ________Then
   Print  s1+ "是数字字符"
```

```
Else
   Print  s1 + "其他字符"
End If
```

如果用 Select Case 语句实现上述功能，请在下划线处用适当的语句填空。

```
Select Case  s1
    Case ________
       Print  s1 + "是字母字符"
    Case ________
       Print  s1 + "是数字字符"
    Case Else
       Print  s1 + "其他字符"
End Select
```

2．下面的程序是求 100 以内偶数的和（S=2+4+…+100），请在下划线处用适当的语句填空。

```
Private Sub Command1_Click()
    Dim s As Integer
    Dim i As Integer
    s=________
    For i=1 to 100 ________
       S=________
    Next i
    Print s
End Sub
```

3．下面的程序是计算表达式 1+1×3+1×3×5+…+1×3×…×(2N+1)的值，请在下划线处用适当的语句填空。

```
Private Sub Command1_Click()
   n = Val(InputBox("请输入N值"))
   Sum = 1
   t = 1
   For k =______ To 2 * n + 1 Step 2
      t = _______
      Sum =________
   Next k
   Print "1+1×3+1×3×5+…+1×3×…×(2N+1)="; Sum
End Sub
```

4．下面的程序是计算表达式 $1+X/2!+X^2/4!+X^3/6!+\cdots+X^N/(2N)!$的值，请在下划线处用适当的语句填空。

```
Private Sub Command1_Click()
    x = Val(InputBox("请输入x值"))
    n = Val(InputBox("请输入N值"))
    Sum = 1
    t1 = 1
    t2 = 1
    For k = 2 To 2 * n Step 2
        t1 =__________
        t2 =__________
        Sum =__________
    Next k
    Print "1+X/2!+X^2/4!+…+X^N/(2N)!="; Sum
End Sub
```

5．在下列程序的下划线处写上适当的内容，使其能输出如下图形。

```
*
* *
* * *
* * * *
* * * * *
* * * * * *
Private Sub Command1_Click()
For i=1 to__________
    Print__________
Next i
End Sub
```

四、编程题

1．从键盘上任意输入20个整数，统计其中负数的个数，并计算负数的和。

2．输入任意一个年份，判断它是否为闰年。

提示：如果此年份能被400整除，或者既不能被400整除，也不能被100整除，但能被4整除，则它是闰年；否则，不是闰年。

3．输入某学生成绩（百分制），若是100≥成绩≥90输出“优秀”；若是90＞成绩≥80输出“良好”；若是80＞成绩≥70输出“中等”；若是70＞成绩≥60输出“及格”；若是60＞成绩≥0，输出“不及格”；若是其他数值则输出“数据有错”信息。

4．找出所有的水仙花数。水仙花数是个3位数，其各位数字的立方和等于这个3位数本身。如371＝3^3+7^3+1^3，则371是水仙花数。

5．随机产生10个100～200之间的整数，求最大值和最小值。

上 机 实 验

1．编写程序，利用 If 语句、Select Case 语句两种方法计算下面的分段函数，界面如图 5-15 所示。

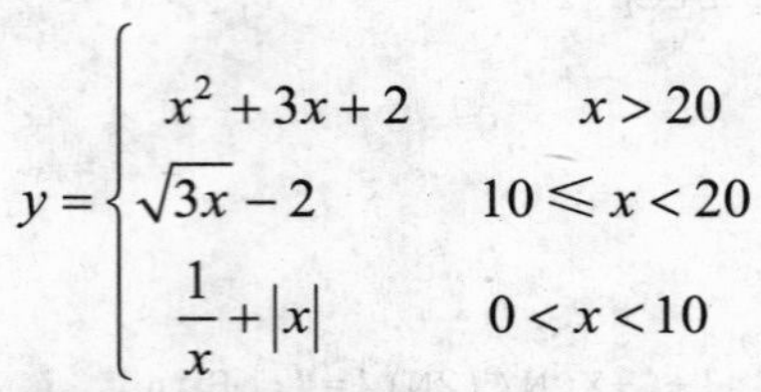

$$y=\begin{cases} x^2+3x+2 & x>20 \\ \sqrt{3x}-2 & 10\leqslant x<20 \\ \dfrac{1}{x}+|x| & 0<x<10 \end{cases}$$

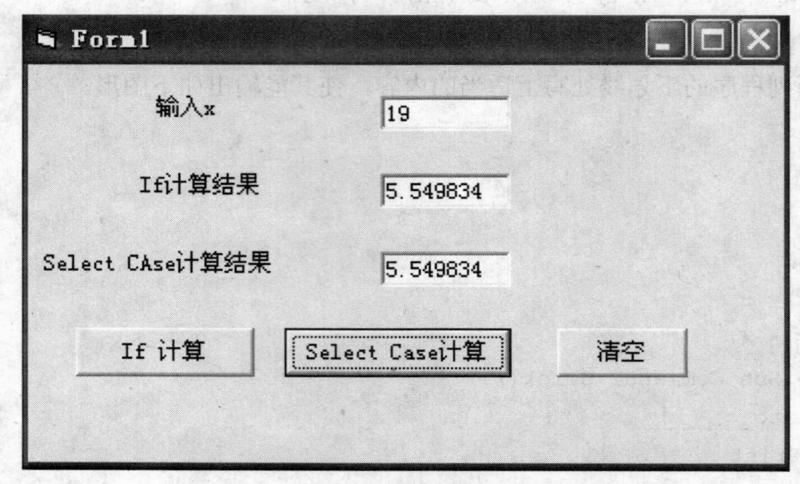

图 5-15　程序界面

2．编写程序，随机生成 100 个两位整数，每行显示 10 个整数，并统计出其中小于等于 30、大于 30 且小于等于 60 及大于 60 的数据个数。

3．我国现有人口为 13 亿，设年增长率为 0.8%，编写程序，计算多少年后人口增加到 26 亿。

4．编写程序，用近似公式求自然对数的底数 e 的值，要求计算结果的误差小于 10^{-9}。e 的近似计算公式为：

$$e \approx 1+\frac{1}{1!}+\frac{1}{2!}+\frac{1}{3!}+\frac{1}{4!}+\cdots$$

5．由输入对话框输入 n（设 n 为大于 0 且小于 30 的自然数），计算下列表达式的值，并在标签 Label1 上显示。

$$\frac{1}{1\times 2}+\frac{1}{2\times 3}+\frac{1}{3\times 4}\ldots+\frac{1}{n\times(n+1)}$$

6．编写猜数字程序，随机生成一个 1～100 的整数 N，然后通过 InpotBox 函数从键盘上输入一个数字 X，如果 X=N 则输出“猜中了”；如果 X<N 则输出“太小了，继续猜！”；如果 X>N 则输出“太大了，继续猜！”。若连续猜 5 次都不对，则停止猜数字并输出 N。输出界面如图 5-16 所示。

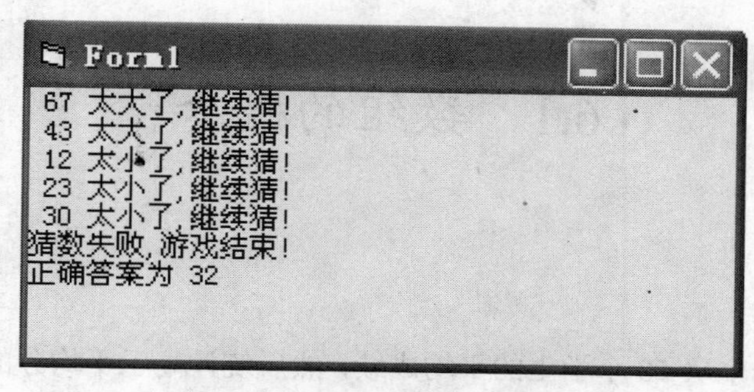

图 5-16　猜数字程序输出界面

7．编写程序，求出 100 以内的所有勾股数（所谓勾股数是指满足条件 $a^2+b^2=c^2$（$a\neq b$）的自然数）。输出界面如图 5-17 所示。

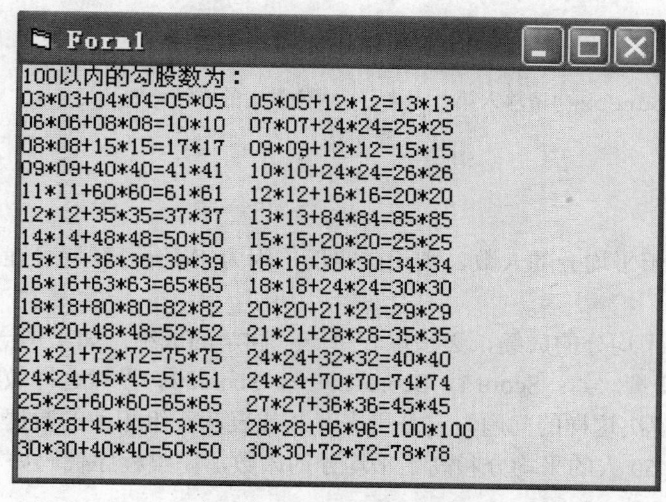

图 5-17　求勾股数程序输出界面

第6章 数组及其应用

6.1 数组的概念

6.1.1 引例

若我们要计算一个班50个学生的平均成绩，然后统计高于平均分的人数。成绩可通过键盘输入，用For…Next循环可输入50个同学的成绩并求和，由于输入时，上一个同学的成绩并没有保存下来，所以无法统计高于平均分的成绩。

用简单变量结合For…Next语句，求平均成绩的程序段如下所示。

```
P=0
For i=1 to 50
    Score=InputBox("请输入第" & i  & "位学生的成绩：")
    P=P+ Score
Next i
P=P/50
```

但若要统计高于平均分的人数，则无法实现，因为Score只保存当前输入的一个同学的成绩。

要求统计高于平均分的成绩，必须保存每一个同学的成绩。如果用一般变量来表示成绩，需要用50个变量，如：Score 1，Score 2，…，Score50。显然这样做编程非常地麻烦。VB提供了数组来解决这样的问题，它是用来存放或表示一组相关的数据。

用数组解决求50人的平均分和高于平均分的人数，完整程序代码如下。

```
Private Sub Command1_Click()
    Dim Score(1 to 50)  As Integer  'Score为数组名，用于保存成绩
    Dim P As Interger,i As Interger,n As Interger
    P=0
    For i=1 To 50  '输入成绩并求和
        Score(i)= InputBox("请输入第"  & I & "位学生的成绩：")
        P=P+Score(i)
    Next i
    P=P/50  '求平均成绩
    n=0
    For i=1 To 50
        If Score(i)>P Then n=n+1  '统计高于平均分的人数
```

```
Next I
Print "平均分="; P,"高于平均分的人数="; n
End Sub
```

6.1.2　数组的概念

数组是一组具有相同名字、不同下标的变量的集合。需要注意它并不是一种数据类型，它是用来存放或表示一组相关的数据。数组是相同类型的变量的集合，在内存中占据连续的存储单元。

数组用于需要处理很多数据的问题中，用来表示多个变量。

组成数组的每一个变量被称为数组的元素，或称为下标变量，下标是一个整数，用来指出某个元素在数组中的位置，数组中每个元素的位置由它的下标唯一地确定。

数组必须先声明后使用，声明数组就是让系统在内存中分配一个连续的区域，用来存储数组元素。声明的内容有数组名、类型、维数、数组大小。按声明时下标的个数确定数组的维数，VB 中的数组有一维数组、二维数组……最多 60 维；按声明时数组的大小确定与否分为定长（静态）数组和可调（动态）数组两类数组。

例如，Dim Score(1 to 50)　As Integer

声明了一个一维定长数组，该数组的名字为 Score，类型为整型；共有 50 个元素，下标范围为 1～50；Score 数组的各元素是 Score (1)，Score (2)，Score (3)，…，Score (50)；Score (i)表示数组的第 i 个元素，i 为下标。

6.2　一维数组

如果数组只有一个下标，则该数组称为一维数组。例如 a(1)，a(2)，a(3)，…，a(10)是一维数组 a 的 10 个元素。

6.2.1　一维数组的声明

声明一维数组的语法格式如下。

```
Dim 数组名（下标）[as 类型]
```

其中

下标：必须为常数或符号常量，一般为整型，也可为实数，但系统自动按四舍五入取整数，不可为表达式或变量。

下标的形式：[下界 to]上界，下标下界最小可为-32768，最大上界为 32767，若省略下界，其默认值为 0。一维数组的大小为：上界-下界+1。

As 类型：如果省略，即不明确给出数组的类型，则数组的类型为变体型 Variant。

Dim 语句声明的数组，实际上就是为系统提供数组名、数组类型、数组的维数和各维大小等相关信息。

例如，Dim　a(100)　As　Integer

声明了 a 是数组名，数组元素的数据类型是整型，数组 a 是一维数组、有 101 个元素，分别是 a(0)～a(100)，下标的范围是 0～100。若在程序中使用 a(101)，则系统会显示“下标越界”。

如果要设置数组默认下标下界为 1，可在 Dim 语句前加上语句 Option Base 1 实现。例如：

```
Option Base 1
Dim a(10) As Integer
```

则声明了数组 a 有 a(1)，a(2)，…，a(10)总共 10 个元素，数组默认下标下界为 1。

例如，Dim s(1 to 100) as integer

声明了一个一维定长数组，数组的名字为 s，类型为整型，共有 100 个元素，依次为 s(1)，s(2)，…，s(100)，下标的取值范围：1～100。

例如，Dim B（-3 To 5）　As　String*3

声明了 B 是数组名、字符串类型、一维数组、有 9 个元素，依次为 B(-3)，B(-2)，…，B(5)，下标的范围是-3～5，每个数组元素最多存放 3 个字符。

例如，分析下面数组的声明是否正确。

```
n=10
Dim y(n) As Integer            '这是错误的语句，声明时下标不能是变量 n
Const NUM=10
Dim a(NUM) As Integer          '这是正确的语句，因为 NUM 是符号常量
Dim b(3.8) As Single           '等价于 Dim b(4) As Single
```

6.2.2　一维数组的引用

在对数组进行操作时，引用数组元素的形式是：

数组名（下标）

下标可以是整型的常数、变量、表达式，甚至可以是一个数组元素。

例如，下面都是正确的数组引用语句。

```
a(1)=a(2)+5
a(i)=b(i)
a(i+1)=b(i)
b(a(2))=10
```

注意：下标不能超出数组声明时的上、下界范围。

例如：

```
Dim a(10) As Integer
For i=1 To 10
    a(i)=i
Next i
Print a(i)
```

上面的程序运行时将出现“数组越界错误”的提示信息，因为循环结束后 i=11，最后的语句 Print a(i)变成 Print a(11)，11 超过了数组的上界 10。

6.2.3　一维数组的基本操作

1．给数组元素赋初值

如果数组元素较少，可利用单个赋值语句给数组元素赋值。

例如：

```
A(1)=10
A(2)=20
```

如果数组元素较多，可以利用循环结构对数组赋初值。

例如：

```
    Dim A(1 To 100) As Integer
    For i=1 To 100
        A(i)=0   '对每个元素赋初值 0
    Next i
```

注意：VB 不允许对数组整体操作。

例如：

```
Dim  A(3)  As  Integer
A=2              '不允许！因为 A 是数组名，不是数组元素
```

只能对数组元素进行操作。

例如：

```
A(1)=2
A(2)=2
A(3)=2
```

2．数组元素的输入

对于数组元素较少的数组，可通过单个赋值语句进行输入操作；对于数组元素较多的数组，一般通过 For 语句和 InputBox 函数输入。

例如：

```
Option Base 1    '默认下标下界为1
Private Sub Command1_Click()
    Dim b(10) As Single
    For i=1 to 10
        b(i)=InputBox("输入b("& i &")的值")
    Next i
End Sub
```

3．数组元素的输出

数组元素的输出用 Print 语句，同时与循环语句结合进行。

例如，输出数组 A 中所有的元素，每行显示 10 个元素的值。

```
For i=1 to 100
   Print A(i);
   If i mod 10=0 Then Print  '每行显示10个就换行
Next i
```

4．求数组中最大元素及所在下标

下面的语句可以求得最大元素的值及其所在的下标。

```
Max=a(1)   'Max是最大元素的值，p是最大元素的下标
p=1
For i = 2 To 10
    If a(i)>Max Then
        Max=a(i)
    p=i
    End If
Next i
```

5．将数组中各元素交换

将数组中第一个元素与最后一个元素交换，第二个元素与倒数第二个元素交换，即第 i 个与第 n-i+1 个元素交换，直到 i<n\2。

```
For i =1 To n\2
   t=a(i)
   a(i)=a(n-i+1)
   a(n-i+1)=t
Next i
```

6.2.4　一维数组的应用举例

1. 统计问题

统计是编程中经常用到的算法之一，一般是根据分类条件，使用计数器变量进行累加。对于分类较多的情况，使用数组作为计数器，可使程序大大简化。

【例 6-1】输入一串字符，统计各字母出现的次数，不区分字母大小写。

分析：统计 26 个字母出现的个数，先声明一个具有 26 个元素的数组，每个元素的下标表示对应的字母，元素的值表示对应字母出现的次数。由于 A 的 ASCII 值为 65，Z 的 ASCII 值为 90，所以定义数组 a 的下标为 65～90。

字符串的输入通过文本框 Text1 实现，从输入的字符串中逐一取出字符，转换成大写字符（不区分大小写)，进行判断。

其实现程序代码如下所示。

```
Private Sub Form_Click()
    Dim a(65 To 90) As Integer
    Dim n As Integer, i As Integer, p As Integer
    Dim s As String
    s = UCase(Text1.Text)                        '把字符串转换为大写
    p = Len(s)                                   '求字符串的字符个数
    For i = 1 To p
        n = Asc(Mid(s, i, 1))                    '取出每一个字符
        If n >= 65 And n <= 90 Then              '如果是字母
            a(n) = a(n) + 1                      '统计字母出现的次数
        End If
    Next i
    For i = 65 To 90
        If a(i) > 0 Then
            Print Chr(i) & "的个数:" & a(i)      '输出字母及其出现的次数
        End If
    Next i
End Sub
```

运行程序，在文本框中输入字符串，然后单击窗体，结果如图 6-1 所示。

图 6-1　例 6-1 程序运行结果

【例 6-2】随机产生 100 个三位的正整数，统计它们在 100～199，200～299，…，900～999 以内的个数。

分析：产生三位随机正整数，可用 int(rnd*900+100)来实现；定义数组 a(1 to 9)用来存放统计的结果，a(1)存放 100～199 个数，a(2)存放 200～299 的个数，…，a(9)存放 900～999 的个数。

方法一：

```
Private Sub Form_Click()
    Dim a(1 to 9) As Integer ,s (1 to 100) As Integer
    Dim i As Integer,j As Integer
    Randomize
    For i=1 to 100
        s(i)=Int(Rnd*900+100)
        j=s(i)\100                     '求出三位数的百位数字
        Select case j
            Case 1
                a(1)=a(1)+1
            Case 2
                a(2)=a(2)+1
            Case 3
                a(3)=a(3)+1
            Case 4
                a(4)=a(4)+1
            Case 5
                a(5)=a(5)+1
            Case 6
                a(6)=a(6)+1
            Case 7
                a(7)=a(7)+1
            Case 8
                a(2)=a(8)+1
            Case 9
                a(9)=a(9)+1
        End select
    Next i
    For i=1 to 9
        Print i*100;"到";i*100+99; "间的数有";a(i); "个"
    Next i
End Sub
```

方法二：

```
Private Sub Form_Click()
```

```
    Dim a(1 to 9) As Integer ,s (1 to 100) As Integer
    Dim i As Integer,j As Integer
    Randomize
    For i=1 to 100
        s(i)=Int(Rnd*900+100)
        j=s(i)\100          '求出三位数的百位数字
        a(j)=a(j)+1
    Next i
    For i=1 to 9
        Print i*100;"到";i*100+99; "间的数有";a(i); "个"
    Next i
End Sub
```

运行程序，单击窗体，结果如图 6-2 所示。

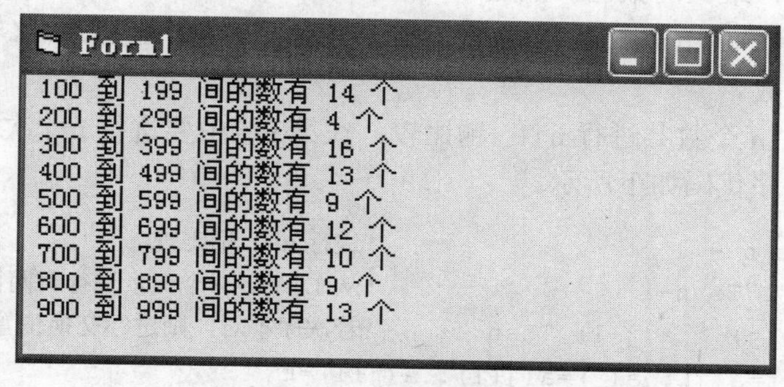

图 6-2　例 6-2 程序运行结果

2. 排序问题

排序是数据处理中常见的问题，它是将一组数据按递增或递减的次序排列，例如，对学生考试成绩排序等。排序的算法有很多种，常用的有选择法、冒泡法、插入法、合并法等。不同算法的执行效率不同，由于排序要使用数组，需要消耗较多的内存空间，因此在处理数据量很大的排序时，选择适当的算法就显得很重要了。

（1）选择法排序

选择法排序的算法思路（设按递增排序）如下。

① 从 n 个数的序列中选出最小的数，与第 1 个数交换位置。

② 除第 1 个数外，其余 n-1 个数再按①的方法选出次小的数，与第 2 个数交换位置。

③ 重复①n-1 遍，最后构成递增序列。

选择法排序程序代码段如下所示。

```
For i = 1 To n - 1
  p= i
  For j = i+1 To n
    If a(j) <a(p) Then p= j
  Next j
```

```
  t=a(i): a(i) =a(p) : a(p) = t
Next i
```

如有待排序原始数据 8，6，9，3，2，7

第一趟交换后：2，6，9，3，8，7

第二趟交换后：2，3，9，6，8，7

第三趟交换后：2，3，6，9，8，7

第四趟交换后：2，3，6，7，8，9

第五趟无交换：2，3，6，7，8，9

（2）冒泡法排序

冒泡法排序的基本思想是将相邻的两个数进行比较，小的交换到前面。

① 有 n 个数（存放在数组 a(n)中，第一趟将相邻两个数比较，小的调到前面，经 n-1 次两两相邻比较后，最大的数已“沉底”，放在最后一个位置，小数上升“浮起”。

② 第二趟对余下的 n-1 个数（最大的数已“沉底”）按上述方法比较，经 n-2 次相邻比较后得到次大的数。

③ 以此类推，n 个数共进行 n-1 趟比较，在第 j 趟中要进行 n-j 次两两比较。

冒泡法排序程序代码如下所示。

```
For i = 1 To n - 1                          '进行 n-1 轮比较
    For j = 1 To n-i                        '从 1 到 n-i 个元素进行两两比较
        If a(j) > a(j+1) Then               '若次序不对，则进行交换位置
            t=a(j): a(j)=a(j+1): a(j+1)=t
        End if
    Next j
Next i
```

如有待排序原始数据 8，6，9，3，2，7

第一趟交换后：6，8，3，2，7，9

第二趟交换后：6，3，2，7，8，9

第三趟交换后：3，2，6，7，8，9

第四趟交换后：2，3，6，7，8，9

第五趟无交换：2，3，6，7，8，9

【例 6-3】随机产生 10 个 10～100 之间的随机整数，指出 10 个数中的最大值的位置；将这 10 个数从小到大进行排序并显示。

```
Private Sub Form_Click()
    Cls
    Randomize
    Dim a(1 To 10) As Integer, i As Integer, k As Integer, max As Integer,
pos As Integer, tmp As Integer
    max = 0: pos = -1
```

```
    Print "===============原始数据==============="
    For i = 1 To 10           '生成随机数并查找最大值
        a(i) = Int(Rnd() * 90 + 10)
        If max < a(i) Then
            max = a(i)
            pos = i
        End If
        Print a(i) & " ";
    Next i
    Print
    For i = 1 To 9 '选择法排序
        k = i
        For j = i + 1 To 10
            If a(k) > a(j) Then k = j
        Next j
        tmp = a(i)
        a(i) = a(k)
        a(k) = tmp
    Next i
    Print "===============排序结果==============="
    For i = 1 To 10 '打印排序结果
        Print a(i) & " ";
    Next i
    Print
    Print "=============最大的数及位置============="
    Print "max=" & max & ",pos=" & pos
End Sub
```

运行程序，单击窗体，结果如图 6-3 所示。

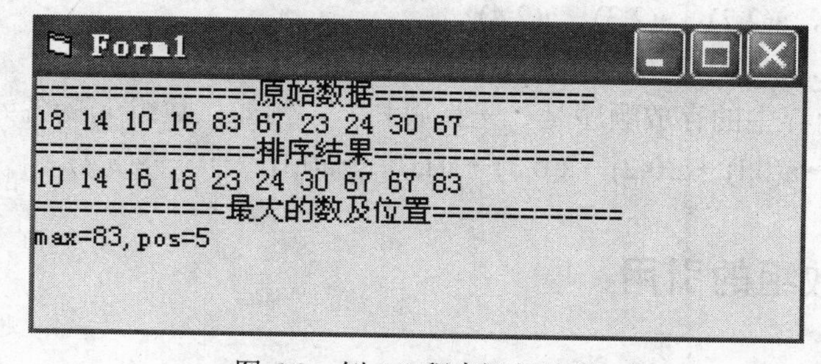

图 6-3　例 6-3 程序运行结果

6.3 二维数组

在声明时，数组有两个下标，则该数组即为二维数组。二维数组用来处理二维表格、数学中的矩阵等问题。

6.3.1 二维数组的声明

声明二维数组的语法格式如下。

```
Dim  数组名（下标 1，下标 2）[as 类型]
```

说明：

（1）在默认情况下，声名的静态数组其下标下界一般从 0 开始，为了便于使用，在 VB 中的窗体级或标准模块级中用 Option Base n 语句可重新设定数组的下界。例如：

```
Option Base 1
```

该语句设定数组下标下界为 1。

（2）在数组声明中的下标表示每一维的大小，为数组说明符，说明了数组的整体；而在程序其他地方出现的下标是用来表示数组中的一个元素。两者写法相同，但意义不同。

（3）在数组声明时的下标只能是常数，而在引用数组时，数组元素的下标可以是变量或表达式。

例如，Dim a(0 to 3,0 to 4) as long

声明了一个长整型的二维数组 a，第一维下标范围为 0～3；第二维下标范围为 0～4，占据 4×5 个长整型变量的空间，数组元素分别如下。

a(0,0)，a(0,1)，a(0,2)，a(0,3)，a(0,4)

a(1,0)，a(1,1)，a(1,2)，a(1,3)，a(1,4)

a(2,0)，a(2,1)，a(2,2)，a(2,3)，a(2,4)

a(3,0)，a(3,1)，a(3,2)，a(3,3)，a(3,4)

二维数组在内存中的存放顺序是“先行后列”。例如，数组 a 的各元素在内存中的存放顺序是：a(0,0)→a(0,l)→a(0,2)→a(0,3)→a(l,0) →a(l,l) →…→a(3,4)。

6.3.2 二维数组的引用

与一维数组一样，二维数组也是要先声明，然后才能使用。引用形式如下。

```
数组名(下标 1，下标 2)
```

引用时下标可以是常数、表达式、变量甚至是数组元素。下面都是合法的引用格式。

```
a(1,3)=1
a(i,j)=a(i+1,j+1)
a(b(1),b(2))=5
```

如果要引用二维数组中的每一个元素，可以通过二重循环来实现。

6.3.3　二维数组的基本操作

1. 给数组元素赋初值

如果数组元素较少，可利用单个赋值语句给数组元素赋值。
例如：

```
a(0,0)=10
a(0,1)=20
```

如果数组元素较多，可以利用二重循环对数组赋初值。
例如：

```
Dim a(10,20) As Integer
For i=0 To 10
     For j=0 to 20
        a(i,j)=1
     Next j
  Next i
```

2. 数组的输入

可以通过 InputBox 函数输入数组每一元素的值。
例如：

```
Dim B(3,4) As Single
For i=0 To 3
      For j=0 To 4
        B(i,j) = InputBox("输入B(" & i & "," & j & ")的值")
      Next j
   Next i
```

3. 数组元素的输出

二维数组元素的输出用 Print 语句，同时与二重循环语句结合进行。

例如，有一个二维数组 S(1 To 20, 1 To 4)，用于存放 20 名学生的 4 门课程成绩。若数组中已有成绩，下面的程序段可显示 20 名学生的 4 门课成绩。

```
For i = 1 To 20                 '共显示20行
   For j = 1 To 4               '每行显示4门成绩
```

```
        Print S(i, j);
    Next j
    Print
Next i
```

4．求最大元素及其所在的行和列

用变量 max 存放最大值，row、col 存放最大值所在行号和列号，可用下面程序段实现。

```
Dim a(10,20) As Integer
Max = a(0, 0): row = 0: Col = 0
For i = 0 To 10
    For j = 0 To 20
        If a(i, j) > Max Then
            max = a(i, j)
            row = i
            col=j
        End if
    Next j
Next i
```

6.3.4 二维数组的应用举例

【例 6-4】利用随机函数生成一个由两位正整数构成的 4 行 5 列矩阵，求出矩阵行的和为最大与最小的行，并调换这两行位置。

分析：生成两位正整数用 Int(Rnd * 90) + 10 实现，4 行 5 列矩阵用数组 a(4,5)表示，定义数组 b(4)用来存放矩阵每行的和。求数组 b(4)的最大值和最小值并用两个变量 p1,p2 存放最大、最小值所在的行号。

其实现程序代码如下所示。

```
Option Base 1
Private Sub Form_Click()
    Dim a(4, 5) As Integer
    Dim b(4) As Integer
    Dim i, j As Integer
    Dim p1, p2 As Integer
    Dim t As Integer
    Randomize
    For i = 1 To 4      '生成 4 行 5 列矩阵
      For j = 1 To 5
        a(i, j) = Int(Rnd * 90) + 10
        Print a(i, j) & " ";
```

```
      Next j
      Print
    Next i
    For i = 1 To 4    '求出矩阵每一行的和
      b(i) = 0
      For j = 1 To 5
        b(i) = b(i) + a(i, j)
      Next j
    Next i
    p1 = 1: p2 = 1
    For i = 2 To 4     '求出最大值和最小值所在的行号
      If b(i) > b(p1) Then p1 = i
      If b(i) < b(p2) Then p2 = i
    Next i
    Print "最大值的行是第" & p1 & "行,和为:" & b(p1)
    Print "最小值的行是第" & p2 & "行,和为:" & b(p2)
    For j = 1 To 5   '交换最大最小值所在行的数据
      t = a(p1, j): a(p1, j) = a(p2, j): a(p2, j) = t
    Next j
    Print "交换后的矩阵是: "
    For i = 1 To 4   '输出交换后的矩阵
      For j = 1 To 5
        Print a(i, j) & " ";
      Next j
      Print
    Next i
End sub
```

运行程序，单击窗体，结果如图 6-4 所示。

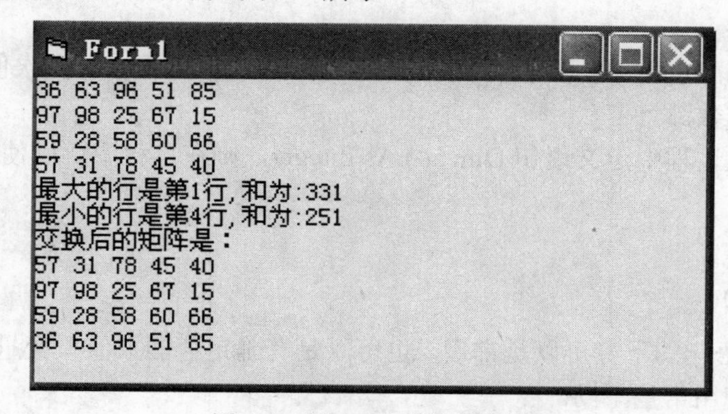

图 6-4　例 6-4 程序运行结果

6.4 动 态 数 组

动态数组指在声明数组时未给出数组的大小（省略括号中的下标），当要使用它时，用 ReDim 语句重新指出数组大小。

使用动态数组的优点是根据用户需要，有效地利用存储空间，它是在程序执行到 ReDim 语句时才分配存储单元，而静态数组是在程序编译时分配存储单元。

6.4.1 动态数组的建立和声明

建立动态数组的方法是：利用 Dim、Private、Public 语句声明括号内为空的数组，然后在过程中用 ReDim 语句指明该数组的大小。声明语法格式如下所示。

声明时：

```
Dim 数组名( ) [As 类型]
```

使用须确定数组大小时：

```
ReDim [Preserve] 数组名(下标 1[, 下标 2…])
```

例如：

```
Sub Form_Load( )
      Dim x( ) As Single
      n =Inputbox("输入 n")
      ReDim x(n)
      ...
   End Sub
```

说明：

（1）ReDim 语句是执行语句，只能出现在过程内。在过程中可多次使用 ReDim 来改变数组的大小和维数。

例如，设已在过程中定义语句 Dim a( ) As Integer，则在过程中可以使用下面的语句。

```
Redim a(10)
...
Redim a(4,5)
```

（2）Redim 语句的下标可以是常量，也可以是有确定值的数值型变量，这与声明定长数组的下标只能使用常量不同。

（3）可以使用 Redim 语句反复地改变数组的元素个数及维数，但是不能在将一个数组定义为某种数据类型之后，再使用 Redim 将该数组改为其他数据类型。

例如，设已在过程中定义语句 Dim a( ) As Integer，下面的语句是错误的。

```
Redim a(10) As Single        '已定义为 Integer，不能再定义为 Single
```

（4）使用 ReDim 语句会使原来数组中的值丢失，可以在 ReDim 语句后加 Preserve 参数来保留数组中的数据。

但如果使用了 Preserve 关键字，就只能重定义数组最末维的大小，不能改变数组的维数。例如，如果数组就是一维的，则可以重定义该维的大小，因为它是最末维，也是仅有的一维。对于二维或更多维时，则只有改变其最末维才能同时仍保留数组中的内容。

例如：

```
Redim a(10)
...
Redim Preserve a(20)         '重新定义数组为 20 个元素，保留数组中原有数据
...
Redim b(10,10)
...
Redim Preserve b(10,20)      '增加第二维大小，保留数组中原有数据
```

【例 6-5】ReDim 和 ReDim Preserve 的比较。阅读下面程序，分析输出结果。

```
Private Sub Form_Click()
   Dim a() As Integer, b() As Integer, i As Integer, n As Integer
   n = 6
   ReDim a(n) As Integer
   For i = 1 To n
      a(i) = i
   Next i
   b = a
   Print "数组 a,b 原来的值："
   For i = 1 To n
      Print a(i);
   Next i
   Print
   Print "ReDim 后数组 a 的值："
   n = 10
   ReDim a(n) As Integer
   For i = 1 To 10
      Print a(i);
   Next i
   Print
   Print "ReDim Preserve 后数组 b 的值："
   ReDim Preserve b(n) As Integer
   For i = 1 To 10
      Print b(i);
   Next i
End Sub
```

运行程序，单击窗体，结果如图 6-5 所示。

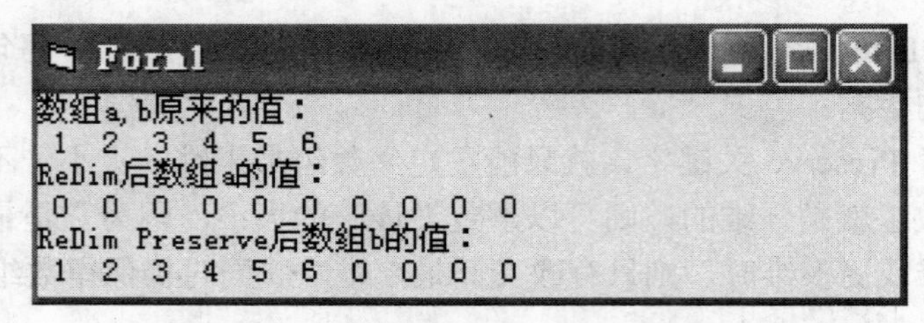

图 6-5　例 6-5 程序运行结果

6.4.2　与数组操作有关的几个函数

1. Array 函数

Array 函数可方便地对数组元素赋初值，但它只能给声明 Variant 的变量或仅由括号括起的动态数组赋值。赋值后的数组大小由赋值的个数决定。

例如：

```
Dim a As Variant
a = Array(10,20,30,40)
Dim b( )
b=Array(1,2,3)
```

执行后数组 a 有 4 个元素，a(0)=10，a(1)=20，a(2)=30，a(3)=40，数组 b 有 3 个元素，b(0)=1，b(1)=2，b(2)=3。

2. 求数组指定维数的上界、下界函数 UBound、LBound

使用 UBound 和 LBound 函数可以获取数组的上下界，并据以确定数组的大小。语法格式如下。

```
UBound(数组名[, 维])          '返回数组指定维的上界
LBound(数组名[, 维])          '返回数组指定维的下界
```

若省略“维”则默认为第一维。

例如：Dim a(−3 to 4,1 to 2, 3 to 5, −1 to 6) As Integer

```
Lbound(a,1)=-3                '数组 a 的第一维下界为-3
Ubound(a,3)=5                 '数组 a 的第 3 维上界为 5
```

3. Split 函数

使用 Split 函数可从一个字符串中，以某个符号作为分隔符，分离若干个子字符串，分离出的子字符串就是数组元素的值，从而建立一个下标从 0 开始的一维数组。

语法格式如下。

```
Split(<字符串>, [<分隔符>]
```

例如：

```
Dim a( ) As String
a = Split("20, 5, 68", ",")  '字符串为“20, 5, 68”，分隔符为“,”
```

执行上述语句后，数组 a 总共有 3 个元素，分别是：a(0)= "20"，a(1)= "5"，a(2)= "68"。

【例 6-6】用 Array 函数建立一个含有 8 个元素的数组，然后查找并输出该数组中元素的最大值。程序代码如下所示。

```
Private Sub Form_Click()
    Dim A, Max%, I%, LB%, UB%
    A = Array(92, 435, 77, 25, 78, 54, 263, 41)
    Max = A(LBound(A))
    For I = LBound(A) To UBound(A)
        Print A(I);
        If A(I) > Max Then Max = A(I)
    Next I
    Print
    Print "最大值是: "; Max
End Sub
```

运行程序，单击窗体，即可输出数组所有元素及最大值。

6.5　控 件 数 组

6.5.1　控件数组的概念

在 Visual Basic 中有一种特殊的数组称为控件数组，所谓控件数组就是以同一类型的控件为元素的数组。控件数组中的各控件具有相同的名字，即控件数组名（Name 属性）；也具有共同的控件类型，如都为文本框，或都为命令按钮；还具有大部分相同的属性。

建立控件数组时，系统会给每一个元素分配唯一的索引号（Index），即每一个控件数组元素都具有 Index 属性，该 Index 属性即为该控件在控件数组中的下标值。控件数组通过索引号（属性中的 Index）来标识各控件，第一个下标是 0。如 Text1(0)，Text1(1)，Text1(2)，Text1(3)，……

控件数组适用于若干个控件执行的操作相似的场合，控件数组共享同样的事件过程。例如，假如一个控件数组含有 3 个命令按钮，则不管单击哪个命令按钮，都会调用同一个 Click 事件过程。这样可以节约程序员编写事件代码，也使得程序更加精炼，结构更加紧凑。

为了区分控件数组中的各个元素，Visual Basic 会把下标值传给相应的事件过程，从而在事件过程中可以根据不同的控件做出不同的响应，执行不同的事件预先编写好的代码。

6.5.2　控件数组的建立

控件数组是针对控件建立的，因此与普通的数组的定义不同。我们可以在设计阶段建立控件数组，也可以在运行阶段添加控件数组。

1．在设计阶段建立控件数组

在设计阶段可通过下面的方法建立控件数组。

（1）在窗体上绘制一个控件并选中，或者选中一个已有的控件。

（2）执行“编辑”菜单中的“复制”命令。

（3）执行“编辑”菜单中的“粘贴”命令，这时将显示如图 6-6 所示的对话框询问是否创建控件数组。

图 6-6　控件数组对话框

（4）单击对话框中的“是”按钮，窗体的左上角将出现一个控件，它就是控件数组的第 2 个元素。

（5）重复上述操作，建立控件数组的其他元素。

2．在运行阶段添加控件数组

添加控件数组的步骤如下。

（1）在窗体上添加一个控件，将其 Index 属性设为 0，表示为控件数组，这是建立的控件数组的第一个元素。

（2）在编程时通过 Load 方法添加其余的若干个元素，也可通过 Unload 方法删除某个添加的元素。

（3）通过设置每个添加的元素的 Left 和 Top 属性，确定其在窗体上的位置，并将其 Visible 属性设为 True。

6.5.3　控件数组应用举例

【例 6-7】使用控件数组对某个学生的成绩进行统计。假设有 3 门课程，课程成绩可通过文本框输入，要求能够统计出此学生的最高分、平均分和总分。

分析：3 门课的输入通过 3 个文本框进行，3 个文本框构成一个控件数组；统计最高分、平均分和总分通过 3 个命令按钮进行，3 个命令按钮又构成另一个控件数组。为了窗体整齐美观，可把文本框放在一个框架里，命令按钮放在另一个框架里。

1. 在窗体上添加控件，界面布局如图 6-7 所示。

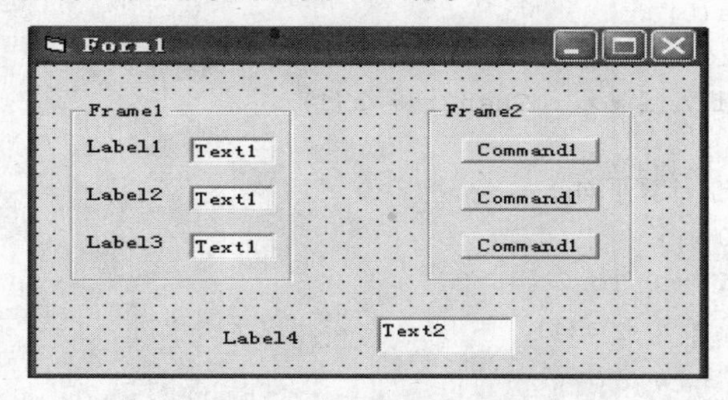

图 6-7　例 6-7 界面布局

2. 各控件属性按表 6-1 设置。

表 6-1　控件及属性表

控件类型	名称（Name）	属　性
框架	Frame1	Caption="输入成绩"
框架	Frame2	Caption="统计"
标签	Label1	Caption="语文："
标签	Label2	Caption="数学："
标签	Label3	Caption="英语："
标签	Label4	Caption=""
文本框	Text1	Index=0
文本框	Text1	Index=1
文本框	Text1	Index=2
文本框	Text2	Locked=True
命令按钮	Command1	Caption="最高分" Index=0
命令按钮	Command1	Caption="平均分" Index=1
命令按钮	Command1	Caption="总分" Index=2

3. 编写各事件代码如下所示。

```
Private Sub Command1_Click(Index As Integer)
    Dim a(3) As Integer, r As Single      '数组 a 保存成绩，r 保存计算结果
    Dim i As Integer
    For i = 0 To 2
      a(i) = Val(Text1(i).Text)           '文本框中的成绩存入数组 a
```

```
    Next i
    Select Case Index
        Case 0   '计算最高分
            r = a(0)
            For i = 1 To 2
                If a(i) > r Then r = a(i)
            Next i
        Case 1   '计算平均分
            r = 0
            For i = 0 To 2
                r = r + a(i)
            Next i
            r = Round(r / 3, 1)                    '平均分取一位小数
        Case 2   '计算总分
            r = 0
            For i = 0 To 2
                r = r + a(i)
            Next i
    End Select
    Label4.Caption = Command1(Index).Caption & ":"    '显示计算结果的标题
    Text2.Text = r   '计算结果显示在 Text2 中
End Sub
```

4．程序运行结果如图 6-8 所示。

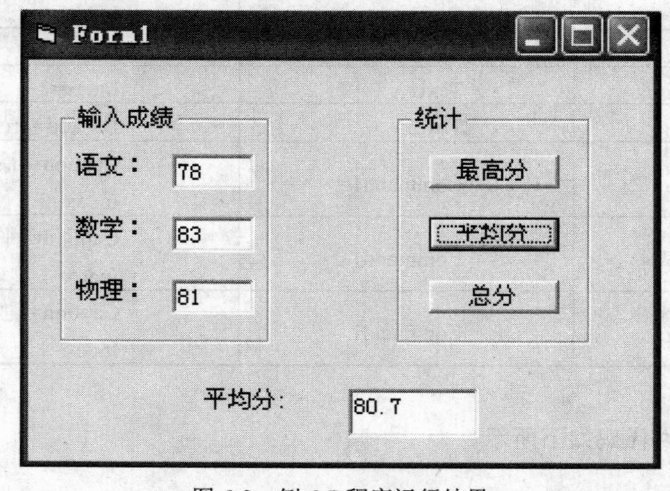

图 6-8　例 6-7 程序运行结果

6.6 应用举例

【例 6-8】随机产生 30 个 100 以内的整数，然后从小到大排序，存放于数组 A 中。编写程序，输入整数 X，检查它是否存在于 A 中，若存在，显示对应下标，若不存在，则将 X 插入到 A 中合适的位置，使得 A 中的元素还是按升序排列。

分析：判断 X 插在数组 A 中的哪个位置的方法：由于 A 中元素已排序，所以若 X<A(1)，则 X 插在第 1 个位置即 A(1)处，插入之前先把 A(1)～A(30)右移到 A(2)～A(31)。若 X>A(30)，则直接把 X 插在 A(31)的位置。若 A(1)<X<A(30)，则遍历数组 A，若有 A(I)=X 则输出找到的位置 I，否则找到 A(I)<X<A(I+1)，X 就插入在 I+1 的位置，插入之前先把 A(I+1)～A(30)右移到 A(I+2)～A(31)。

其实现程序代码如下。

```
Private Sub Form_Click()
    Dim x%, I%, nn%, j%,a(31) As Integer
    Randomize
    nn = 30
    For I = 1 To nn  '产生 30 个随机数
        a(I) = Int(Rnd * 100)
    Next I
    For I = 1 To nn   '从小到大排序
        For j = I + 1 To nn
            If a(I) > a(j) Then
                x = a(I)
                a(I) = a(j)
                a(j) = x
            End If
        Next j
    Next I
    For I = 1 To nn
        Print a(I);
        If I Mod 10 = 0 Then Print  '输出数组，每行 10 个元素
    Next I
    x = Val(InputBox("输入要找的数:"))
    If x < a(1) Then
        For I = nn + 1 To 2 Step -1  'A(1)~A(30)右移到A(2)~A(31)
            a(I) = a(I - 1)
        Next I
        a(1) = x   'x 插入在第 1 个位置
        Print "输入的数"; x; "插在第 1 个位置"
        For I = 1 To nn + 1
```

```
            Print a(I);
            If I Mod 10 = 0 Then Print
        Next I
    ElseIf x > a(nn) Then
        a(nn + 1) = x       'x 插入在第 31 个位置
        Print "输入的数"; x; "插在第"; nn + 1; "个位置"
        For I = 1 To nn+ 1
            Print a(I);
            If I Mod 10 = 0 Then Print
        Next I
    Else
        For I = 1 To nn
            If x = a(I) Then  '找到输入的数
                Print x; "已经存在，序号是："; I
                Exit Sub
            Else
                If x > a(I) And x < a(I + 1) Then  '找 x 要插入的位置
                    j = I + 1
                    Exit For
                End If
            End If
        Next I
        For I = nn + 1 To j + 1 Step -1   'a(j)~a(30)右移一个位置
            a(I) = a(I - 1)
        Next I
        Print "输入的数"; x; "插在第"; j; "个位置"
        a(j) = x   'x 插入在 a(j)处
        For I = 1 To nn + 1
            Print a(I);
            If I Mod 10 = 0 Then Print
        Next I
    End If
End Sub
```

运行程序，单击窗体，结果如图 6-9 所示。

```
Form1
8  13  22  24  28  30  32  32  36  36
39  46  46  47  52  52  52  55  56  63
68  70  76  76  82  84  84  88  89  97
输入的数 35 插在第 9 个位置
8  13  22  24  28  30  32  32  35  36
36  39  46  46  47  52  52  52  55  56
63  68  70  76  76  82  84  84  88  89
97
```

图 6-9　例 6-8 程序运行结果

思考：若 x 在数组 A 中，本程序只能找到 x 在数组 A 中的第一个位置，请修改程序，找出 x 在 A 中的所有位置。

【例 6-9】随机生成 N 个 10～99 内的整数，删除重复的数并输出结果。

分析：遍历数组中每一个元素，若找到相同的数，则此数后面所有的数都向左移动一个位置，相同的数就被覆盖。其程序代码如下所示。

```
Option Base 1
Option Explicit
Private Sub Form_Click()
  Dim a() As Integer, b() As Integer, n As Integer, m As Integer
  Dim i As Integer, j As Integer, k As Integer
  n = InputBox("请输入数据个数：")
  ReDim a(n)
  ReDim b(n)   '数组 b 存放相同的数
  Print "生成的" & n & "个数如下："
  For i = 1 To n
    a(i) = Int(Rnd * 90) + 10          '产生 10~99 的随机整数
    Print a(i);
    If i Mod 10 = 0 Then Print         '每行输出 10 个数
  Next i
  i = 1: m = 1
  Do While i <= n - 1
    j = i + 1
    Do While j <= n
      If a(i) = a(j) Then
        b(m) = a(i)   '把相同的数存放到数组 b 中
        m = m + 1
        For k = j To n - 1
          a(k) = a(k + 1)              '找到相同的数，则后面的数向左移一个位置
        Next k
        n = n - 1
        ReDim Preserve a(n)            '重新定义数组大小，并保留原有数据
      Else
        j = j + 1
      End If
    Loop
    i = i + 1
  Loop
  Print "不相同的数如下："
```

```
  For i = 1 To n
    Print a(i);
    If i Mod 10 = 0 Then Print
  Next i
  Print
  Print "相同的数如下："
  ReDim Preserve b(m - 1)
  For i = 1 To m - 1
    Print b(i);
    If i Mod 10 = 0 Then Print
  Next i
End Sub
```

运行程序，单击窗体，结果如图 6-10 所示。

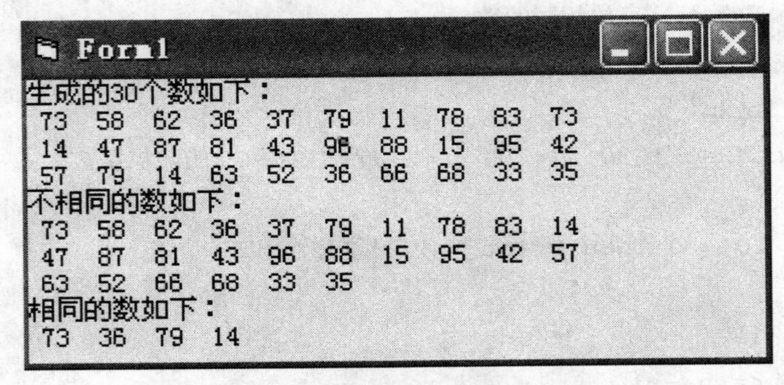

图 6-10　例 6-9 程序运行结果

本 章 小 结

本章介绍了一维数组、二维数组、可变数组、控件数组的有关概念及其使用方法。数组必须先声明后使用，按声明时数组的大小确定与否分为定长（静态）数组和可调（动态）数组两类。

在声明时，数组只有一个下标，则该数组为一维数组；数组有两个下标，则该数组为二维数组。

动态数组也叫可调数组或可变长数组，是指在声明数组时未给出数组的大小（省略括号中的下标），当要使用它时，随时用 ReDim 语句重新定义数组大小。使用动态数组的优点是可以有效地利用内存存储空间。

控件数组是由一组相同类型的控件组成的。它们共用一个控件名，属性基本相同，只有 Index 属性的值不同。当建立控件数组时，系统给每个元素赋一个唯一的索引号（Index）。控件数组共享同样的事件过程。

习　题

一、选择题

1．如下数组声明语句，（　　）正确。

A．Dim a[3,4] as integer　　B．Dim a(3,4) as integer

C．Dim a(n,n) as integer　　D．Dim a(3 4) as integer

2．数组声明语句 Dim a(3,-2 to 2,5) As Integer 中，数组 a 包含的元素个数为（　　）。

A．120　　B．75　　C．60　　D．13

3．语句 Dim A(5) As Integer 定义的数组元素个数是（　　）。

A．6　　B．5　　C．4　　D．3

4．下面关于静态数组下标的叙述中，不正确的是（　　）。

A．下标必须是常数，不能是变量或表达式

B．下标下界最小为：-32768 ，下标上界最大为：32767

C．如果省略下界，系统默认下界为 0

D．下标可以是字符型

5．下面关于动态数组的叙述中，不正确的说法是（　　）。

A．要使用动态数组，首先用 Dim 数组名()声明，使用时必须用 ReDim 语句重定义数组的维数、下标的个数，但不能重定义数组的类型。

B．用 ReDim 语句对数组重定义时，下标不能为常量。

C．用 ReDim 语句对数组重定义时，下标可以是常量或有固定值的变量。

D．可以多次使用 ReDim 语句来改变数组的大小，每次使用 ReDim 语句都会使原来数组中的值丢失。

6．下面正确的程序段是（　　）。

A.
```
Dim  a(5)  As integer
for  i=1  to  5
   a(i)=i
next  i
a(i)=10
```

B.
```
Dim  a(5)  As integer
Dim  S$
a(1)="a"
a(2)="b"
```

C.
```
Dim  a()  As integer
Redim  a(5)  as  single
a(1)=4.5
```

D.
```
Dim  a(5)  As integer
for  i=0  to  Ubound(a)
     a(i)=2*i+1
next  i
```

7．在窗体上添加一个命令按钮，名称为 Command1，然后编写如下代码。

```
Option Base 1
Private Sub Command1_Click()
  Dim a(10), p(3) As Integer
```

```
  k = 5
  For i = 1 To 10
    a(i) = i
  Next i
 For i = 1 To 3
    p(i) = a(i * i)
  Next i
  For i = 1 To 3
    k = k + p(i) * 2
  Next i
  Print k
End Sub
```

程序运行后，单击命令按钮，输出结果是（　　）。

A. 32　　B. 33　　C. 34　　D. 35

8. 运行下面程序后，在弹出的消息窗口中显示的是（　　）。

```
Private Sub Form_Click()
    Dim Week,Day
    Week=Array("Mon","Tue","Wed","Thu","Fri","Sat","Sun")
    Day=Week(2)
    Day=Week(4)
    MsgBox Day
End Sub
```

A. Fir　　B. Tue　　C. Wed　　D. Thu

二、填空题

1. 以下程序的功能是：用 Array 函数建立一个含有 8 个元素的数组，然后将数组倒置，即第一个元素和最后一个元素交换，第二个元素和倒数第二个元素交换，……请填空。

```
Option Base 1
Private Sub Command1_Click()
    Dim a,I As Integer,t As Integer
    a = Array(32, 435, 76, 24, 78, 54, 536, 43)
    For I = 1 To  ①  
        t=a(I)
        a(I)=  ②  
        a(8-I+1)=t
    Next I
End Sub
```

2. 请用正确的内容填空。下面程序用“选择”法将数组 a 中的 10 个整数按升序排列。

```
Option Base 1
Private Sub Form_Click()
```

```
    Dim a
    a = Array(678, 45, 324, 528, 439, 387, 87, 875, 273, 823)
    For I=1 To 9
      For j=___①___ To 10
        If ___②___ Then
          t=a(I): a(I)=a(j): a(j)=t
        End If
      Next j
    Next I
    For I=1 To 10
      Print a(I);
    Next I
End Sub
```

3．请用正确的内容填空。以下程序用随机函数模拟掷骰子，统计掷 50 次骰子出现各点的次数。

```
Private Sub Form_Click()
    Dim d(6)
    For I=1 To 50
      n=Int (___①___)
      d(n)=d(n)+1
    Next I
    For I=___②___ To 6
      Print I;"点出现";d(I);"次"
    Next I
End Sub
```

4．以下程序的功能是产生 10 个 0～100 的随机整数，放入数组 Arr 中，然后输出其中的最大值。请填空。

```
Option Base 1
Private Sub Form_Click()
    Dim Arr(10) As Integer
    Dim Max As Integer
    Randomize
    For i = 1 To 10
        Arr(i) = Int(Rnd * 100)
    Next i
    Max =___①___
    For i = 2 To 10
        If___②___Then
            Max = Arr(i)
        End If
```

```
    Next i
    Print Max
End Sub
```

5. 下面是一个统计文章中字母 A～Z（不分大小写）出现的次数的程序。文本框 text1 中存放一篇英文文章，文本框 text2 用来显示统计结果。请在下划线处填上适当的语句。

Dim zms(1 To 26) As Integer　'此数组用来存放字母 A～Z 出现的次数，zms(1)存放 A 或 a 出现的次数，以此类推。

```
Dim n%, i%, k%, st$
For i = 1 To 26
    zms(i) = 0
Next  i
n=____①______
For  i = 1 To  n
  st = Mid(Text1, i, 1)
  If  "a" <= st And st <= "z" Or "A" <= st And st <= "Z" Then
     st = UCase(st)
     k = _____②______
     zms(k - 64) = zms(k - 64) + 1
  End If
Next  i
Text2 = ""
For i = 1 To 26
     Text2 = Text2 + Chr(64 + i) + "个数=" + Str(zms(i)) +";"
Next  i
```

三、分析程序的运行结果

1. 在窗体上添加一个命令按钮 Command1，然后编写如下事件过程。

```
Option Base 1
Private Sub Command1_click()
  Dim a
  a = Array(1, 2, 3, 4)
  j = 1
  For i = 4 To 1 Step -1
    S = S + a(i) * j
    j = j * 10
  Next i
  Print S
End Sub
```

程序运行后，单击 Command1，输出结果为____________。

2. 在窗体上添加一个命令按钮 Command1，然后编写如下事件过程。

```
Option Base 1
Private Sub command1_click()
 Dim a, b(3, 3)
 a = Array(1, 2, 3, 4, 5, 6, 7, 8, 9)
 For i = 1 To 3
  For j = 1 To 3
    b(i, j) = a(i * j)
    If j >= i Then Print Tab(j * 3); b(i, j);
  Next j
  Print
 Next i
End Sub
```

程序运行后，单击Command1，输出结果为__________。

3．在窗体上添加一个命令按钮Command1，然后编写如下事件过程。

```
Private Sub Command1_Click()
 Dim A(5) As String
 For I = 1 To 5
  A(I) = Chr(Asc("A") + (I - 1))
 Next I
 For Each B In A
  Print B;
 Next
End Sub
```

程序运行后，单击Command1，输出结果为________。

4．在窗体上添加一个命令按钮Command1，然后编写如下事件过程。

```
Option Base 1
Private Sub command1_click()
 Dim a%(5, 5)
 For i = 1 To 3
  For j = 1 To 4
   If j > 1 And i > 1 Then
    a(i, j) = i * j
   End If
  Next j
 Next i
 For n = 1 To 2
  For m = 1 To 3
   Print a(m, n);
  Next m
  Print
```

```
  Next n
End Sub
```

程序运行后，单击 Command1，输出结果为____________。

5．在窗体代码窗口中输入如下代码。

```
Option Base 1
Private Sub Form_Click()
    Dim Arr, Sum
    Sum = 0
    Arr = Array(1, 3, 5, 7, 9, 11, 13, 15, 17, 19)
    For I = 1 To 10
      If Arr(I) / 3 = Arr(I) \ 3 Then
         Sum = Sum + Arr(I)
      End If
    Next I
    Print Sum
End Sub
```

程序运行后，单击窗体，输出结果为____________。

四、编程题

1．编一程序，使用随机函数产生 10 个互不相同的两位整数存放到一维数组中，并输出该数组，然后求数组中的最大值及最大值在数组中的位置。

2．设有如下两组数据。

A:　1，2，3，4，5，6，7，8，9，10

B:　100，99，98，97，96，95，94，93，92，91

编写程序，把上面两行数据分别读入两个数组中，然后把两个数组中对应的元素相加，即 1+100，2+99，…，10+91，并把相应的结果存放在第三个数组中，最后输出第三个数组的元素。

3．随机生成 20 个 100 以内的两位正整数，统计其中有多少个不相同的数。

4．设有一个二维数组 A(5,5)，随机生成数组元素。编写程序计算：（1）所有元素之和；（2）两条对角线元素之和。

5．找出一个 m×n 数组的“鞍点”。m、n 的值由键盘输入，随机生成数组元素。所谓“鞍点”是指一个在本行中最大，在本列中最小的数组元素，若找到鞍点，则输出鞍点的行号和列号，若数组中不存在鞍点，则输出“鞍点不存在”。

上 机 实 验

1．设计一个比赛评分程序。在窗体上建立一个名为 Text1 的文本框数组，文本框数组有 7 个元素。然后建立一个名为 Text2 的文本框和名为 Command1 的命令按钮。运行时在文本框数组中输入 7 个分数，单击“计算得分”命令按钮，则最后得分显示在 Text2 文本框中（去掉一个最高分和一个最低分后的平均分即为最后得分），运行结果如图 6-11 所示。

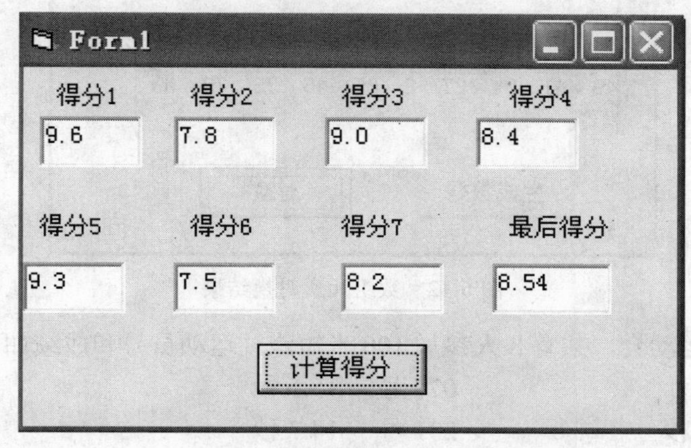

图 6-11　评分程序运行结果

程序代码如下，请在下划线处填空，然后运行程序，并编译成.exe 文件。

```
Private Sub Command1_Click()
  Dim K As Integer
  Dim Sum As Single, Max As Single, Min As Single
  Sum = Text1(0)
  Max = Text1(0)
  Min = Text1(0)
  For K = ________ To 6
   If Max < Text1(K) Then
     Max = Text1(K)
   End If
   If Min > Text1(K) Then
     Min = Text1(K)
   End If
   Sum = ____________
  Next K
  Text2 = ____________
End Sub
```

2．编写程序，随机生成 10 个整数，并放入一个一维数组中，然后将其前 5 个元素与后 5 个元素对换，即：第 1 个元素与第 10 个元素对换，第 2 个元素与第 9 个元素对换……第 5 个元素与第 6 个元素对换。分别输出数组原来各元素的值和对换后各元素的值。结果如图 6-12 所示。

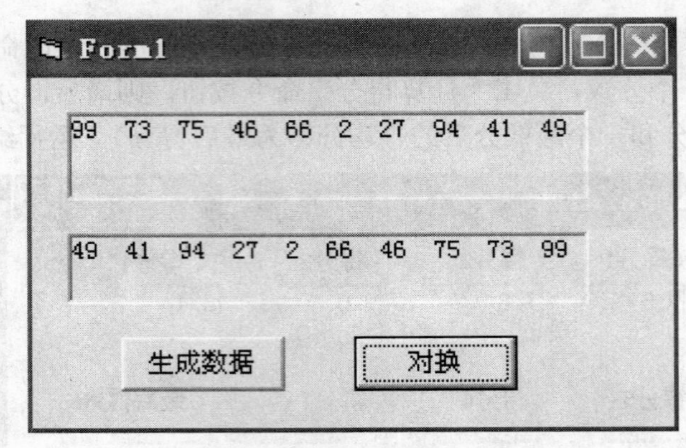

图 6-12　数组元素对换结果

3．某单位开运动会，共有 8 人参加 100 米短跑，运动员号和成绩如下所示。

207 号	14.5 秒	077 号	15.1 秒
156 号	14.2 秒	231 号	14.7 秒
453 号	15.2 秒	276 号	13.9 秒
096 号	15.7 秒	122 号	13.7 秒

编写程序，按成绩排出名次，并按如下格式输出。

名次	运动员号	成绩
1	122 号	13.7 秒
2	……	……

4．编写程序，随机生成 10 个 10～99 互不相同的整数，然后将这些数按由小到大的顺序显示出来。

第7章 过　程

7.1 过程的类型

结构化程序设计思想的要点之一就是对一个复杂的问题采用模块化，把一个较大的程序划分为若干个模块，每个模块只完成一个或若干个功能。这些模块通过执行一系列的语句来完成一个特定的操作过程，因此被称为“过程”。

Visual Basic 中根据过程是否有返回值，把过程分为两类。

（1）Sub 过程：称为子程序过程，Sub 过程不返回值。

（2）Function 过程：称为函数过程，返回一函数值。

7.2 Sub 过程

Sub 过程是用特定格式组织起来的一组代码，通常用来完成一个特定的功能，可以被其他过程作为一个整体来调用。

在 VB 中有两种 Sub 过程，即事件过程和通用过程。

7.2.1 事件过程

所谓事件就是能被对象（窗体和控件）所识别的动作。例如用户单击鼠标就会产生一个单击（Click）事件。我们可以为一个事件编写程序代码，把对发生的事件进行处理的代码放在过程中，这样的过程称为事件过程。

事件过程分为窗体事件过程和控件事件过程。

要创建一个事件过程，首先选择是对哪个对象进行何种操作，系统自动生成事件过程的名称，然后用户根据功能要求设计事件的程序代码。

窗体事件过程的语法格式为：

```
Private Sub Form_事件名(参数列表)
    <语句块>
End Sub
```

控件事件过程的语法格式为：

```
Private Sub 控件名_事件名（参数列表）
    <语句块>
End Sub
```

说明：

（1）每个事件过程名前都有一个“Private”的前缀，这表示该事件过程不能在它自己的窗体模块之外被调用。它的使用范围是模块级的，在该窗体之外是不可见的，也就是说是私有的或局部的。

（2）事件过程有无参数，完全由 Visual Basic 所提供的具体事件本身所决定，用户不可以随意添加或删减。

例如，下面是一个单击窗体的事件过程。

```
Private Sub Form_Click( )
   Print "这是一个 VB 的演示程序！"
End Sub
```

例如，在窗体中设置了一个名为 Command1 的命令按钮控件，它对应的单击事件过程如下。

```
Private Sub Command1_Click()
   Print "这是一个 VB 的演示程序！"
End Sub
```

7.2.2 通用过程

通用过程又称自定义过程。若干不同的事件过程可能会执行相同的动作，可将共同语句独立出来置于一个过程中，这种过程称为通用过程。

通用过程有助于将复杂的应用程序分解成多个易于管理的逻辑单元，简化程序，便于维护。

通用过程是一个程序段，必须从另一个过程（事件过程或其他通用过程）调用。

通用过程的定义形式如下。

```
[Private | Public] [Static] Sub 过程名([参数列表])
        [局部变量和常量声明]
        <语句块>
        [Exit Sub]
        <语句块>
End Sub
```

说明：

（1）以 Private 为前缀的 Sub 过程是窗体级的（私有的）过程，只能被本窗体模块内的事件过程或其他过程调用。

以 Public 为前缀的 Sub 过程是应用程序级的（公有的或全局的）过程。这样的过程可以从项目中的任何模块中调用它。若缺省 Private 或 Public，系统默认为 Public。

（2）Static 选项可以指定过程中的局部变量为“静态”变量。

（3）Sub 过程以 Sub 语句开头，End Sub 语句结束。在 Sub 和 End Sub 之间是描述过程操作的语句块，称为子程序体或过程体。

当程序执行到 End Sub 语句时，退出该过程，并立即返回到调用该过程语句的下一条语句。

（4）过程名的命名规则与变量命名规则相同。在同一个模块中，过程名必须唯一。

（5）参数列表中的参数称为形式参数，它可以是变量名或数组名。若有多个参数时，各参数之间用逗号分隔。

Sub 过程可以没有参数，但一对圆括号不可以省略，不含参数的过程称为无参过程。

形式参数的格式为：

```
[ByVal] [ByRef] 变量名[( )][As 数据类型]
```

说明：

ByVal：表明其后的形参是按值传递参数或称为“传值”（Passed by Value）参数，若缺省或用“BvRef”替代，则表明参数是按地址传递（传址）参数或称为“引用”（Passed by Reference）参数。

变量名[( )]：变量名为合法的 VB 变量名或数组名。若变量名后无括号，则表示该形参是变量，否则是数组。

（6）Exit Sub：程序执行到 Exit Sub 语句时提前退出该过程，返回到调用该过程语句的下一条语句。

【例 7-1】编写一个求三角形面积的子过程。

```
Private Sub Area (a As Single, b As Single,c As Single, s As Single)
   Dim p As Single
   p = (a + b + c) / 2
   s = Sqr(p * (p - a) * (p - b) * (p - c))
End Sub
```

7.2.3　Sub 过程的建立

建立 Sub 过程有两种方法。

1．第一种方法

可以直接在代码窗口中输入代码，来创建新的 Sub 过程，如图 7-1 所示。

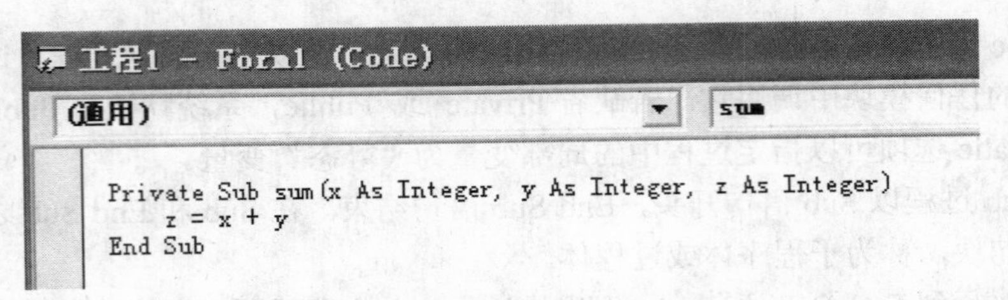

图 7-1　建立 Sub 过程

2．第二种方法

（1）打开代码窗口。

（2）然后再打开“工具”菜单中的“添加过程”对话框。

（3）输入过程名，选定过程类型，选择过程的应用范围，如图 7-2 所示。

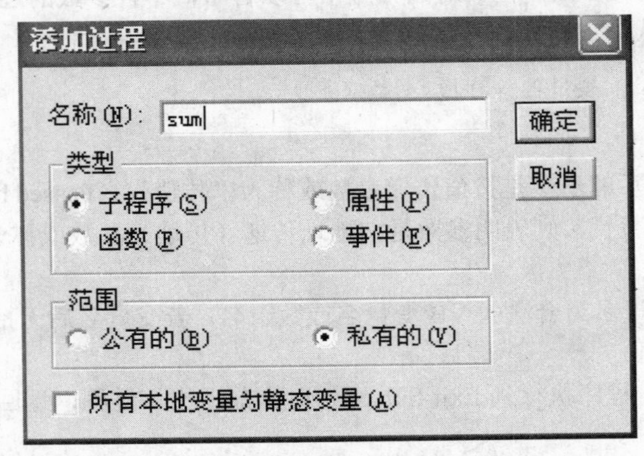

图 7-2　“添加过程”对话框

7.2.4　Sub 过程的调用

要执行一个过程，必须调用该过程。子过程的调用有两种方式，一种是利用 Call 语句加以调用，另一种是把过程名作为一个语句来直接调用。

1．用 Call 语句调用 Sub 过程，格式如下所示。

```
Call 过程名(实在参数表)
```

说明：

（1）执行 Call 语句，VB 将控制传递给由“过程名”指定的 Sub 过程，开始执行它。

（2）实在参数：是传送给被调用的 Sub 过程的变量、常数或表达式。实在参数的个数、类型和顺序，应与被调用过程的形式参数相匹配。有多个参数时各实在参数之间用逗号分隔。

如果被调用过程是一个无参过程，则括号可省略。

例如，调用例 7-1 求三角形面积的过程。

```
Private Sub Command1_Click()
```

```
    Dim p As Single
    Call Area(5, 6, 7, p)
    Print "p="; p
End Sub
```

程序运行时，调用 Area 过程，把 5，6，7，p 分别传给 a，b，c，s，执行过程 Area 中的语句，计算 s，返回主程序时，由于采用传址方式，所以 s 和 p 实际上是同一存储单元，p 的值就是 s 的值，最后输出 p 的值。

2. 把过程名作为一个语句来使用，格式如下所示。

过程名[实参数列表]

说明：

与第一种调用方法相比，这种调用方式省略了关键字 Call，去掉了参数列表的括号。例如，调用例 7-1 求三角形面积的过程。

```
Private Sub Command1_Click()
    Dim p As Single
    Area 5, 6, 7, p
    Print "p="; p
End Sub
```

7.3 Function 过程

函数过程是自定义过程的另一种形式。VB 提供了许多内部函数，如 Sin（x），Sqr（x）等，在编写程序时，只需写出函数名和相应的参数，就可得到函数值。另外，VB 还允许用户自己定义函数过程（即外部函数）。同内部函数一样，函数过程也有一个返回值。

7.3.1 Function 过程的定义

Function 函数过程的定义格式如下所示。

```
[Private | Public] [Static] Function 函数名([参数列表])[As 数据类型]
    [局部变量和常数声明]
    <语句块>
    [函数名=表达式]
    [Exit Function]
    <语句块>
    [函数名=表达式]
End Function
```

说明：

（1）与 Sub 的区别：Function 过程由函数名返回一个值。

（2）函数名的命名规则：与变量名的命名规则相同，但不能与内部函数重名。

（3）As 数据类型：指定函数返回值的类型。缺省该选项，函数类型默认为“Variant”类型。

（4）在函数体内通过“函数名＝表达式”语句给函数名赋值。

（5）Exit Function 语句：提前退出 Function 过程返回调用点。

【例 7-2】编写一个求 n! 的函数过程。

```
Private Function Fact(n As Integer) As Long
    Dim i As Integer
    Fact = 1
    If n = 0 Or n = 1 Then
        Exit Function
    Else
        For i = 1 To n
          Fact = Fact * i
        Next i
    End If
End Function
```

7.3.2　Function 过程的调用

Function 过程的调用比较简单，可以像使用 Visual Basic 内部函数一样来调用 Function 过程。实际上，由于 Function 过程返回一个值，它与内部函数（如 Sqr，Str$，Chr$等）没有什么区别，唯一的不同之处在于内部函数由系统提供，而 Function 过程由用户自己定义。

调用函数可以由函数名带回一个值给调用程序，被调用的函数必须作为表达式或表达式中的一部分，再与其他的语法成分一起配合使用。

最简单的情况就是在赋值语句中调用函数，其形式为：

变量名=函数名（[实参数列表]）

【例 7-3】利用例 7-2 中的 Fact 函数，求 8！+12！-9！的值。其程序代码如下所示。

```
Private Sub Form_Click()
   Dim P As Long
   P=Fact(8)+Fact(12)-Fact(9)
   Print "8! +12! -9! =";P
End Sub
```

程序运行时，执行 P=Fact(8)+Fact(12)-Fact(9)语句时就会调用 Fact(n)函数，首先求

Fact(8)，把 8 传给 n，执行函数 Fact(n)中的语句，计算 Fact(8)的值。接着求 Fact(12)、Fact(9)的值，最后计算 P 的值。

7.4 参 数 传 送

在主调过程调用被调过程处理某项事务时，往往需要由主调过程向被调过程传递数据，再由被调过程对这些数据进行处理，一般把这些传递的数据称为参数。

7.4.1 形式参数与实际参数

1. 形式参数

形式参数是指在定义过程时，出现在 Sub 或 Function 语句中过程名或函数名后面圆括号内的参数，是接收数据的变量，简称形参。形参可以是除定长字符串外的任一简单变量，也可以是数组，数组要在变量名后加上括号。

如：Private Sub test(p1 As Integer，p2 As Integer，a1()　As Integer)

其中 p1，p2，a1()是形参。

2. 实际参数

实际参数简称实参，是指在调用过程时，传送给相应过程的变量名、数组名、常数或表达式，它们包含在过程调用的实参表中。

实际参数表中各项之间用逗号分开，实参可以是：常量、表达式、合法的变量名、后面跟括号的数组名。

如：Call test(12, a, b())

调用过程 test 时，把实参 12,a,b()分别传送给形参 p1,p2,a1()。

7.4.2 参数传递方式

参数传递指主调过程的实参（调用时已有确定值和内存地址的参数）传递给被调过程的形参，参数的传递有两种方式：按值传递和按地址传递。形参前加 ByVal 关键字的是按值传递，省略或加 ByRef 关键字的为按地址传递。

参数传送时，实参和形参的个数必须相等，调用过程时按照顺序逐个用实参代替形参；实参和对应形参的名字可以相同，也可以不同；实参和对应形参的数据类型应相同。

例：定义过程

```
Sub Proc(x As Integer,y As String,a As Integer)
    ...
End Sub
```

调用语句为：Call Proc(A,"OK", 12)

上述调用语句执行时，按顺序实参 A 传送给形参 x，"OK"传送给形参 y，12 传送给形参 a。

1．按值传递

如果调用语句中的实际参数是常量或表达式，或者定义过程时选用 ByVal 关键字就是按值传递。调用时，给形参分配一个临时内存单元，将实参的值复制到形参对应的内存单元中，实参与形参断开联系。调用结束后，返回主调过程时，形参对应的内存单元被释放。

实参的值不随形参的值变化而变化。如果在被调过程中形参值被改变，只影响临时内存单元，不影响实参变量本身。即当控制返回调用程序时，实参变量保持调用前的值不变。

【例 7-4】按值传送参数的程序示例。

```
Private Sub Sum(ByVal X As Integer,ByVal Y As Integer)
   X = X + 20
   Y = X + Y
   Print "X="; X, "Y="; Y
End Sub
Private Sub Form_Click()
    Dim M As Integer, N As Integer
    M = 10: N = 20
    Call Sum(M, N)
    Print "M="; M, "N="; N
End Sub
```

分析：程序执行调用过程 Sum 时，采用按值传递参数，把实参 M 和 N 的值（10 和 20）分别传递给形参 X 和 Y；执行过程 Sum 中的代码时，形参 X 和 Y 的值会发生变化，但 M 和 N 不会变化。所以程序运行结果是 X=30，Y =50，M=10，N=20。

2．按地址传递

定义过程时形参前没有 ByVal 或有 ByDef 的为按地址传递参数。调用时，将实参变量的地址传递给形参，形参和实参共用同一个内存单元。

在被调过程中的形参值一旦被改变，相应的实参值也跟随着被改变了。即当控制返回调用程序时，实参变量值改变。即实参的值随形参的值变化而改变。

【例 7-5】按地址传送参数的程序示例。

```
Private Sub Sum(X As Integer,Y As Integer)
   X = X + 20
   Y = X + Y
   Print "X="; X, "Y="; Y
End Sub
Private Sub Form_Click()
```

```
    Dim M As Integer, N As Integer
    M = 10: N = 20
    Call Sum(M, N)
    Print "M="; M, "N="; N
End Sub
```

分析：程序执行调用过程 Sum 时，采用按地址传递参数，把 M 的地址传给 X，N 的地址给 Y，即 M 和 X 使用同一内存单元，N 和 Y 也使用同一内存单元。X 的值改变了，M 的值也跟着变化，同理 Y 的值改变了，N 的值也跟着改变，因为它们其实就是同一存储单元。所以程序运行结果是 X=30，Y =50，M=30，N=50。

7.4.3 数组参数的传送

Visual Basic 允许把数组作为实参传送到过程中。用数组作为过程的参数时，应在数组名的后面加上一对括号，以免与普通变量相混淆。

作为形式参数的数组，声明时的格式如下所示。

```
<形参数组名>( )[As 数据类型]
```

注意：

（1）数组参数只能按地址传递，即不能用 ByVal 来修饰数组参数。

（2）定义数组参数时无须说明数组的维数和下标变化范围。

（3）调用过程时，对应的实在参数也必须是数组，但只需要数组名，无须后跟括号，且数据类型也要一致。

（4）在过程体或函数体中不能对数组参数再次声明。

（5）若在主程序，即调用过程中将数组声明成动态数组，在过程体或函数体中可以使用重定义语句修改数组的维数和上下界。

例如，下面的过程声明 a 为数组参数。

```
Private Sub Sort(a( ) As Integer)
  ...
End Sub
```

假如定义了实参数组 b(10)，并给数组 b 每个元素赋了值，调用过程 Sort 的形式如下。

```
Call Sort(b)  或者 Call Sort(b( ))
```

即实参数组后面的括号可以省略，但为了便于阅读，建议不要省略为好。

【例 7-6】自定义一个将一维数组按从小到大排序的通用过程。产生 10 个 100 之内的随机整数，调用这个排序过程进行排序。程序代码如下所示。

```
Private Sub Sort(a() As Integer)
   Dim i As Integer, j As Integer
```

```
    Dim temp As Integer
    For i = 1 To UBound(a) - 1          'UBound(a)为数组 a 的上界
        For j = i + 1 To UBound(a)
            If a(i) > a(j) Then         '从小到大排序
                temp = a(i)
                a(i) = a(j)
                a(j) = temp
            End If
        Next j
    Next i
End Sub
Private Sub Form_Click()
    Dim i As Integer
    Dim b(10) As Integer
    Randomize
    Print "原始数据为："
    For i = 1 To 10
        b(i) = Int(100* Rnd)            '产生 10 个 100 内的随机整数
        Print b(i);
    Next i
    Print
    Print "排序后的数据为："
    Call Sort(b)                        '调用 Sort 过程排序
    For i = 1 To 10
        Print b(i);                     '输出排序后的结果
    Next i
End Sub
```

运行程序，单击窗体，结果如图 7-3 所示。

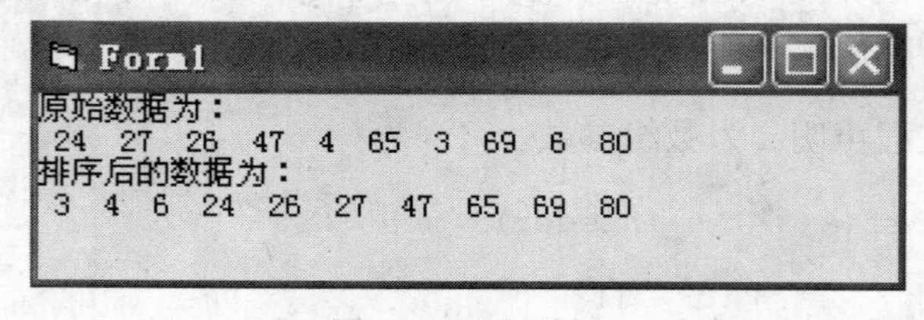

图 7-3　运行结果

7.5　过程的嵌套和递归调用

7.5.1　过程的嵌套

VB 的过程定义都是互相平行和相对独立的，也就是说在定义过程时，一个过程内不能包含另一个过程。虽然不能嵌套定义过程，但可以嵌套调用过程，也就是主程序可以调用子过程，在子过程中还可以调用另外的子过程，这种程序结构称为过程的嵌套。例如，主程序调用子过程 Proc1，而子过程 Proc1 又调用另外一个子过程 Proc2。这种在一个过程（Sub 过程或 Function 过程）中调用另外一个过程的方法就叫过程的嵌套调用。

注意： 过程的嵌套并非嵌套定义过程，在 VB 中不可以嵌套定义过程，这里指嵌套调用过程，即在一个被调用过程中还可以调用另一个过程。

【例 7-7】定义一个过程，它能将一维数组按从小到大排序，并且能把数组中的质数存放到另外一个数组中。产生 10 个 100 之内的随机整数，然后从小到大输出这 10 个数，并把其中的质数也从小到大输出。

分析： 本例要编写两个过程，一个是排序过程，另一个是判断某数是否为质数的过程。本例使用过程的嵌套，在排序过程中调用判断某数是否为质数的过程。程序代码如下。

```
Private Sub Sort(a() As Integer, p() As Integer)  '排序过程
   Dim i As Integer, j As Integer, n As Integer
   Dim temp As Integer
   For i = 1 To UBound(a) - 1  'UBound(a)为数组 a 的上界
      For j = i + 1 To UBound(a)
         If a(i) > a(j) Then  '从小到大排序
              temp = a(i)
              a(i) = a(j)
              a(j) = temp
         End If
      Next j
   Next i
   n = 1
   For i = 1 To UBound(a)  '找出质数
      If prime(a(i)) Then
        p(n) = a(i)
        n = n + 1
      End If
   Next i
End Sub
Private Function prime(m As Integer) As Boolean  '判断质数过程
  Dim i As Integer
  prime = False
  For i = 2 To Sqr(m)
    If m Mod i = 0 Then Exit Function
  Next i
  prime = True
End Function
```

```
Private Sub Form_Click()
    Dim i As Integer
    Dim b(10) As Integer
    Dim c(10) As Integer
    Randomize
    Print "原始数据为: "
    For i = 1 To 10
        b(i) = Int(100 * Rnd) '产生 10 个 100 内的随机整数
        Print b(i);
    Next i
    Print
    Print "排序后的数据为: "
    Call Sort(b, c) '调用 Sort 过程排序
    For i = 1 To 10
        Print b(i); '输出排序后的结果
    Next i
    Print
    Print "数组中的质数为: "
    For i = 1 To UBound(c)
        If c(i) <> 0 Then Print c(i); '输出质数
    Next i
End Sub
```

运行程序，单击窗体，结果如图 7-4 所示。

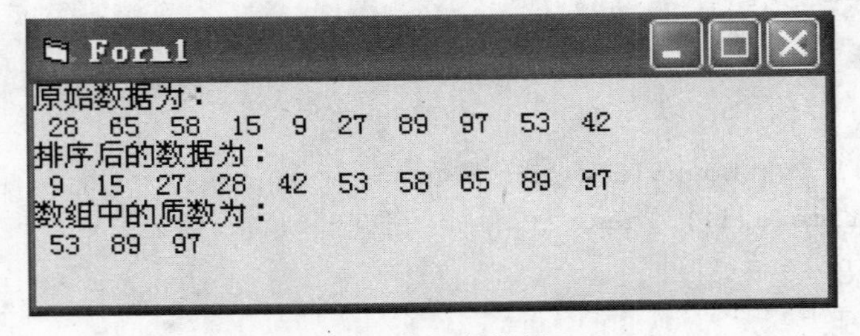

图 7-4　运行结果

7.5.2　过程的递归调用

1. 递归的概念

用自身的结构来描述自身就称为“递归”。如对阶乘运算的定义就是递归的一个实例。

```
n!=n(n-1)!
(n-1)!=(n-1)(n-2)!
...
1!=1
```

实现递归的关键是确定递归算法。递归算法通常是把规模为 n 的问题变成规模为 n-1 的易于解决的同一问题，规模为 n-1 的问题又变成规模更小的 n-2 的问题，小到一定程度就可直接得出它的解，从而得到原来问题的解。

构成递归的条件如下。

（1）具备递归结束条件及结束时的值。

（2）能用递归形式表示，并且递归向终止条件发展。

例如，计算 f(n)=n!，可以用递归来计算，因为符合构成递归的条件，递归结束条件是 n=1，结束时的值是 f(1)=1，递归的表示形式是 f(n)=n*f(n-1)。

递归方法的优点很明显，可以使复杂问题变得简单、清晰，但是也有它的缺点，运行时间长，占用存储空间多。另外，并不是每个问题都适合用递归方法求解。

2. 递归调用

所谓递归调用，就是在过程定义中，过程直接或间接地调用自身。

【例 7-8】编写一个函数，用递归的方法计算阶乘 n!。程序代码如下。

```
Public Function Fac( n As Integer) As Long
   If n=1 Then                    '递归结束条件
      fac=1
   Else
      fac=n*fac(n-1)              '递归公式
   End If
End Function
Private Sub Form_Click()
   Print "4!="; Fac(4)
End Sub
```

主程序中要计算 fac(4)，具体递归过程是这样的：fac(4)=4*fac(3)，fac(3)=3*fac(2)，fac(2)=2*fac(1)，已知 fac(1)=1，所以通过回归可计算 fac(2)=2*1=2，fac(3)=3*2=6，fac(4)=4*6=24。

7.6 变量的作用域和生存期

7.6.1 变量的作用域

VB 中每个过程都包含多个变量，一个变量可以在定义它的过程中使用，那么能否在其他过程中使用呢？本节将讨论这个问题。

变量的有效作用范围称为变量的作用域。变量的作用域决定了哪些过程能够访问该变量，VB 中的变量有 3 种作用域：过程级、窗体/模块级和全局级。

1. 过程级变量（局部变量）

在过程体内定义的变量，只能在本过程内使用，这种变量称为过程级变量或局部变量。过程的形参也可以看作该过程的局部变量。

注意：不同过程内的局部变量可以同名，因其作用域不同而互不影响。

【例 7-9】分析下面程序的执行结果。

```
Private Sub Command1_Click()
   Dim x As Integer
   x=3
   Print "x="; x
End Sub
Private Sub Command2_Click()
   Dim x As Integer
   x=x+1
   Print "x="; x
End Sub
```

分析：上面程序由两个过程构成，这两个过程都定义了变量 x，但由于 x 是在过程内定义，所以属于局部变量，它在这两个过程中互不影响，所以执行第一个过程时，x=3，执行第二个过程时，由于 x 没有赋初值，VB 默认为 0，所以执行结果为 x=1。

2. 窗体/模块级变量

在一个窗体/模块的通用声明部分中使用 Dim 或 Private 语句声明的变量，可被本窗体/模块的任何过程访问。

【例 7-10】 分析下面程序的执行结果。

```
Dim x As Integer
Private Sub Command1_Click()
   x = 3
   Print "x="; x
End Sub
Private Sub Command2_Click()
   x = x + 1
   Print "x="; x
End Sub
```

分析：变量 x 是在窗体/模块的通用声明部分声明，属于窗体/模块级变量，它在两个过程中都有效，所以执行第一个过程时，x=3，执行第二个过程时，x=4。

3. 全局变量

在窗体或模块的通用声明部分使用 Public 语句定义的变量，可以被本工程中任何过程使用，这种变量称为工程级变量或全局变量。

全局变量作用域：整个应用程序，可被应用程序的任何过程访问，其值在整个程序中保留，不会消失和初始化，直到整个程序运行结束，才会消失。

注意：如果是在模块中定义的全局变量，则可在任何过程中通过变量名直接访问。如果是在窗体中定义的全局变量，在其他窗体和模块中访问该变量的形式为：**定义该变量的窗体名.变量名**。

【例 7-11】分析下面程序的执行结果。

```
Public X As Integer              '定义 X 为全局变量
Private Sub Form_load()
   Dim X As Integer              '定义 X 为局部变量
   Show
   X = 2                         '访问局部变量 X
   Form1.X = 1                   '访问全局变量 X
   Print "局部 X="; X, "Form1.X="; Form1.X,
End Sub
Private Sub Command1_Click()
   X = X + 10
   Print "全局 X="; X
End Sub
```

分析：本程序中全局变量 X 与局部变量 X 同名，在定义它的过程中优先访问局部变量，所以在过程 Form_load()中直接引用 X 就是访问局部变量 X，要访问全局变量 X，则要加上定义它的窗体名 Form1。在过程 Command1_Click()中的 X 是全局变量。所以程序执行结果是：局部 X=2，Form1.X=1，全局 X=11。

7.6.2 变量的生存期

变量的作用域是考虑变量可以在哪些过程中使用的问题，而变量的生存期则考虑变量可以在哪段时间内使用的问题。

1．动态变量

在过程中使用 Dim 语句定义的局部变量称为动态变量。只有当过程被调用时，系统才为动态变量分配存储空间，动态变量才能够在本过程中使用。当过程调用结束后，动态变量的存储空间被系统重新收回，动态变量又无法使用了，下次调用过程时，系统又重新为其分配存储空间。因此，动态变量的生存期就是过程的调用期。

2．静态变量

在过程内部用 Static 关键字声明的变量为静态变量。

对于静态变量，仅在过程第一次执行时，分配给该变量内存单元，过程运行结束时静态变量的存储空间仍然保留，所以静态变量的值可以保持，并从一次调用传递到下一次调用。

静态变量只在过程内有效，所以是局部变量。静态变量对于解决一些统计次数的问题很有帮助。

注意： 定义过程时，如果在 Sub 或 Function 之前加了 Static 关键字，则在过程体中所有的局部变量不管是否使用 Static 定义，均为静态变量。

【例 7-12】分析下面程序的执行结果。

```
Private Sub Form_Click()
    Dim i As Integer, s As Integer
    For i = 1 To 3
        s = add(i)
        Print s;
    Next i
End Sub
Private Function add(n As Integer)
    Static j As Integer
    j = j + n
    add = j
End Function
```

分析： 由于 j 为静态变量，每次调用过程 add 时，它的值保留并传递到下一次调用。所以第一次调用 add 时，j=1，第二次调用时，j=3，第三次调用时，j=6。所以程序执行结果是屏幕显示：1　3　6。

思考： 如果把 Static j As Integer 换成 Dim j As Integer，程序执行结果会有什么不同呢？

7.7　应 用 举 例

【例 7-13】编写一个裁判评分程序，设共有裁判 6 人，评分满分为 10 分，除去一个最高分再除去一个最低分，剩余的评分的平均值即为选手得分。

分析： 裁判的评分通过文本框输入，所以要在窗体建立具有 6 个元素的文本框控件数组 Text1(5)，最后得分通过文本框 Text2 显示。在窗体上还要建立 2 个命令按钮，一个是计算得分，一个是清除分数。界面布局如图 7-5 所示。

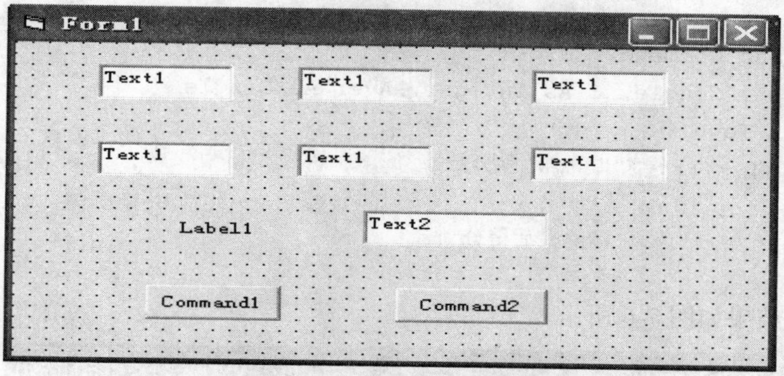

图7-5 例7-13界面布局

计算得分通过过程Sort()实现，它把分数由高到低排序，然后去掉第一个和最后一个再计算平均分。

程序代码如下。

```
Option Explicit
Option Base 1
Private Sub Command1_Click()
  Dim A(6) As Single, I As Integer, Aver As Single
  For I = 1 To 6   '把文本框中的分数存入数组A
     A(I) = Text1(I - 1)
  Next I
Call Sort(A, Aver)
Text2.Text = Aver  '在Text2中显示最后得分
End Sub
Private Sub Sort(AA() As Single, Av As Single)
Dim I As Integer, J  As Integer, temp As Single
Dim sum As Single
For I = 1 To UBound(AA) - 1
    For J = I + 1 To UBound(AA)
      If AA(I) > AA(J) Then  '由高到低对数组中的数据排序
        temp = AA(I)
        AA(I) = AA(J)
        AA(J) = temp
     End If
   Next J
Next I
For I = 2 To UBound(AA) - 1 '去掉第一个和最后一个数再求和
   sum = sum + AA(I)
Next I
Av = round(sum / 4,2)  '最后得分保留二位小数
End Sub
```

```
Private Sub Command2_Click()
Dim A(6) As Single, I As Integer, Aver As Single
For I = 1 To 6
   Text1(I - 1) = ""     '清除分数
Next I
Text2.Text = ""     '清除最后得分
End Sub
```

程序运行结果如图 7-6 所示。

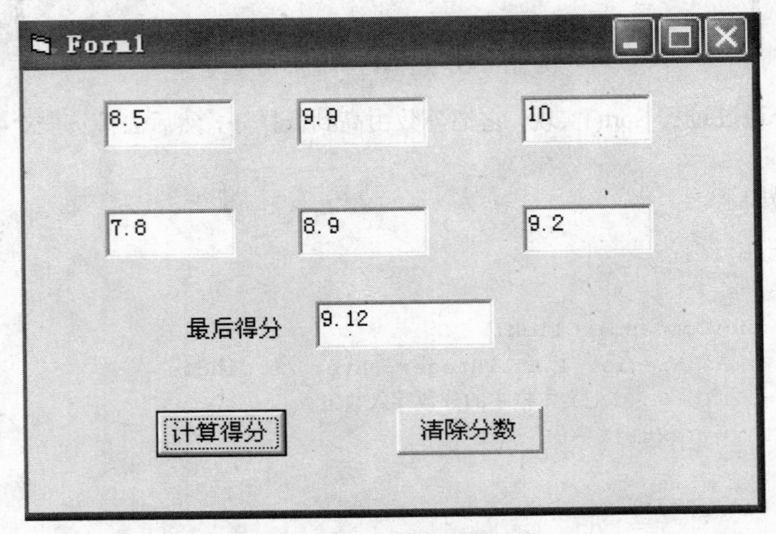

图 7-6　例 7-13 程序运行结果

【例 7-14】利用函数过程编写一个求两个正整数的最大公约数的程序。

分析：求两个正整数的最大公约数的方法可以采用辗转相除法，算法描述如下。

分别用 m，n，r 表示被除数、除数、余数。

① 若 m<n，则交换 m 和 n 的值。

② 求 m 除以 n 的余数 r。

③ 若 r=0，则 n 为最大公约数，结束。若 r≠0，执行第④步。

④ 将 n 的值放在 m 中，将 r 的值放在 n 中。

⑤ 返回重新执行第②步。

VB 程序代码如下。

```
Private Sub Form_Click()    ' 主调过程
   Dim N As Integer, M As Integer, G As Integer
   N = InputBox("输入N")
   M = InputBox("输入M")
   G = Gcd(N, M)
   Print N; "和"; M; "的最大公约数是："; G
End Sub
```

```
Private Function Gcd(ByVal A As Integer, ByVal B As Integer) As Integer
    Dim R As Integer
    R = A Mod B
    Do While R <> 0
       A = B
       B = R
       R = A Mod B
    Loop
    Gcd = B
End Function
```

【例 7-15】把例 7-14 求最大公约数的函数改写成递归函数。

分析：求两个正整数的最大公约数的递归算法可以这样表示：gcd(a, b) = gcd(b, a mod b)，改写后的代码如下。

```
Private Function Gcd(ByVal X As Long, ByVal Y As Long)
    Dim R As Long
    R = X Mod Y
    If R = 0 Then
      Gcd = Y
    Else
      X = Y : Y = R  : Gcd = Gcd(X, Y)
    End If
End Function
```

本 章 小 结

本章主要介绍了 VB 的两种过程：Sub 子过程和 Function 函数过程。我们在编程时，首先要确定使用哪种过程。若过程有一个返回值，则使用函数过程；若无返回值，一般使用子过程。

在过程的调用中，要注意数据的传递和使用情况，掌握实际参数和形式参数的概念及数据传递的方式，理解按地址传递参数和按值传递参数的特点以及对参数的影响。

根据变量作用范围的不同，可以将变量分为过程级变量（局部变量），窗体/模块级变量和全局变量。在编程中要正确定义变量，注意区分不同类型变量的使用范围，特别要区分同名变量的不同特征。VB 允许在不同级使用范围中声明相同的变量名，一般在同一模块中定义了作用域不同而名称相同的变量时，系统优先访问作用域小的变量名。

习　题

一、选择题

1．Sub 过程与 Function 过程最根本的区别是（　　）。

A．Sub 过程可以直接使用过程名调用，而 Function 过程不可以

B．Function 过程可以有参数，而 Sub 过程不可以

C．两种过程参数传递方式不同

D．Sub 过程的过程名不能返回值，而 Function 过程能通过过程名返回值

2．要想在过程调用后返回两个值给调用程序的形参，下面过程定义语句中语法正确的是（　　）。

A．Sub swap(ByVal m，ByVal n)　　B．Sub swap(m, ByVal n)

C．Sub swap(m, n)　　D．Sub swap(ByVal m, n)

3．以下叙述不正确的是（　　）。

A．在 Sub 过程中可以调用 Function 过程

B．在用 Call 调用 Sub 过程时必须把参数放在括号里

C．在 Sub 过程中可以嵌套定义 Function

D．用 Static 声明的过程中的局部变量都是 Static 类型

4．以下叙述中，不正确的是（　　）。

A．过程中的形式参数是局部变量

B．不同的过程中可以使用相同名字的局部变量

C．在一个过程内定义的变量只在本过程范围内有效

D．在一个过程内的局部变量与全局变量同名时，起作用的是全局变量

5．使用 Function 语句定义一个函数过程，其返回值的类型为（　　）。

A．只能是符号常量

B．是除数组之外的简单数据类型

C．可在调用时由运行过程决定

D．由函数定义时 As 子句声明

二、程序填空题

1．随机产生 1～100 之间的整数，fun 函数用于判断一个数的奇偶性。如果是奇数则函数返回 1，如果是偶数便返回 0，根据程序功能在下划线处添加相应的语句。

```
Private Function fun(____(1)____)
  If m Mod 2 = 0 Then
___(2)___
  Else
      ___(3)___
```

```
   End If
End Function
Private Sub Command1_Click()
   Dim i As Integer, s As Integer
   Dim x As Integer
   s1 = 0: s2 = 0
   Randomize
   For i = 1 To 8
    ___(4)___
     If fun(x) = 0 Then
       s1 = s1 + 1
     Else
       s2 = s2 + 1
     End If
   Next
   Print "偶数个数："; s1, "奇数个数："; s2
End Sub
```

2．下列程序为计算3!+4!+5!+6!的阶乘和，请在下划线处添加相应的语句。

```
Function fact(m%) As Single
       Dim i As Integer
       total = 1
       For i = 1 To m
           total = total * i
       Next i
     ___(1)___
End Function
Private Sub Form_Click()
 Dim x As Integer, s As Double
 For x = 3 To 6
___(2)___
 Next x
 Print "阶乘和为"; s
End Sub
```

3．下列程序的功能是将一个数的各位数字相乘并打印在窗体上。阅读下列程序，并在下划线处添加相应的语句，使之能够实现该功能。

```
Option Explicit
Private Sub Command1_Click()
Dim n As Long
n = InputBox("请输入一个数")
Print Fun1(n)
```

```
End Sub
Private Function Fun1(Num As Long) As Long
Dim s As Long
s = 1
Num = Abs(Num)
Do While___(1)___
   s = s * (Num Mod 10)
   Num =___(2)___
Loop
Fun1 = ___(3)___
End Function
```

4. 下面程序的功能是：首先生成一个由小到大已排好序的整数数组，再输入一个数据，单击“插入”按钮会自动地把这个数据插入到原数组中适当的位置，并保持数组的有序性。

```
Option Explicit
Dim a( )As Integer
Private Sub Form_Activate()
    Dim i As Integer
    ReDim a(10)
    For i=1 To 10
        a(i)=(i-1)*10+1
        Text1=Text1 & Str(a(i))
    Next i
    Text2.SetFocus
End Sub
Private Sub Command1_Click()
  Dim n As Integer,i As Integer
  n=Text2
  For i=1 To UBound(a)
    If ___(1)___ Then Exit For
  Next i
  ___(2)___
    For i=1 To UBound(a)
  Text3=Text3 & Str(a(i))
    Next i
End Sub
Private Sub inst(P()As Integer,n As Integer,k As Integer)
    '数组元素移位并实现插入
    Dim i As Integer
    ___(3)___
    For i=UBound(P)-1 To k Step -1
      ___(4)___
```

```
    Next i
    P(k)=n
End Sub
```

三、分析程序的运行结果

1．下面程序运行结果是________。

```
Dim a As Integer, b As Integer    '模块级变量
Private Sub Form_click()
    Dim x As Integer, y As Integer
    a = 5: b = 3
    x = x + a: y = y + b
    Print fun1(x, y)
    Print fun1(x, y)
End Sub
Private Function fun1(m As Integer, n As Integer) As Integer
    Static k As Integer     '静态变量
    Dim a As Integer, b As Integer   '同名的过程级变量
    a = a + m
    b = b - n
    k = k + a + b
    fun1 = k
End Function
```

2．以下是一窗体的单击事件代码。

```
Private Sub Form_Click()
  Static count%
  count = count + 1
  Print "单击窗体"; count; "次"
End Sub
```

第3次单击窗体后，count的值为________。

3．在窗体上添加一个名称为Command1的命令按钮，编写如下程序。

```
Private Sub Command1_Click()
   Print pl(3,7)
End Sub
Public Function pl(x As Single,n As Integer) As Single
   If n=0 Then
      pl=1
   Else
      If n Mod 2=1 Then
         pl=x*x+n
      Else
```

```
        P1=x*x-n
      End If
    End If
End Function
```

程序运行后，单击该命令按钮，屏幕上显示的结果是________。

4．运行下列程序，当单击窗体时，窗体上显示的内容是______；如果把 A 语句替换为 x=64，B 语句替换为 r=8，则输出结果为________。

```
Dim n As Integer, k As Integer, x As Integer, r As Integer '模块级变量
Dim a(8) As Integer '模块级数组
Private Sub conv(d As Integer, r, i)
  i = 0
  Do While d <> 0
    i = i + 1
    a(i) = d Mod r
    d = d \ r
  Loop
End Sub
Private Sub Command1_Click()
  x = 12  'A语句
  r = 2   'B语句
  Print CStr(x); "("; CStr(r); ")=";
  If x = 0 Then
    Print 0
  Else
    Call conv(x, r, n)
    For k = n To 1 Step -1
      Print a(k);
    Next k
    Print
  End If
End Sub
```

5．窗体上有一个按钮 Command1 和两个文本框 Text1、Text2。下面是这个窗体模块的全部代码。运行程序，第一次单击按钮时，两个文本框中的内容分别是_______和______；第二次单击按钮，两个文本框中的内容又分别是_______和_______。

```
Dim y As Integer
Private Sub Command1_Click()
  Dim x As Integer
  x = 2
  Text1.Text = func2(func1(x), y)
  Text2.Text = func1(x)
```

```
End Sub
Private Function func1(x As Integer) As Integer
  x = x + y: y = x + y
  func1 = x + y
End Function
Private Function func2(x As Integer, y As Integer)
  func2 = 2 * x + y
End Function
```

四、编程题

1．编写一个函数计算1*2*…*n的值，函数名为fact()。

2．编写一个验证一个数是否是素数的通用过程。用InputBox函数输入一个正整数，调用该过程，判断其是否是素数，在文本框中显示判断结果。例如，输入13，则显示13是素数。

3．编一函数过程IsH(n)，对于已知正整数n，判断该数是否是回文数，函数的返回值类型为布尔型。所谓回文数是指顺读和倒读都相同，如121就是回文数。主调程序每输入一个数，调用IsH函数过程，然后输出该数是否是回文数。

4．编写一个过程判断一个数是否是完数，求出2000之内的所有完数。所谓“完数”是指一个数恰好等于它的因子之和。如6的因子为：1、2、3，而6=1+2+3，所以6是完数。

5．编写一个Sub过程，将一维数组反序排放（假设实参数组元素依次为6、5、9、7，则调用该过程后为7、9、5、6）。

上 机 实 验

1．在代码窗口中输入以下代码，然后运行程序，单击窗体，输出结果是什么？要求先分析后实验。

```
Private Sub Swap1(ByVal x As Integer, ByVal y As Integer)
  Dim temp As Integer
  temp = x: x = y: y = temp
End Sub
Private Sub Swap2(ByRef x As Integer, ByRef y As Integer)
  Dim temp As Integer
  temp = x: x = y: y = temp
End Sub
Private Sub Form_Click()
  Dim a As Integer, b As Integer
  a = 8: b = 15
  Print "a="; a, "b="; b
```

```
    Call Swap1(a, b)
    Print "a="; a, "b="; b
    Call Swap2(a, b)
    Print "a="; a, "b="; b
    Call Swap2(a + 3, b)
    Print "a="; a, "b="; b
End Sub
```

2. 求 2～100 之间的所有素数，要求通过一个自定义函数来求解某个数是否为素数。每行输出 5 个数据，如图 7-7 所示。

Form1				
2	3	5	7	11
13	17	19	23	29
31	37	41	43	47
53	59	61	67	71
73	79	83	89	97

图 7-7　输出界面

3. 下面程序的功能是将给定整数 N 表示成若干个质数因子相乘的形式（分解质因数，如 12=2*2*2*3），请在下划线处填空，然后运行程序，并编译成 exe 文件。程序输出界面如图 7-8 所示。

```
Option Explicit
Option Base 1
Private Sub Command1_Click()
    Dim n As Integer, a() As Integer
    Dim st As String, i As Integer
    n = Text1
    Call fenjie(n, a)
    st = CStr(n) & "="
    For i = 1 To UBound(a) - 1
        st = st & a(i) & "*"
    Next i
    Text2 = st & a(i)
End Sub
Private Sub fenjie(ByVal n As Integer, a() As Integer)
   Dim k As Integer, i As Integer
   k = 2
   Do
      If n Mod k = 0 Then
         i = i + 1
         ReDim Preserve a(i)
```

```
            a(i) = k
            n =________
        Else
            k = ________
        End If
    Loop Until n =_________
End Sub
```

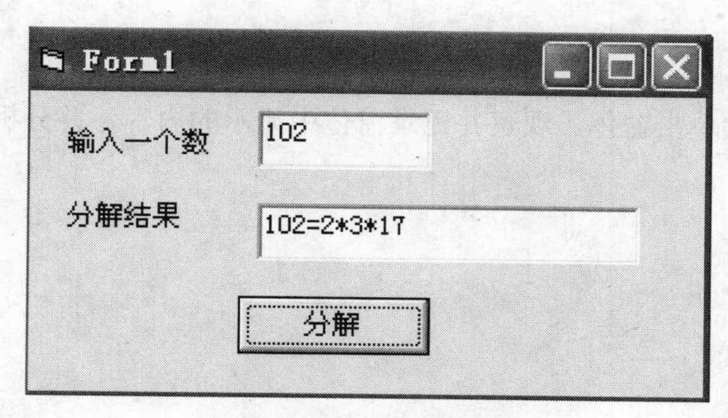

图 7-8　输出界面

4．编写程序，求 $C_n^m=\dfrac{n!}{m!*(n-m)!}$，其中 m，n 的值通过文本框输入，如果 m≥n，则显示组合数 C_m^n 的值，否则显示数据出错。要求利用函数求阶乘。输出界面如图 7-9 所示。

图 7-9　输出界面

5．对下面的程序进行变量的作用域与生存期分析。在代码窗口中输入下列代码。

```
Dim b As Integer
Private Sub Form_Click()
    Dim b As Integer
    Print "第一次调用过程 a"
    Call a
    Print "b="; b
    Print "第二次调用过程 a"
```

```
    Call a
    Print "b="; b
End Sub
Private Sub a()
    Static c As Integer
    b = b + 10
    c = c + 1
    Print "c="; c
End Sub
```

运行程序，多次单击窗体，观察并记录窗体中显示的内容，并分析原因。

第8章　菜单与对话框设计

8.1　菜 单 设 计

菜单是图形化界面一个必不可少的组成元素，通过菜单对各种命令按功能进行分组，使用户能够更加方便、直观地访问这些命令。

菜单一方面提供了人机对话的接口，以便让用户选择应用系统的各种功能；同时借助菜单能有效地组织和控制应用程序各功能模块的运行。

8.1.1　菜单的类型

VB 中的菜单可分为两种类型：下拉式菜单（如图 8-1 所示）和弹出式菜单（如图 8-2 所示）。下拉式菜单一般通过单击菜单栏中菜单标题（如“文件”、“编辑”、“视图”等）的方式打开，弹出式菜单则通过用鼠标右键单击某一区域的方式打开。

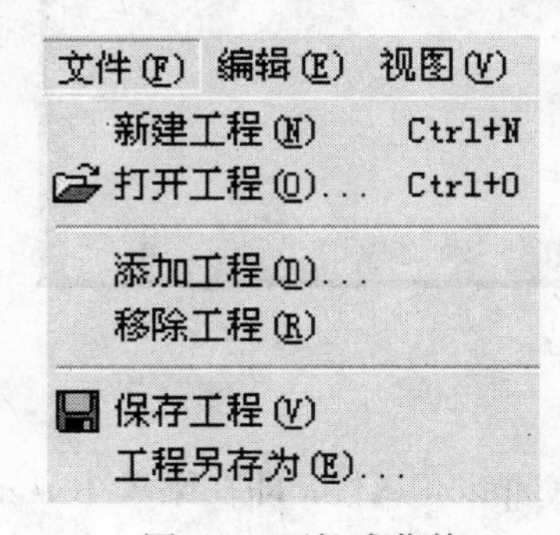

图 8-1　下拉式菜单

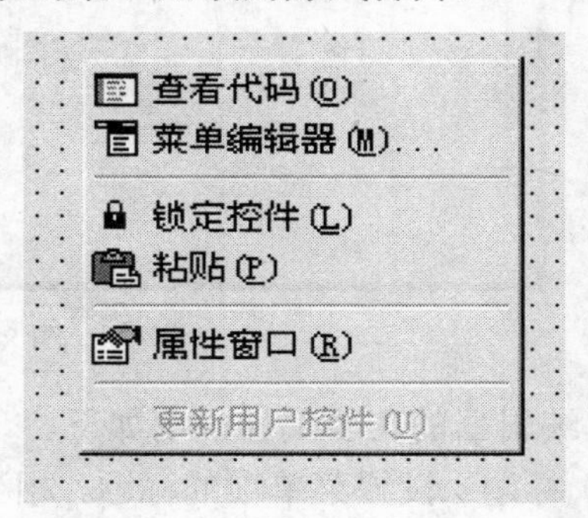

图 8-2　弹出式菜单

1．下拉式菜单

在下拉式菜单系统中，一般有一个主菜单，称为菜单栏。其中包括一个或多个选择项，称为菜单标题。当单击一个菜单标题时，包含菜单项的列表（菜单）即被打开。菜单由若干个命令、分隔条、子菜单标题（其右边含有三角的菜单项）等菜单项组成。当选择子菜单标题时又会“下拉”出下一级菜单项列表，称为子菜单。VB 的菜单系统最多可达 6 层。

2．弹出式菜单

弹出式菜单能以灵活的方式为用户提供更加便利的操作，它可以根据用户单击鼠标右键时的位置，动态地调整菜单项的显示位置，同时也改变菜单项显示内容，因此弹出式菜单又称为“上下文菜单”或“快捷菜单”。

8.1.2　菜单编辑器的使用

用菜单编辑器可以创建新的菜单和菜单项、在已有的菜单上增加新命令、编辑已有的菜单命令、以及修改和删除已有的菜单和菜单项。

在 VB 系统的“工具”菜单中选择“菜单编辑器”命令，或在“工具栏”上单击“菜单编辑器”按钮都可以打开菜单编辑器，如图 8-3 所示。

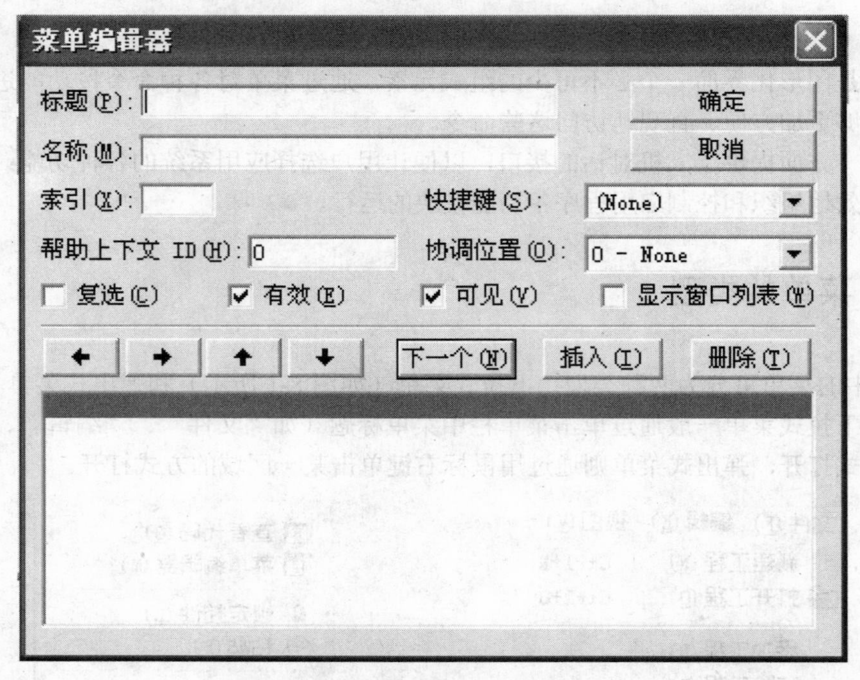

图 8-3　菜单编辑器

菜单编辑器的主要属性说明如下。

（1）标题：设置菜单项的标题，相当于控件的 Caption 属性，即在菜单中显示的文本，由用户自定义。

（2）名称：设置菜单项的名称，用来唯一识别该菜单，相当于控件的 Name 属性。菜单项的命名规则与控件的命名规则相同。

（3）索引：设置菜单控件数组的下标，相当于控件数组的 Index 属性。如果建立菜单数组，必须使用该属性。

（4）快捷键：可设置与菜单项等价的快捷键。在程序运行时，按下快捷键会立刻运行一个菜单项。快捷键的赋值包括功能键与控制键的组合，如 Ctrl+F1 键或 Ctrl+A 键。它们出现在菜单中相应菜单项的右边。

（5）复选：“复选”属性设置为 True 时，可以在相应的菜单项旁加上记号“√”。表明该菜单项当前处于活动状态。

（6）有效：用来设置菜单项的操作状态。如果该属性被设置为 False，则相应的菜单项会变“灰”，不响应用户事件。

（7）可见：设置该菜单项是否可见。如果该属性被设置为 False，则相应的菜单项将被暂时从菜单中去掉，直到该属性重新被设置为 True。

（8）左、右箭头：该组按钮为菜单层次设置按钮，用于设置当前菜单项的级别关系，即是主菜单还是子菜单，是一级子菜单还是二级子菜单等。

（9）上、下箭头：该组按钮用于调整菜单项之间的先后顺序。单击向上箭头按钮，把选定的菜单项在同级菜单内向上移动一个位置。单击向下箭头按钮，则使当前选定的菜单项在同级菜单内向下移动一个位置。

（10）下一个：添加下一个新的菜单项。

（11）插入：用来插入新的菜单项。

（12）删除：删除当前的菜单项。

位于菜单编辑器窗口最下方的区域是菜单项显示区，输入的菜单项在此处显示出来，并通过内缩符号（....）表明菜单项的层次。条形光标所在的菜单项是“当前菜单项”。

在进行菜单编辑时，注意以下几点。

（1）“菜单项”是一个总的名称，包括 4 个方面的内容：菜单名（菜单标题）、菜单命令、分隔线和子菜单。

（2）缩进符号由 4 个点组成，它表明菜单项所在的层次，一个内缩符号（4 个点）表示一层，两个内缩符号（8 个点）表示两层，最多为 20 个点，即 5 个内缩符号，它后面的菜单项为第六层。如果一个菜单项前面没有内缩符号，则该菜单为菜单名，即菜单的第一层。

（3）只有菜单名没有菜单项的菜单称为“顶层菜单”，输入这样的菜单项时，通常在后面加上一个叹号（!）。

（4）如果在“标题”栏内只输入一个“—”，表示产生一个分隔线。

（5）除分隔线外，所有其他的菜单项都可以接收 Click 事件。

（6）输入菜单项标题时，若在字母前加上&，则显示菜单时，在该字母下面加上一条下划线，设置菜单项的快捷方式，可以通过 Alt+“带下划线的字母”执行相应的菜单命令。

所有菜单项定义完毕后，单击菜单编辑器中的“确定”按钮，即可完成对菜单项的设计工作，此时，在窗体中就可看到菜单的真实效果了。若单击“取消”按钮，则放弃本次的菜单设计。

菜单设计好后，接下来就应为每一个菜单项编写其 Click 事件过程，以实现菜单项的功能。在设计阶段，单击某一个菜单项，就会自动弹出其 Click 事件过程框架，然后在事件过程中输入实现其功能的程序代码即可。

8.1.3　下拉式菜单的设计

下面通过一个具体的例子来说明下拉式菜单的设计和应用。

【例 8-1】设计一个可以改变文本框中文字的字体及颜色的菜单，字体有黑体、宋体、楷体，颜色有红色、黄色、蓝色。要求程序界面如图 8-4 所示。

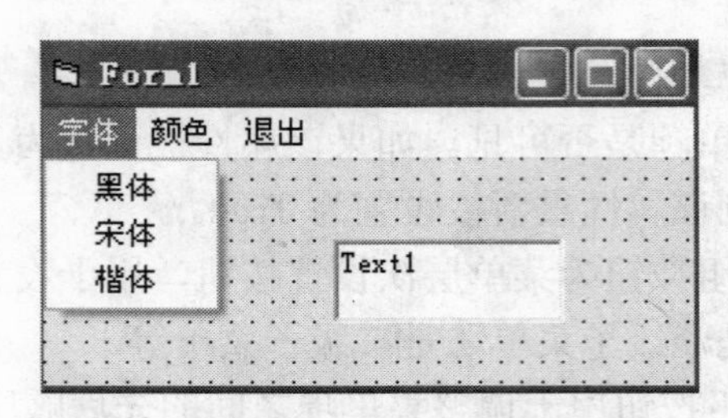

图 8-4　例 8-1 设计的程序界面

分析：这是一个下拉式菜单，有 3 个主菜单，分别是“字体”、“颜色”、“退出”；“字体”菜单下有 3 项一级子菜单：黑体、宋体、楷体；“颜色”菜单下有 3 项一级子菜单：红色、黄色、蓝色。

进入菜单编辑器，按表 8-1 所示输入菜单项各项数据。

表 8-1　例 8-1 菜单项数据

标　　题	名　　称	菜 单 级 别
字体	zt	主菜单项
黑体	ht	一级子菜单
宋体	st	一级子菜单
楷体	kt	一级子菜单
颜色	ys	主菜单项
红色	red	一级子菜单
黄色	yellow	一级子菜单
蓝色	blue	一级子菜单
退出	tc	主菜单项

在菜单编辑器中，可以按左右箭头、上下箭头调整菜单的级别和顺序，完成编辑后菜单编辑器界面如图 8-5 所示。

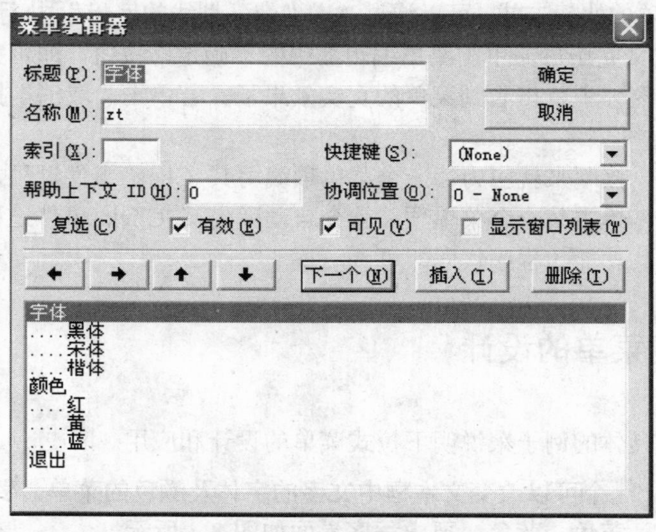

图 8-5　例 8-1 菜单编辑器界面

完成菜单的设计后，在窗体上添加一个文本框，用于输入要设置字体和颜色的文字，然后在窗体上单击每一个菜单项，输入相应的 Click 事件代码，如图 8-6 所示。

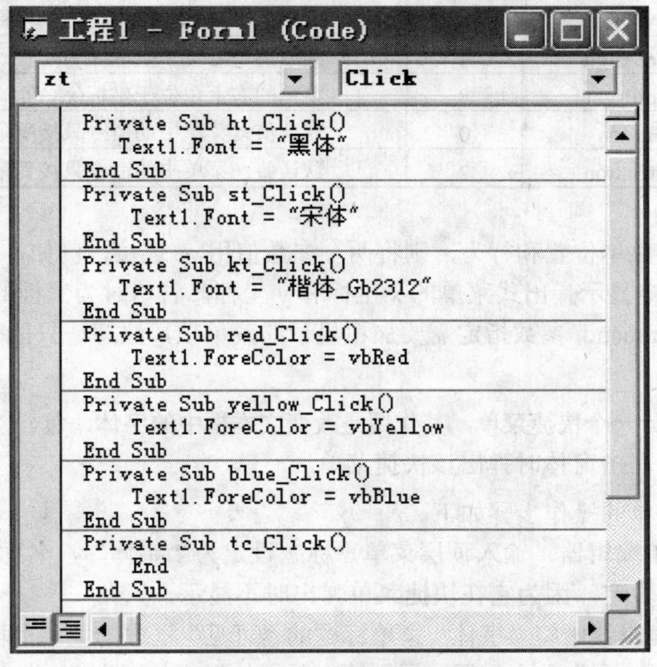

图 8-6　例 8-1 程序代码

8.1.4　弹出式菜单的设计

右击窗体时弹出的菜单称为弹出式菜单，又称为“快捷菜单”。弹出式菜单没有主菜单名，只有在使用时才会在窗体上浮动显示。

弹出式菜单的创建步骤如下。

（1）在菜单编辑器中建立该菜单。

（2）对最高一级菜单的可见属性设为不可见。

（3）在窗体或控件的 MouseUp 或 MouseDown 事件中调用 PopupMenu 方法显示该菜单。

PopupMenu 的使用方法如下所示。

```
[对象名.] PopupMenu  <菜单名>[,Flags[,x[,y[,BoldCommand]]]]
```

说明：

（1）对象名：可选项，默认为当前窗体。

（2）菜单名：必选项，要显示的弹出式菜单名，是在菜单编辑器中定义的主菜单标题，该主菜单标题至少含有一个子菜单。

（3）Flags：可选项，是一个数值或符号常量，用于指定弹出式菜单的位置和行为，其值见表 8-2。

表 8-2　Flags 参数的取值及其含义

系 统 常 量	值	说　　明
vbPopMenuLeftAlign	0	默认值，菜单的左上角位于坐标(x,y)处
vbPopMenuCenterAlign	4	菜单的中心位于坐标(x,y)处
vbPopMenuCenterRight	8	菜单的右上角位于坐标(x,y)处
vbPopMenuLeftButton	0	默认值，菜单中的命令只接受鼠标左键单击
vbPopMenuRightButton	2	默认值，菜单中的命令只接受鼠标右键单击

若要同时指定菜单位置和行为，则将两个参数值用 or 连接，例如，0 or 2。

（4）x,y：指定显示弹出式菜单的 x 坐标和 y 坐标，省略时为鼠标的当前坐标。

（5）BoldCommand 参数指定需要加粗显示的菜单项，注意，只能有一个菜单项加粗显示。

【例 8-2】设计一个快捷菜单，其作用是改变文本框中的字体，包含“黑体”、“宋体”和“楷体”功能，右击窗体时弹出该快捷菜单。

设计该快捷菜单的操作步骤如下。

（1）进入菜单编辑器，输入顶层菜单，标题设定为“字体”，名称为“zt”。其实该标题和名称可任意设定，因为它在快捷菜单弹出时不显示。

（2）在菜单编辑器中将“字体”菜单标题的“可见”框中的“√”取消（即不选中）。

（3）单击“下一个”命令按钮，标题输入“黑体”，名称为“ht”，单击右箭头按钮，将“黑体”菜单项设置为“字体”菜单的下一级菜单。

参照步骤 3 完成“宋体”和“楷体”菜单项的设置。

（4）在窗体上添加一个文本框，用于输入要设置字体的文字。

（5）进入代码窗口，输入下面设置字体的代码。

```
Private Sub ht_Click()
   Text1.Font = "黑体"
End Sub
Private Sub kt_Click()
   Text1.Font = "楷体_Gb2312"
End Sub
Private Sub st_Click()
   Text1.Font = "宋体"
End Sub
```

（6）由于在窗体上单击鼠标右键时才会弹出快捷菜单，所以需要在窗体的 MouseUp 事件中编写对应的代码。进入代码窗口，输入以下代码。

```
Private Sub Form_MouseUp(Button As Integer, Shift As Integer, X As Single,
Y As Single)
    If Button = 2 Then          '若单击鼠标右键
       PopupMenu zt             '弹出字体快捷菜单
```

```
    End If
End Sub
```

运行程序，单击鼠标右键，结果如图 8-7 所示。

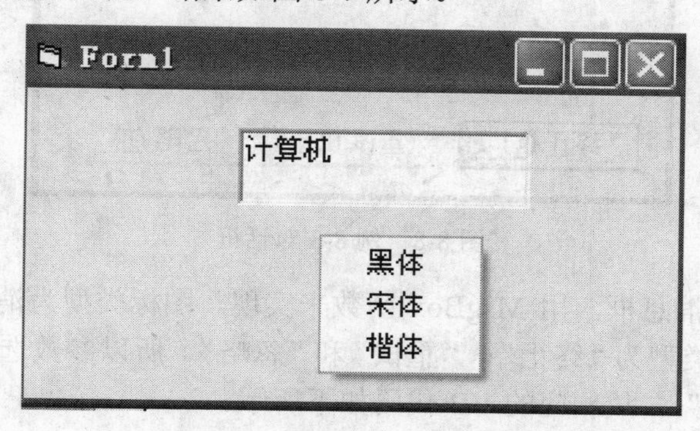

图 8-7　例 8-2 运行结果

8.2　对话框设计

对话框是应用程序与用户进行交互的主要途径。在前面我们讲解了 InputBox 函数和 MsgBox 函数，用这两个函数可以建立简单的对话框，但在有些情况下，这样的对话框无法满足实际需要，使用函数创建的对话框一般都很简单且功能单一，通常只是用来做简单的输入和提示。VB 还提供了其他对话框以满足程序设计的需要。

8.2.1　对话框的分类

VB 中的对话框分为 3 类：预定义对话框、自定义对话框和通用对话框。

（1）预定义对话框：预定义对话框是系统已经设计好的对话框，它们可以通过程序执行具体的函数来被显示。在 Visual Basic 6.0 中，预定义对话框包含输入对话框（用 InputBox 函数来实现）和消息框（用 MsgBox 函数来实现）。

（2）自定义对话框：自定义对话框实际是一个用户自行设计的，用来完成用户和系统对话的窗体。创建步骤一般是建立一个窗体，在窗体上根据需要放置控件，通过设置控件属性值来定义窗体的外观。

（3）通用对话框：通用对话框是一种控件，通过 CommonDialog 控件能够很容易地创建 6 种标准对话框：打开（Open）、另存为（Save As）、颜色（Color）、字体（Font）、打印机（Printer）和帮助（Help）对话框。

对话框与一般的窗体不同，对话框的边框大小通常是固定的，用户不能改变其大小。对话框没有最大化和最小化按钮，它只有一个关闭按钮。对话框不是应用程序的主要工作区，只是临时使用，使用完后关闭。

【例 8-3】预定义对话框应用例子。写出生成图 8-8 所示对话框所对应的代码。

图 8-8　例 8-3 对话框

分析：这是一个消息框，用 MsgBox 函数来实现。图标类型为消息图标，所以参数选 VbInformation，按钮类型为“终止”、“重试”和“忽略”，所以参数选 VbAbortRetryIgnore，对话框标题为“警告”。故相应的 VB 代码如下所示。

```
a = MsgBox("程序出现严重错误！", VbInformation + _
VbAbortRetryIgnore, "警告")
```

或者：

```
a = MsgBox("程序出现严重错误！", 66, "警告")
```

【例 8-4】自定义对话框应用例子。编写程序，实现如图 8-9 所示的功能。

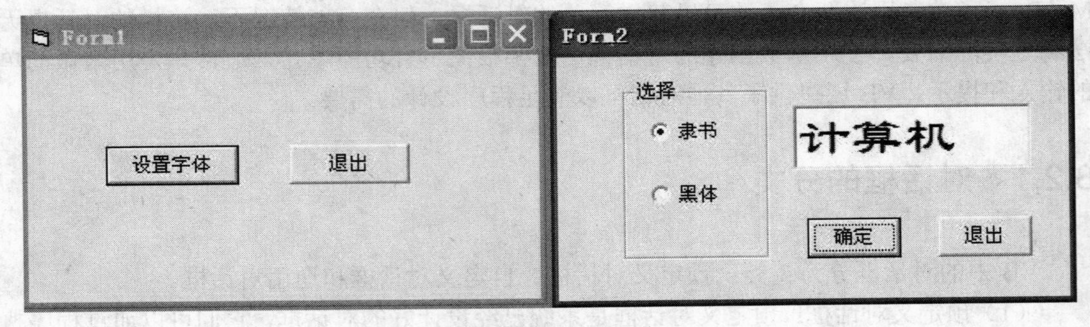

图 8-9　例 8-4 界面

分析：本程序有两个窗体 Form1 和 Form2，其中 Form2 为用户自定义的对话框，功能是通过文本框输入文字，然后通过单选框设置字体。

自定义对话框的操作步骤如下。

（1）在工程 1 中添加两个窗体 Form1 和 Form2。

（2）在 Form1 中添加两个命令按钮 Command1 和 Command2，把它们的 Caption 分别设置为“设置字体”和“退出”。在代码窗口中输入如下代码。

```
Private Sub Command1_Click()
   Form2.Show           '显示第二个窗体
End Sub
Private Sub Command2_Click()
```

```
    End
End Sub
```

（3）Form2 窗体为自定义对话框，没有最大化、最小化和关闭按钮，也没有显示控制菜单，所以需设置 Form2 窗体的 Controlbox、Maxbotton、Minbotton 属性值均为 False。

（4）在 Form2 窗体上添加一个框架 Frame1，两个单选框 Option1 和 Option2，一个文本框 Text1，两个命令按钮 Command1 和 Command2。

Frame1 的 Caption 属性设置为“选择”，Option1 和 Option2 的 Caption 属性设置为“隶书”和“黑体”，Command1 和 Command2 的 Caption 设置为“确定”和“退出”。

（5）在 Form2 的代码窗口编写如下代码。

```
Private Sub Command1_Click()
    If Option1 Then
        Text1.FontSize = 24
        Text1.FontName = "隶书"
    End If
    If Option2 Then
        Text1.FontSize = 24
        Text1.FontName = "黑体"
    End If
End Sub
Private Sub Command2_Click()
    Form2.Hide  '隐藏 form2
    Form1.Show  '显示第一个窗体
End Sub
```

8.2.2　通用对话框

通用对话框向用户提供了“打开”、“另存为”、“颜色”、“字体”、“打印”和“帮助”6 种类型对话框，使用它们可以减少设计程序的工作量。

通用对话框不是标准控件，而是一种 Active 控件。它位于 Microsoft Common Dialog Control 6.0 部件中。为了使用通用对话框，需要把它加载到工具箱中。

将通用对话框加入工具箱的操作步骤如下。

（1）选择“工程”菜单中的“部件”命令，打开对话框。

（2）在“部件”对话框列表中选择“Microsoft Common Dialog Control6.0”选项，确保其前方的复选框内出现“√”，如图 8-10 所示。

（3）单击“确定”按钮，将其添加到工具箱中。

在设计状态时，可将通用对话框图标放置到窗体上。由于在程序运行时看不见通用对话框控件，因此可以将它放置在窗体的任何位置。在程序运行时，窗体上不会显示通用对话框，只能在程序中用 Action 属性或与之相应的 Show 方法调出所需的对话框。

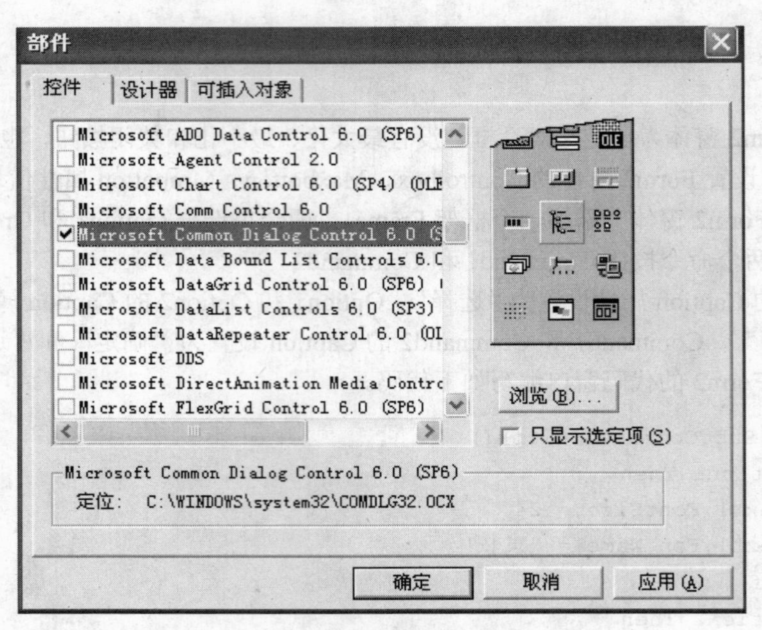

图 8-10　添加通用对话框

通用对话框的 Action 属性取不同的值，将打开不同的对话框，表 8-3 列出了通用对话框的 Action 属性及对应的方法。

表 8-3　Action 属性、含义及对应的方法

Action 属性	含　义	对 应 方 法
0	无对话框显示	
1	“打开”对话框	ShowOpen
2	“另存为”对话框	ShowSave
3	“颜色”对话框	ShowColor
4	“字体”对话框	ShowFont
5	“打印”对话框	ShowPrinter
6	“帮助”对话框	ShowHelp

注意：通用对话框的 Action 属性不能在属性窗口中设置，只能在程序代码中赋值。

例如，要显示“打开”对话框，在程序中设置 Action 属性为 1，则对应语句如下。

```
CommonDialog1.Action=1
```

也可在程序中用 ShowOpen 方法完成“打开”对话框的显示。

```
CommonDialog1. ShowOpen
```

利用通用对话框能够很容易地创建下列 6 种标准对话框。

1．“打开”对话框

打开文件是 Windows 应用程序（例如 Office）中的常用操作。“打开”对话框可以用来指定文件所在的驱动器、文件夹以及文件名、文件扩展名。

“打开”对话框仅提供一个选择文件的界面，不能实现打开文件的操作。若要实现打开文件的操作，则需通过编程来实现。

“打开”对话框常见的属性及含义见表 8-4。

表 8-4　“打开”对话框常见的属性及含义

属性标题	属性名称	含义
对话框标题	DialogTitle	设置对话框的标题，默认值为“打开”或“另存为”
文件名称	FileName	设置对话框中“文件名称”的默认值，并返回用户所选中的文件名（包括完整的路径名）
初始化路径	InitDir	设置初始化的文件目录，并返回用户所选择的目录，默认为当前目录
过滤器	Filter	设置显示文件的类型。格式为：描述符 1 | 过滤符 1 | 描述符 2 | 过滤符 2
过滤器索引	FilterIndex	设置文件对话框中默认过滤器的索引
标志	Flags	设置对话框的一些选项，用来控制对话框的外观，可以是多个值的组合。例如为 1，则显示只读复选框
默认扩展名	DefaultExt	为对话框返回或设置默认的文件扩展名
文件最大长度	MaxFileSize	设置被打开文件的最大长度，取值范围为 1～2048，默认为 256，单位为字节。

【例 8-5】在窗体上添加一个通用对话框和一个“打开”命令按钮，当单击“打开”按钮时，就会弹出一个“打开文件”的对话框。

操作步骤如下。

（1）把 CommonDialog 控件添加到工具箱中，然后在窗体上添加该控件，其默认名称为 CommonDialog1。

（2）在窗体上添加一个命令按钮 Command1，其 Caption 属性为“打开”。设计界面如图 8-11 所示。

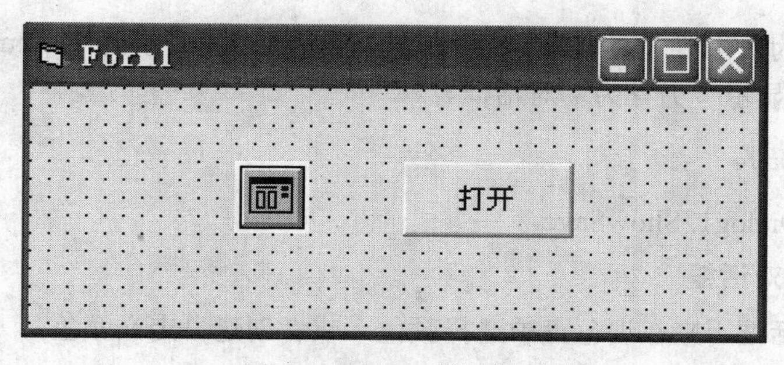

图 8-11　例 8-5 设计界面

（3）输入“打开”命令按钮 Command1 的 Click 事件过程代码。

```
Private Sub Command1_Click()
   CommonDialog1.DialogTitle = "打开文件"   '设置打开对话框的标题
   CommonDialog1.Filter = "全部文件|*.*|文本文件|*.txt" '设置文件过滤器
CommonDialog1.InitDir = "C:\Windows "    '设置默认文件夹
   CommonDialog1.ShowOpen              '显示“打开”对话框
End Sub
```

程序运行后，单击“打开”按钮即弹出如图 8-12 所示的对话框。

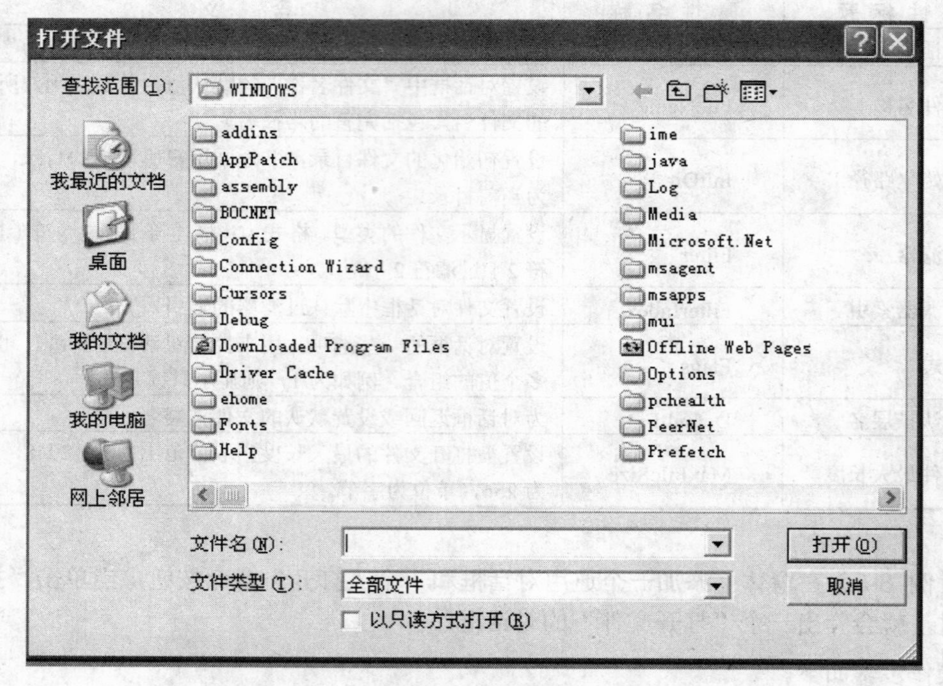

图 8-12　例 8-5 运行界面

2. “另存为”对话框

“另存为”对话框可以用来指定文件所要保存的驱动器、文件夹以及文件名、文件扩展名。

使用“另存为”对话框的步骤同“打开”对话框，最后使用 CommonDialog 控件的 ShowSave 方法来显示“另存为”对话框。

```
控件名.ShowSave
```

如 CommonDialog1. ShowSave。

3. “颜色”对话框

“颜色”对话框用来在调色盘中选择颜色，或者创建自定义颜色。

【例 8-6】在窗体上添加一个通用对话框和一个“颜色”命令按钮，当单击“颜色”

按钮时，就会弹出一个“颜色”的对话框，对窗体上文本框中的文字设置颜色。

操作步骤如下。

（1）把 CommonDialog 控件添加到工具箱中，然后在窗体上添加该控件，其默认名称为 CommonDialog1。

（2）在窗体上添加一个命令按钮 Command1，其 Caption 属性为“颜色”。

（3）在窗体上添加一个文本框按钮 Text1，用于输入文字。设计界面如图 8-13 所示。

（4）输入“颜色”命令按钮 Command1 的 Click 事件过程代码。

```
Private Sub Command1_Click()
  CommonDialog1.ShowColor   '显示颜色对话框
  Text1.ForeColor = CommonDialog1.Color '设置文本框中文字的颜色
End Sub
```

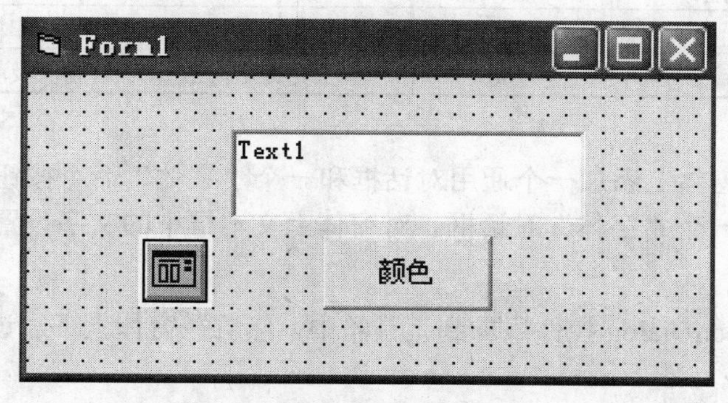

图 8-13　例 8-6 设计界面

程序运行后，单击“颜色”按钮即弹出如图 8-14 所示的对话框，可以对文本框中的文字进行颜色设置。

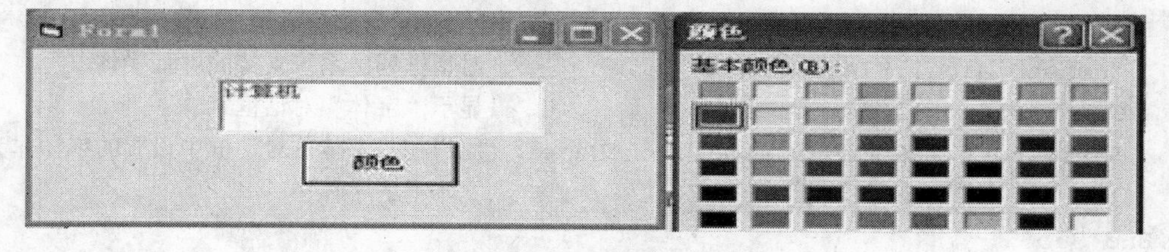

图 8-14　例 8-6 运行界面

4．“字体”对话框

“字体”对话框设置并返回所用字体的名字、样式、大小、效果及颜色，使用 CommnnDialog 控件的 ShowFont 方法来显示“字体”对话框。

例如，CommonDialog1.ShowFont。

字体常用属性和含义如下。

FontName：选定字体的名称。

FontBold：是否选定了粗体。

FontItalic：是否选定了斜体。

FontStrikethru：是否选定了水平删除线。

FontUnderline：是否选定了下划线。

FontSize：选定字体的大小。

Color：选定的颜色。

Flags 属性：用于确定对话框中显示字体的类型。

注意：在显示字体对话框前必须设置 Flags 属性，否则会产生不存在字体的错误。常用设置见表 8-5。

表 8-5　Flags 常用属性及含义

系统常数	值	说　明
cdlCFScreenFonts	1	使对话框只列出系统支持的屏幕字体
cdlCFPrinterFonts	2	使对话框只列出打印机支持的字体
cdlCFBoth	3	使对话框列出可用的打印机和屏幕字体
cdlCFEffects	256	允许删除线、下划线以及颜色效果

【例 8-7】在窗体上添加一个通用对话框和一个“字体”命令按钮，当单击“字体”按钮时，就会弹出一个“字体”对话框，对窗体上文本框中的文字设置字体。

操作步骤如下。

（1）把 CommonDialog 控件添加到工具箱中，然后在窗体上添加该控件，其默认名称为 CommonDialog1。

（2）在窗体上添加一个命令按钮 Command1，其 Caption 属性为“字体”。

（3）在窗体上添加一个文本框按钮 Text1，用于输入文字。

（4）输入“字体”命令按钮 Command1 的 Click 事件过程代码。

```
Private Sub Command1_Click()
 CommonDialog1.Flags = 1                    '对话框列出系统支持的屏幕字体
 CommonDialog1.ShowFont                     '显示“字体”对话框
 Text1.Font = CommonDialog1.FontName        '用户在“字体”对话框中设置的字体作为
                                             文本框的字体
End Sub
```

运行程序，在文本框中输入文字，单击“字体”按钮，结果如图 8-15 所示。

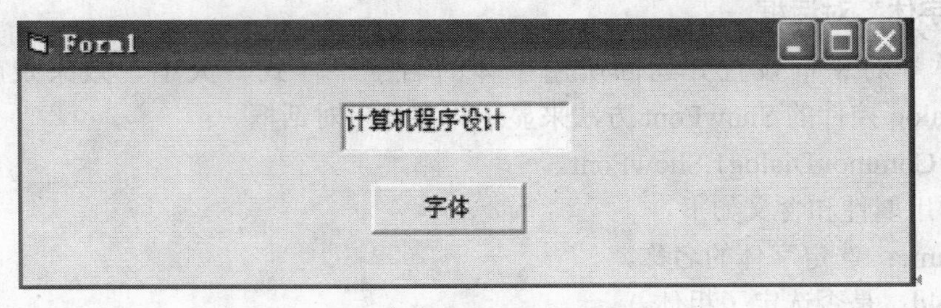

图 8-15　例 8-7 运行界面

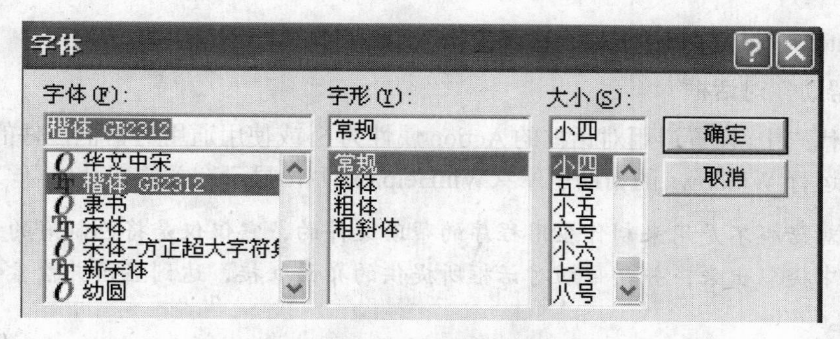

图 8-15　例 8-7 运行界面（续）

5. “打印”对话框

“打印”对话框可以设置打印输出的方法，如打印范围、打印份数、打印质量等其他打印属性。此外，对话框还显示当前安装的打印机的信息，允许用户重新设置默认打印机。“打印”对话框如图 8-16 所示。

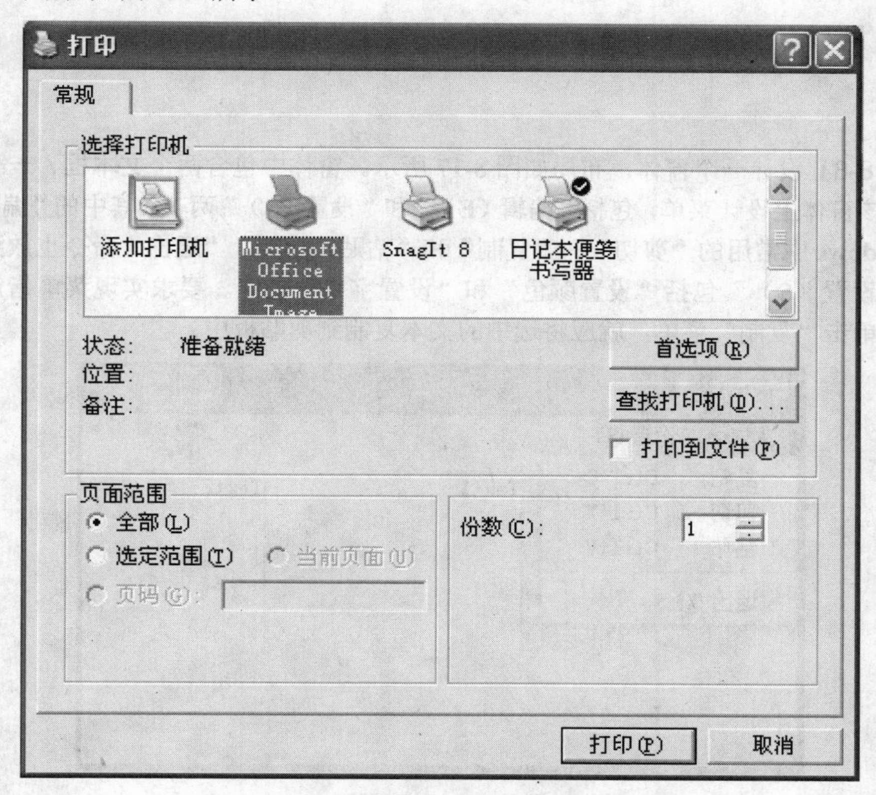

图 8-16　“打印”对话框

使用“打印”对话框的操作步骤如下。

（1）首先在窗体中增加“通用对话框”控件。

（2）然后在“属性页”对话框中设置有关属性。

（3）最后使用 CommonDialog 控件的 ShowPrinter 方法来显示“打印”对话框：控件

名.ShowPrinter。

6. “帮助”对话框

在程序代码中，设置通用对话框的 Action 属性为 6，或使用通用对话框控件的 ShowHelp 方法，可以运行 Windows 的帮助引擎（WinHelp.exe），显示有关的帮助信息。

注意：帮助对话框不是用来制作应用程序的帮助文件的，它仅仅是将已制好的帮助文件从磁盘中提取出来，并与帮助对话框所提供的界面联接，达到显示并检索帮助信息的目的。

例如，程序运行时，自动显示与 C:\Windows\System32\Winhelp.hlp 文件相对应的帮助窗口，编写下面的代码即可实现此功能。

```
CommonDialog1.HelpFile= "C:\Windows\System32\Winhelp.hlp"
CommonDialog1.ShowHelp
```

8.3 应 用 举 例

【例 8-8】设计一个窗体，布局如图 8-17 所示。窗体中包含两个文本框、一个通用对话框，在该窗体上设计菜单，包括“编辑（E）”和“设置（S）”两项。其中的“编辑（E）”提供 **Windows** 中常用的“剪切”、“复制”和“粘贴”功能。“退出”命令也放到这一项之中。“设置（S）”包括“设置颜色”和“设置字体”功能。要求实现菜单指定的功能（例如，单击“复制”菜单，就应将选中的文本复制到剪贴板中）。

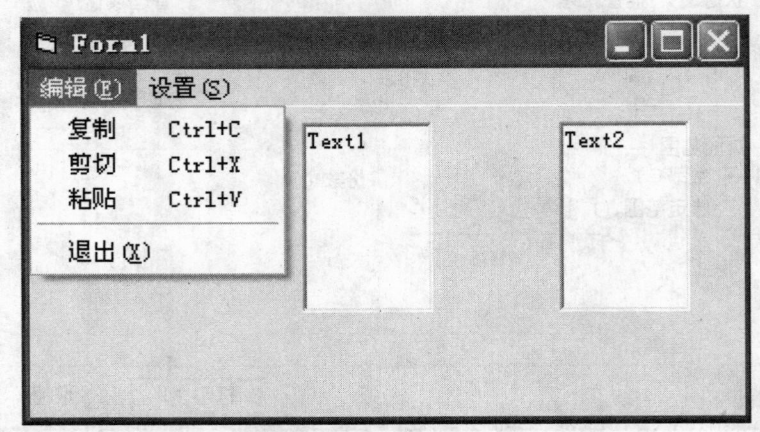

图 8-17　例 8-8 界面

操作步骤如下。

（1）把 CommonDialog 控件添加到工具箱中，然后在窗体上添加该控件，其默认名称为 CommonDialog1。

（2）在窗体上添加两个文本框按钮 Text1 和 Text2。

（3）进入“菜单编辑器”，按图 8-18 建立菜单。

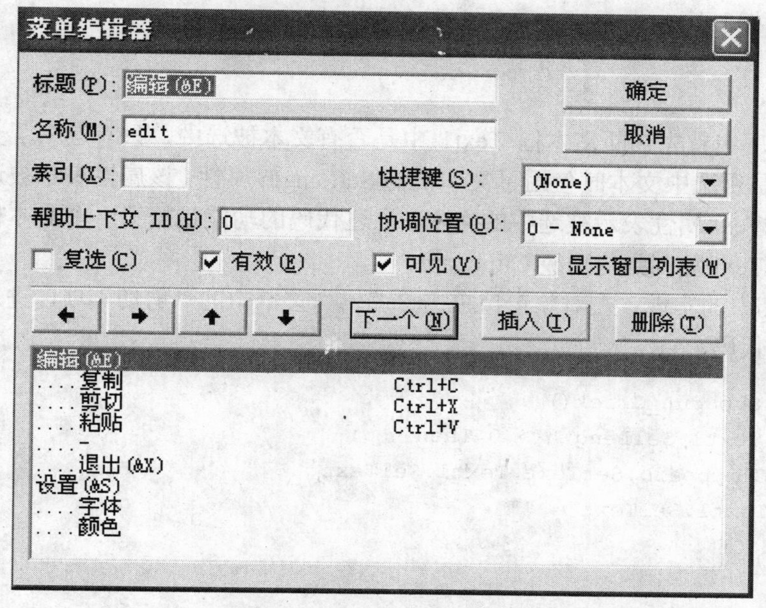

图 8-18　例 8-8 菜单编辑器

注意分隔线和访问键的实现方法。

① 菜单中“粘贴”和“退出”之间有一条分隔线：把光标移动到“退出”项，然后单击“插入”按钮，则在“退出”项前插入了一空行，把此行的“标题（P）”设置为减号（-），在“名称（M）”框中为这个减号起一个名称 EditBar。分隔线本身不是菜单项，它仅仅起到分隔菜单项的作用，它不能带有子菜单，不能设置“复选”、“有效”等属性，也不能设置快捷键。但是要注意，“名称（M）”属性必须设置，否则运行时会出错。

② 符号“&”的作用：子菜单第四项“退出”之后的符号“&”的含义是在生成的菜单中设置一个访问键。在设计菜单时，若某一字母前面有符号&，则当程序运行时，在菜单项上&后面的字母（例如 X）底部就会出现一下划线。使用这种访问键时，用户同时按下 Alt 键和标有下划线的相应字母键，能够打开相应的菜单项。例如用 Alt+E 组合键打开“编辑（E）”菜单。当菜单项被打开后，再按“X”就可以执行“退出”菜单命令（与单击菜单项“退出”时作用一样）。如果不加符号&则不能采用这种方式来选择菜单项。

（4）“编辑”菜单中“复制”、“剪切”和“粘贴”命令的实现。

这几项操作都是借助剪贴板（Clipboard）来完成的，在 VB 程序中与剪贴板有关的操作是通过 Clipboard 对象实现的。

读取文本数据到剪贴板使用 Clipboard 对象的 SetText 方法，把剪贴板中的文本放置到指定目标用 GetText 方法。

① “复制”的实现：在对象窗口单击“编辑”菜单中的“复制”项，进入代码编辑窗口，输入以下代码。

```
Private Sub copy_Click()
```

```
    If Text1.SelLength > 0 Then
        Clipboard.SetText Text1.SelText
    End If
End Sub
```

说明：程序中首先判断文本框 Text1 中是否有文本被选中，只有选中了文本才进行复制操作。判断是否选中文本时使用了文本框的 SelLength 属性，该属性表示被选中的文本块的字符数。SelText 属性表示被选中的文本。上述代码的功能是把第一个文本框中被选中的文本 Text1.SelText 复制到剪贴板 Clipboard。

② “剪切”的实现：在对象窗口单击“编辑”菜单中的“剪切”项，进入代码编辑窗口，输入以下代码。

```
Private Sub cut_Click()
    If Text1.SelLength > 0 Then
        Clipboard.SetText Text1.SelText
        Text1.SelText = ""
    End If
End Sub
```

说明：这段程序与“复制”类似，区别在于把数据放到剪贴板的同时应清空文本框。

③ “粘贴”的实现：在对象窗口单击“编辑”菜单中的“粘贴”项，进入代码编辑窗口，输入以下代码。

```
Private Sub paste_Click()
    If Len(Clipboard.GetText) > 0 Then
        Text2.SelText = Clipboard.GetText
    End If
End Sub
```

说明：在进行“粘贴”之前，应确认 Clipboard 控件上有数据，即判断 Clipboard.GetText 的长度。当 Len(Clipboard.GetText) > 0 表示剪贴板上有字符，此时可执行从剪贴板取数据的操作，把文本数据放到文本框 Text2 中。

④ “退出”的实现：在对象窗口单击“编辑”菜单中的“退出”项，进入代码编辑窗口，输入以下代码。

```
Private Sub exit_Click()
    End
End Sub
```

（5）“设置”菜单中“字体”和“颜色”的实现。

① “字体”的实现：在对象窗口单击“设置”菜单中的“字体”项，进入代码编辑窗口，输入以下代码。

```
Private Sub font_Click()
    CommonDialog1.Flags = 1 '显示屏幕字体
```

```
    CommonDialog1.ShowFont
    Text1.font = CommonDialog1.FontName
    Text1.FontSize = CommonDialog1.FontSize
    Text1.FontBold = CommonDialog1.FontBold
    Text1.FontItalic = CommonDialog1.FontItalic
    Text2.font = CommonDialog1.FontName
    Text2.FontSize = CommonDialog1.FontSize
    Text2.FontBold = CommonDialog1.FontBold
    Text2.FontItalic = CommonDialog1.FontItalic
End Sub
```

② “颜色”的实现：在对象窗口单击“设置”菜单中的“颜色”项，进入代码编辑窗口，输入以下代码。

```
Private Sub color_Click()
   CommonDialog1.ShowColor   '显示颜色对话框
   Text1.ForeColor = CommonDialog1.color '设置文本框 1 中文字的颜色
   Text2.ForeColor = CommonDialog1.color '设置文本框 2 中文字的颜色
End Sub
```

至此，代码输入完毕。运行程序，出现如图 8-17 的界面，可以进行文字的复制、剪切、粘贴和字体、颜色的设置。

本 章 小 结

在 Windows 环境中，几乎所有的应用软件都提供菜单，并通过菜单来实现各种操作。VB 中，在“菜单编辑器”中能够非常方便、高效、直观地建立菜单。菜单设计好以后，需要为有关菜单项编写事件过程，在 VB 中，每个菜单项就是一个控件，菜单控件能够识别的唯一事件是 Click。

程序在运行过程中，一般总是需要输入数据、输出信息，对话框为程序和用户的交互提供了有效的途径。要打开通用对话框需要在程序中调用 Show 方法或对 Action 进行赋值来实现。

习　题

一、选择题

1．将 CommonDialog 通用对话框以“打开文件对话框”方式打开，须选（　　）方法。

A．ShowOpen　　　B．ShowColor　　　C．ShowFont　　　D．ShowSave

2．将通用对话框类型设置为“另存为”对话框，应修改（　　）属性。

A．Filter　　B．Font　　C．Action　　D．FileName

3．用户可以通过设置菜单项的（　　）属性的值为 False 来使该菜单项失效。

A．Hide　　B．Visible　　C．Enabled　　D．Checked

4．用户可以通过设置菜单项的（　　）属性的值为 False 来使该菜单项不可见。

A．Hide　　B．Visible　　C．Enabled　　D．Checked

5．通用对话框可以通过对（　　）属性的设定来过滤文件类型。

A．Action　　B．FilterIndex　　C．Font　　D．Filter

6．输入对话框（InputBox）的返回值的类型是（　　）。

A．字符串　　B．浮点数　　C．整数　　D．长整数

7．菜单编辑器中，同层次的（　　）设置为相同，才可以设置索引值。

A．Caption　　B．Name　　C．Index　　D．ShortCut

8．每创建一个菜单，它的下面最多可以有（　　）级子菜单。

A．1　　B．3　　C．5　　D．6

9．在设计菜单时，为了创建分隔栏，要在（　　）中输入单连字符（-）。

A．名称栏　　B．标题栏　　C．索引栏　　D．显示区

10．Commondialog1 为窗体上一通用对话框，与 Commondialog1.Action=3 作用相同的语句是（　　）。

A．Commondialog1.ShowColor　　B．Commondialog1.ShowOpen

C．Commondialog1.ShowSave　　D．Commondialog1.ShowPrinter

二、填空题

1．使用通用对话框来打开保存文件对话框，应调用该控件的_______方法；与该方法等效的是把该控件的_______属性设置为_______。

2．菜单一般有_______和_______两种基本类型。

3．菜单项可以响应的事件为_______。

4．用于显示弹出式菜单的方法名为_______。

5．设有一个菜单项名为 Menu1，为了在运行时该菜单项失效，应使用的语句为_____。

上 机 实 验

1. 在窗体上添加一个命令按钮 Command1 和一个列表框 List1。编写 Command1 的 Click 事件过程：调用“打开文件”对话框（通过控件 CommonDialog1）选择文件，将所选的文件名追加到列表框控件 List1 中。

2．设计一个应用程序，通过菜单完成两个数的加减乘除运算，程序界面如图 8-19 所示。

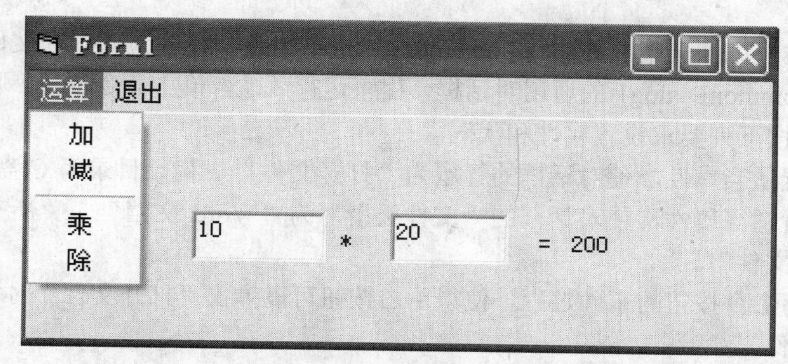

图 8-19　两个数的运算界面

3．弹出式菜单的设计。把上题“计算加减乘除”菜单改为弹出式菜单，程序运行时，右击窗体空白处，即会弹出快捷菜单。

4．编写程序，利用颜色对话框和字体对话框设置文本框中文字的颜色和字体，程序界面如图 8-20 所示。

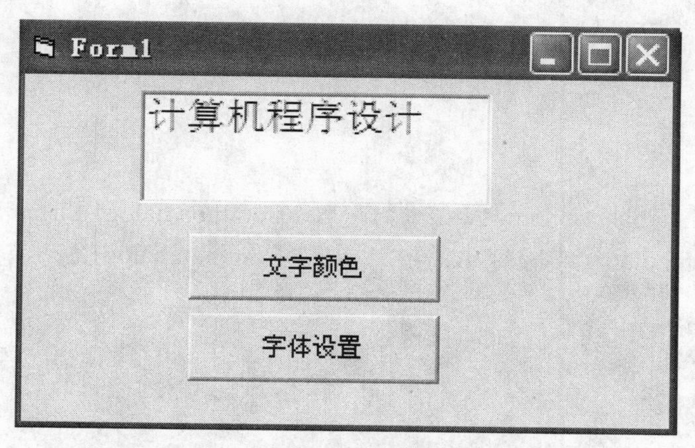

图 8-20　运行界面

程序代码如下，请在下划线处填空，然后运行程序并编译成 exe 文件。

```
Private Sub Command1_Click()
    CommonDialog1.ShowColor             '显示颜色对话框
    Text1.ForeColor = __________        '颜色设置
End Sub
Private Sub Command2_Click()
    CommonDialog1.Flags = 1             '显示屏幕字体
    CommonDialog1.ShowFont              '显示字体对话框
    Text1.Font = __________             '设置字体
    Text1.FontSize =__________          '设置字体大小
    Text1.FontBold =__________          '设置是否粗体
    Text1.FontItalic = __________       '是否斜体
End Sub
```

5．在窗体上添加一个名称为 Command1 的命令按钮，标题为“打开文件”，再添加一个名称为 CommonDialog1 的通用对话框。程序运行后，若单击命令按钮，则弹出打开文件对话框，并按下列要求设置属性和代码。

（1）设置适当属性，使对话框的标题为“打开文件”，初始目录为 C 盘根目录。

（2）设置适当属性，使对话框的“文件类型”为“Word 文档”、“所有文件”，默认的是“所有文件”。

（3）编写命令按钮的事件过程，使得单击按钮可以弹出“打开文件”对话框（不要求打开所选的文件）。

第9章 多重窗体与多文档界面设计

9.1 多 重 窗 体

应用程序根据所解决问题的不同，有时需要建立多个窗体作为信息载体。对于较为简单的应用程序，一个窗体就足够了。对于复杂的应用程序，往往需要通过多重窗体来实现。

多重窗体是指一个应用程序中有多个并行的普通窗体，每个窗体都可以有自己的界面和程序代码，完成各自不同的功能。有时，在一个程序中需要多个界面，如输入数据窗体、显示统计结果窗体等，这时就需要用到多重窗体。

9.1.1 多重窗体的建立

建立多重窗体的步骤如下。

（1）单击“工程”菜单中的“添加窗体”命令（或单击工具栏上的“添加窗体”按钮），打开“添加窗体”对话框。

（2）单击“新建”选项卡，从列表框中选择一种新窗体的类型，或单击“现存”选项卡，将属于其他工程的窗体添加到当前工程中。

图 9-1 是具有三个窗体的工程窗口。一个工程中有多个窗体，应分别取不同文件名保存在磁盘上，VBP 工程文件中记录了该工程的所有窗体文件名。

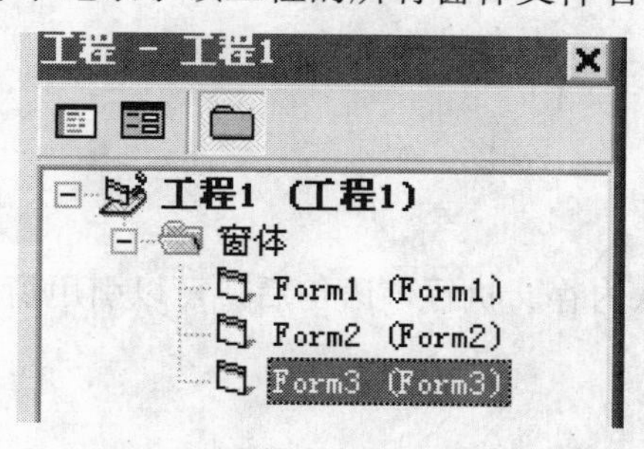

图 9-1 多重窗体的工程窗口

对于多重窗体应用程序，各个窗体之间是并列关系，需要指定程序运行时的启动窗体。而其他窗体的装载与显示，则由启动窗体控制。

在程序运行时，首先被加载并执行的对象，称为程序的启动对象。一个程序的启动对象可以是一个窗体，也可以是标准模块中名为 Sub Main 的过程。默认情况下，第一个创建的窗体 Form1 被指定为启动对象。

要设定工程的启动对象，可选择“工程”菜单中的最后一项“工程属性”，打开“工程属性”对话框，如图 9-2 所示。在“启动对象”列表框中列出了当前工程的所有窗体，从中选择要作为启动窗体的窗体后，单击“确定”按钮即可。

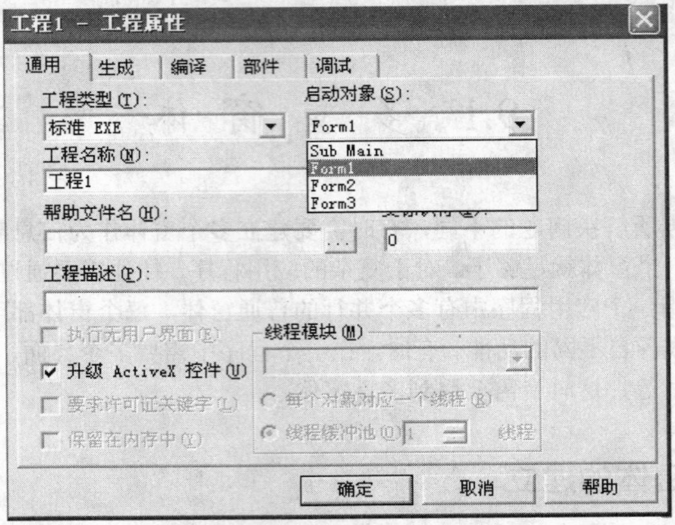

图 9-2　设置启动对象

多重窗体应用程序启动时，只会显示其启动窗体。若程序需要在各个窗体之间进行切换，则需要对其他窗体的显示使用相应的语句来执行。这些语句涉及窗体的“装入”、“显示”、“隐藏”、“删除”等操作。

9.1.2　窗体的加载与卸载

1．窗体的加载

其语法格式为：

```
Load  窗体名称
```

该方法把一个窗体装入内存。执行该语句后，可以引用窗体中的控件及其属性，但此时窗体并没有显示出来。

例如，Load　Form2

该语句的作用是把 Form2 装入内存。

2．窗体的卸载

其语法格式为：

```
Unload 窗体名称
```

该方法的功能与 Load 相反，它是将指定窗体从内存中删除。最常用的语句是：Unload Me，意思是卸载窗体自身。

3．窗体的显示

其语法格式为：

```
[窗体名称] .Show [模式]
```

其中，“窗体名称”缺省时为当前窗体。

说明：“模式”用来确定窗体的状态，可取值为0或1：取0表示窗体是“非模式型”，可以同时对其他窗口进行操作；取1表示窗体是“模式型”，在关闭该窗体前，用户无法对其他窗体进行操作。“模式”的默认值为0。

该方法用来显示一个窗体，它兼有加载和显示窗体两种功能。在执行Show时，若窗体不在内存中，则Show先将窗体装入内存，然后再显示出来。

例如，Form2.Show

作用是把窗体Form2显示出来。

4．窗体的隐藏

其语法格式为：

```
[窗体名称] .Hide
```

该方法用来将窗体暂时隐藏，并没有从内存中删除，需要时可用Show方法再次显示。

例如，Form2.Hide

作用是把窗体Form2隐藏起来。

9.1.3　多重窗体的应用

多重窗体与单一窗体的区别是：多重窗体需要在多个窗体之间进行切换操作和数据交换。不同窗体之间可通过存取控件全局变量的值来进行数据交换。

不同窗体间数据的存取方法如下。

（1）存取控件的属性。

在当前窗体中存取另一个窗体中某个控件的属性。

其语法格式为：

```
另一窗体名.控件名.属性
```

例如，当前窗体是Form1，访问另一窗体Form2中的Text1控件的Text属性，可以这样表示。

```
Form2.Text1.Text
```

（2）存取变量的值。

在当前窗体中存取另一个窗体中声明为全局变量的值。

其语法格式为：

```
另一窗体名.全局变量名
```

例如，当前窗体是 Form1，访问另一窗体 Form2 中的全局变量 aa，可以这样表示。

```
Form2.aa
```

（3）多个窗体都要访问的全局变量。

多个窗体都要访问的全局变量，可以在标准模块 Module 中定义为全局变量。

例如，Public Total As Single

【例 9-1】多重窗体应用设计。编写程序，该程序由三个窗体构成，第一个窗体 Form1 显示主界面，第二个窗体 Form2 输入成绩，第三个窗体 Form3 查看成绩。程序界面如图 9-3 所示。

设计步骤如下。

（1）启动 VB，自动创建一个名为 Form1 的窗体。在此窗体上画三个命令按钮 Command1、Command2、Command3，设置 Caption 属性分别为“输入成绩”、“查看成绩”、“结束”。

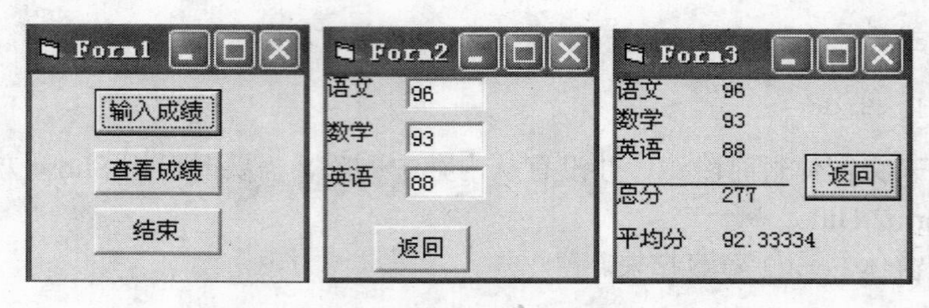

图 9-3 例 9-1 多重窗体界面

（2）单击“工程”菜单中的“添加窗体”命令，添加两个窗体 Form2 和 Form3。

（3）单击“工程”菜单中的“添加模块”命令，创建一个标准模块 Module1，用于声明多个窗体都要使用的全局变量。在模块 Module1 中声明如下全局变量：

```
Public a1 As Single, a2 As Single, a3 As Single 'a1,a2,a3 表示三门课成绩
```

（4）在窗体 Form2 上添加三个文本框用于输入成绩，添加三个标签用于显示三门课的名称，添加一个命令按钮用于返回第一个窗体 Form1。

（5）在窗体 Form3 上添加十个标签，Label1、Label3、Label5、Label7、Label9 分别用于显示三门课名称及“总分”、“平均分”标题，Label2、Label4、Label6、Label8、Label10 分别用于显示三门课成绩及总分、平均分的值。添加一个命令按钮用于返回第一个窗体 Form1。

（6）编写 Form1 的各按钮单击事件过程。

编写 Form1 的“输入成绩”按钮的单击事件过程。

```
Private Sub Command1_Click()
  Form1.Hide
  Form2.Show
End Sub
```

编写Form1的“查看成绩”按钮的单击事件过程。

```
Private Sub Command2_Click()
  Form1.Hide
  Form3.Show
End Sub
```

编写Form1的“结束”按钮的单击事件过程。

```
Private Sub Command3_Click()
  End
End Sub
```

（7）在Form2的“返回”按钮单击事件中，将输入的成绩存入全局变量，代码如下。

```
Private Sub Command1_Click()
  Form2.Hide
  Form1.Show
  a1 = Val(Text1.Text)
  a2 = Val(Text2.Text)
  a3 = Val(Text3.Text)
End Sub
```

（8）在Form3中编写显示成绩的Form_Activate事件代码。

```
Private Sub Form_Activate()
  Label2.Caption = Str(a1)
  Label4.Caption = Str(a2)
  Label6.Caption = Str(a3)
  Label8.Caption = Str(a1 + a2 + a3)
  Label10.Caption = Str((a1 + a2 + a3) / 3)
End Sub
```

（9）在Form3中“返回”按钮的单击事件代码如下。

```
Private Sub Command1_Click()
  Form3.Hide
  Form1.Show
End Sub
```

9.2 多文档界面

VB应用程序有两种不同的界面类型：单文档界面（SDI，Single Document Interface）和多文档界面（MDI，Multiple Document Interface）。在单文档界面应用程序中，用户只能打开一个文档，想打开另一个文档时，必须先关闭已经打开的文档。在多文档界面应用程序中，则允许同时显示多个文档，每个文档都显示在自己的窗口中。

例如，“画图”、“记事本”、“写字板”等都是典型的单文档程序，它们最明显的特点是每次只能打开一个文件。新建文件时，当前编辑的文件就必须被替换掉。多文档程序（如 Excel，Word，PowerPoint 等）允许用户同时打开两个以上的文件进行操作。

多文档界面是指在一个父窗口下可以同时打开多个子窗口。多文档界面由父窗体和子窗体组成。父窗体就是 MDI 窗体，子窗体是指 MDIChild 属性为 True 的普通窗体。

注意：MDI 与多重窗体不是一个概念。多重窗体程序中的各个窗体是彼此独立的。MDI 虽然也可以含有多个窗体，但它有一个父窗体，其他窗体（子窗体）都在父窗体内。

9.2.1　多文档界面的建立

建立多文档界面应用程序至少应有两个窗体：父窗体（即 MDI 窗体）和一个子窗体。父窗体只能有一个，子窗体则可以有多个。建立多文档界面分为 3 步，首先创建和设计父窗体，然后创建和设计子窗体，最后加载父窗体和子窗体。

1．建立 MDI 窗体

启动 VB，自动建立了一个标准窗体 Form1，然后单击“工程”菜单中的“添加 MDI 窗体”命令，弹出“添加 MDI 窗体”对话框，选择“MDI 窗体”，单击“打开”按钮，建立 MDI 窗体。

现在，工程中含有一个 MDI 窗体（MDIForm1）和一个标准窗体（Form1）。

注意：每个工程中只能有一个 MDI 窗体。如果工程中已经有了一个 MDI 窗体，那么“工程”菜单上的“添加 MDI 窗体”命令就不可使用。

2．创建 MDI 窗体的子窗体

MDI 子窗体是一个 MDIChild 属性为 True 的普通窗体。创建一个 MDI 子窗体的方法是，在创建 MDI 父窗体后，选择“工程”菜单中的“添加窗体”命令创建新窗体，然后将它的 MDIChild 属性设置为 True。

MDI 子窗体的设计与 MDI 窗体无关，但在运行时总是包含在 MDI 窗体中，当 MDI 窗体最小化时，所有的子窗体都被最小化。每个子窗体都有自己的图标，但只有 MDI 窗体的图标显示在任务栏中。

3．加载 MDI 窗体和子窗体

在 MDI 应用程序中，若将 MDI 窗体设置为启动窗体，则程序运行后只有 MDI 窗体被加载。MDI 窗体的子窗体并不会随着 MDI 窗体的加载而加载，若要加载子窗体则应使用子窗体的 Show 方法。若将子窗体设置为启动窗体，其父窗体（MDI 窗体）会自动加载并显示，例如：

```
MDIForm1.show
```

语句的作用是加载并显示 MDI 窗体 MDIForm1。

4．卸载 MDI 窗体和子窗体

用 Unload 语句卸载窗体，例如：

```
Unload Me        ' 卸载当前窗体
```

可以单独卸载一个子窗体，也可卸载 MDI 窗体。当卸载 MDI 窗体时，先卸载完所有的子窗体后才执行 MDI 窗体的卸载。

9.2.2　多文档属性和事件

多文档和单文档相比，有较为特别的属性、方法和事件，分别介绍如下。

1．MDIchild 属性

MDIchild 属性只能在设计时设置，窗体在运行时，该属性是只读的，不能更改。当 MDIchild 属性为 True 时，说明该窗体是一个 MDI 子窗体，将被显示在 MDI 父窗体内；若 MDIchild 属性为 False（默认值），则窗体是一个普通的窗体，不是一个 MDI 的子窗体，其显示范围不受 MDI 窗体的限制。

2．Arrange 方法

MDI 应用程序中可以包含多个子窗体。当打开多个子窗体时，用 MDIForm 的 Arrange 方法能够使子窗体（或其图标）按一定的规律排列。

其语法格式为：

```
MDI 窗体名称. Arrange  方式
```

说明："方式"是一个整数，用来指定MDI 窗体中子窗体或图标的排列方式，"方式"共有 4 种取值。

0　vbCascade——层叠式

1　vbTileHorizontal——水平平铺

2　vbTileVertical——垂直平铺

3　vbArrangeIcons——图标重排列

例如，MDIform1.Arrange 2 语句将垂直平铺 MDIform1 窗体中所有非最小化子窗体。

3．QueryUnload 事件

当用户从 MDI 窗体的控制菜单框中选择"关闭"或者"退出"命令时，系统就会试图卸载 MDI 窗体,此时就会触发 QueryUnload 事件,然后每一个打开的子窗体也都触发该事件。

若 QueryLoad 事件过程中没有代码，则取消该事件，逐个卸载子窗体，最后，MDI 窗体也被卸载。

由于 QueryUnload 事件在窗体卸载之前被触发，因此可以在事件过程中编写代码，给用户一个保存变动后的窗体信息的机会。

其语法格式为：

```
Private Sub Form_QueryUnload(Cancel As Integer, UnloadMode As Integer)
   ...
End Sub
```

4. Dim 语句

在 MDI 应用程序中，用 Dim 语句可以增加子窗体。

其语法格式为：

```
Dim 对象变量 As New 对象名或对象类型
```

说明：对象名是已经存在的窗体。

Dim 语句声明窗体后，只有在执行 Show 方法后才能显示出新的子窗体。

例如：

```
Dim  Newchild  As  New  Form1
Newchile.Show
```

【例 9-2】建立如图 9-4 所示的多文档程序界面。

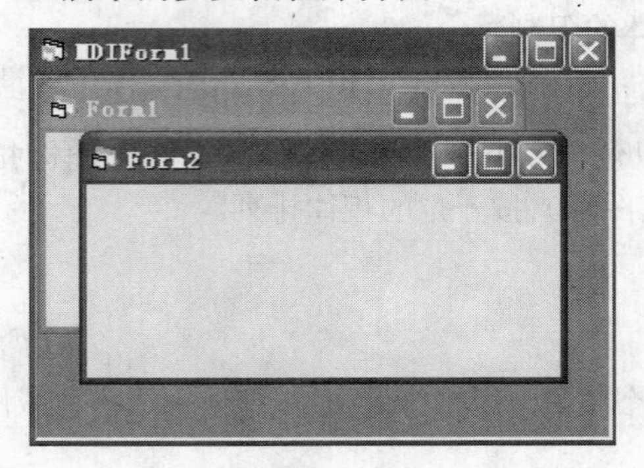

图 9-4　例 9-2 多文档界面

分析：此多文档程序界面包含一个 MDI 窗体 MDIForm1，两个子窗体 Form1 和 Form2。设计步骤如下。

（1）启动 VB，自动建立一个标准窗体 Form1。

（2）单击“工程”菜单中的“添加 MDI 窗体”命令，弹出“添加 MDI 窗体”对话框，选择“MDI 窗体”，单击“打开”按钮，建立 MDI 窗体，默认名称为 MDIForm1。

（3）选择“工程”菜单中的“添加窗体”命令，添加一个子窗体 Form2。然后分别设置 Form1 和 Form2 的 MDIChild 属性为 True。

（4）在 MDIForm1 的 Load 事件中添加如下代码。

```
Private Sub MDIForm_Load()
  Form1.Show
  Form2.Show
End Sub
```

运行程序即可得到如图 9-4 所示的多文档界面。

9.3　工具栏设计

在基于 Windows 操作系统的应用程序中，一般都是将最常用的命令以按钮的形式集合在一起，以便用户进行操作，这就是工具栏。工具栏为用户提供了对于应用程序中最常用的菜单命令的快速访问。制作工具栏有两种方法：一是手工制作，即利用图形框和命令按钮，比较烦琐，本书不予讨论；另一种方法是通过组合使用 ToolBar、ImageList 控件来建立，这种方法简单、快捷、容易学习。

ToolBar、ImageList 控件都是 ActiveX 控件，使用这些控件前必须先将这些控件添加到工具箱中。添加的方法如下。

打开"工程"菜单→选择"部件"命令→弹出对话框，在"控件"选项卡中选中 Microsoft Windows Common Control 6.0 选项（注意打上√），单击"确定"按钮，ToolBar、ImageList 控件就添加到工具箱中。

9.3.1　在 ImageList 控件中添加图像

ImageList控件包含了一个图像的集合，它专门用来为其他控件提供图像库。利用toolbar 控件制作工具栏时，按钮的图像就是从 ImageList 的图像库中获得。

在窗体上添加 ImageList 控件后，选中该控件，其默认名为 ImageList1，再单击右键，从弹出菜单中选择"属性"命令，然后在"属性页"对话框中选择"图像"标签。

具体向 ImageList 中添加图像的操作是：单击"插入图片"按钮，这时会弹出"选定图片"对话框，选定需要的一个图像文件，再单击"选定图片"对话框中的"打开"按钮，系统自动赋予该图像一个索引号；接着再单击"插入图片"按钮，重复上述过程，直到添加完毕，最后单击 ImageList 属性页中的"确定"按钮，如图 9-5 所示添加了 2 个图像。

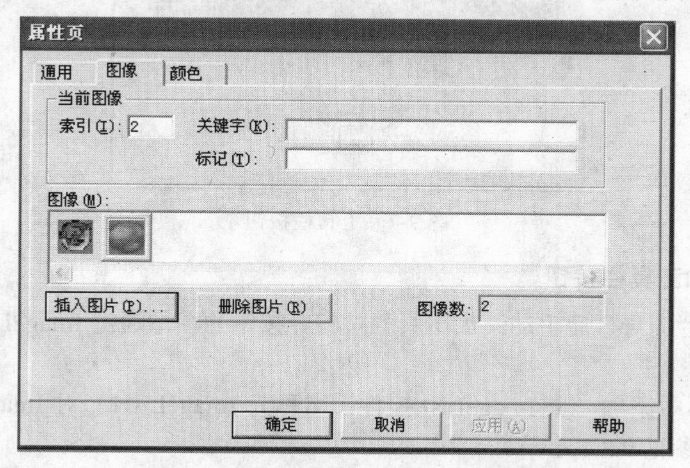

图 9-5　向 ImageList 中添加图像

9.3.2　在 ToolBar 控件中添加按钮

1．通过“工具栏向导”添加按钮

通过“工具栏向导”添加按钮的操作方法如下。

（1）在工具箱中单击“ToolBar 控件”，然后在窗体里添加一个 ToolBar 控件，系统自动弹出“工具栏向导-介绍”对话框，单击“下一步”按钮。

（2）随即出现“工具栏向导-自定义工具栏”对话框，如图 9-6 所示。

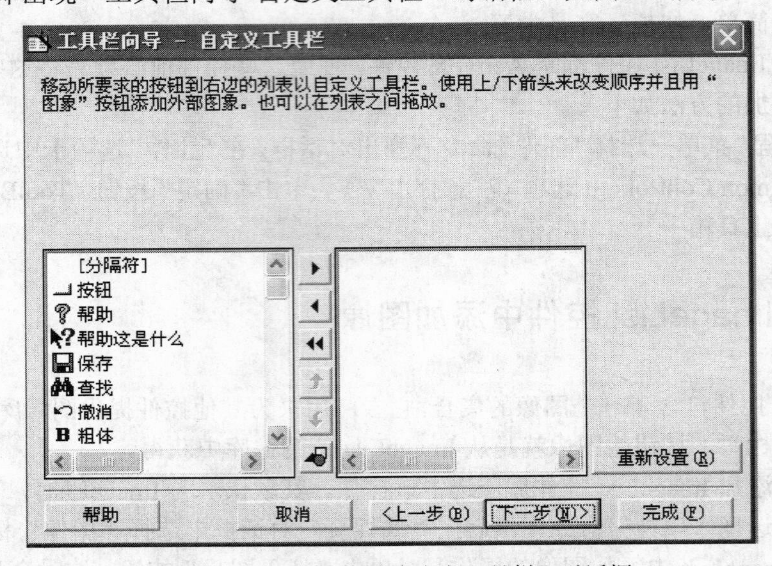

图 9-6　“工具栏向导-自定义工具栏”对话框

（3）选择所需要的工具栏按钮（可选多个），然后单击“完成”按钮，就可在窗体上方显示所选择的按钮，如图 9-7 所示。

图 9-7　工具栏按钮

2．手动添加工具栏按钮

退出“工具栏向导”后手动添加工具栏按钮，按钮的图像通过 ImageList 控件获取。具体操作步骤如下。

（1）在窗体中添加一个 ImageList 控件，名称为 ImageList1。对 ImageList1 添加所需要的图像，方法参见 9.3.1 小节。

（2）在工具箱里单击“ToolBar 控件”，然后在窗体中添加一个 ToolBar 控件，系统自动弹出“工具栏向导-介绍”对话框，单击“取消”按钮。

（3）右击窗体中的 ToolBar 控件，在出现的快捷菜单中选择“属性”命令，就会出现如图 9-8 所示的“属性页”对话框。

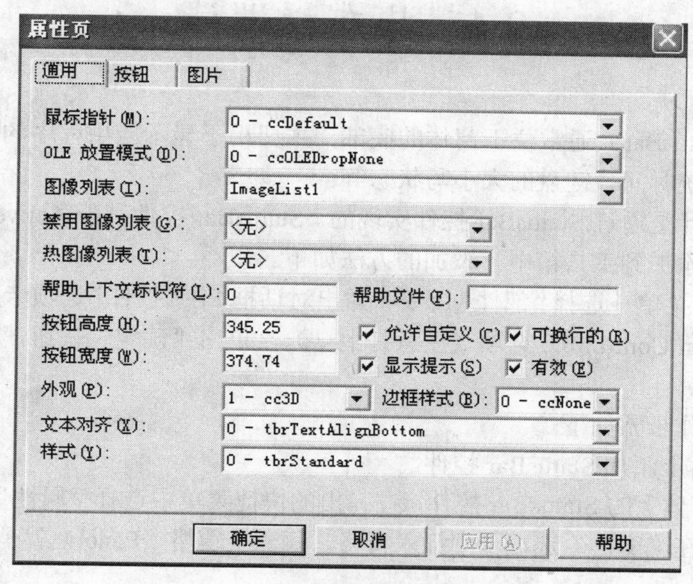

图 9-8　属性页对话框

选择“通用”选项卡，在“图像列表”列表框中选择“ImageList1”。

（4）单击“属性页”对话框中的“按钮”选项卡，然后单击“插入按钮”，在“工具提示文本”项输入按钮的提示文字（可选），在“图像”项输入按钮所需的图像序号（用数字表示，如 1 表示第一个图像），即可插入一个按钮。

9.3.3　为 ToolBar 控件中的按钮编写事件过程

工具栏创建完成后，还要编写相应的代码，这样按钮才能起作用。ToolBar 控件常用的事件有单击按钮事件 ButtonClick()。通过判断 Button.Key 的值来确定是按了哪个按钮。例如下面是判断“剪切”和“粘贴”的代码。

```
Private Sub Toolbar1_ButtonClick(ByVal Button As MSComctlLib.Button)
  On Error Resume Next
  Select Case Button.Key
    Case "剪切"
      Clipboard.SetText Text1.SelText  '把选中的内容放入剪贴板
      Text1.SelText = ""  '清空文本框中的内容
    Case "粘贴"
      Text1.SelText = Clipboard.GetText  '把剪贴板的内容放入文本框
```

```
    End Select
End Sub
```

9.4 状态栏设计

状态栏（StatusBar）通常位于窗体的底部，主要用于显示应用程序的各种状态信息，如光标位置、系统时间、键盘的大小写状态等。

状态栏的设计是通过 StatusBar 控件实现的。StatusBar 控件属于 ActiveX 控件，使用前必须先将该控件添加到工具箱中。添加的方法如下。

打开“工程”菜单→选择“部件”命令→弹出对话框，在“控件”选项卡中选中 Microsoft Windows Common Control 6.0 选项（注意打上 √），单击“确定”按钮，StatusBar 控件就添加到工具箱中。

状态栏的制作步骤如下。

（1）在窗体上添加 StatusBar 控件。

（2）右击窗体上的 StatusBar 控件，在弹出的快捷菜单中选择“属性”命令，进入“属性页”对话框，在“窗格”选项卡中插入窗格，每一个窗格（Panel）就是一种状态，最多能分成 16 个窗格。

（3）编写每一个窗格相应的事件过程，程序运行时才能显示相应的状态。每一种状态的显示信息通过 StatusBar1.Panels(n).Text 设置。

例如，StatusBar1.Panels(2).Text = "选定的字数"

上述语句的作用是第二个窗格显示“选定的字数”这几个字。

【例 9-3】工具栏和状态栏的应用。设计如图 9-9 所示的程序界面，在工具栏上添加 5 个按钮，分别完成对文本框中的文本进行剪切、粘贴、斜体、加粗、下划线的功能。在状态栏上有 2 个状态，分别显示鼠标的位置、选定字符的个数。

设计步骤如下。

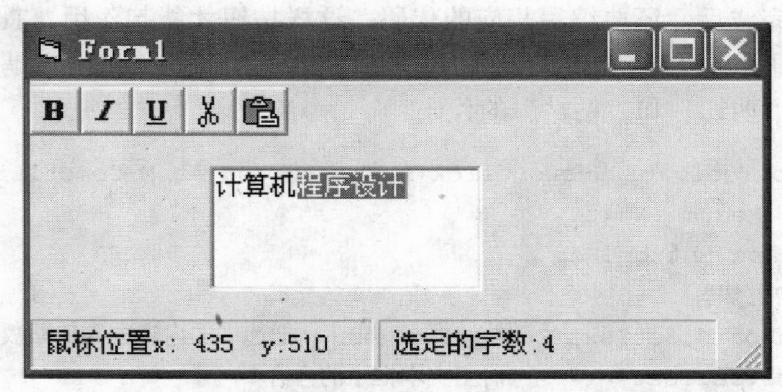

图 9-9 例 9-3 程序界面

（1）添加 ToolBar 控件和 StatusBar 控件到工具箱。

打开“工程”菜单→选择“部件”命令→弹出对话框，在“控件”选项卡中选中 Microsoft Windows Common Control 6.0 选项（注意打上√），单击“确定”按钮，ToolBar 控件和 StatusBar 控件就添加到工具箱中。

（2）添加工具栏按钮。

① 在工具箱中单击“ToolBar 控件”，然后在窗体中添加一个 ToolBar 控件，系统自动弹出“工具栏向导-介绍”对话框，单击“下一步”按钮。

② 随即出现“工具栏向导-自定义工具栏”对话框，选择所需要的工具栏按钮（剪切、粘贴、斜体、加粗、下划线），然后单击“完成”按钮，就可在窗体上方显示所选择的按钮。

（3）在窗体上添加一个文本框 Text1。

（4）对工具栏按钮编写事件过程，代码如下。

```
Private Sub Toolbar1_ButtonClick(ByVal Button As MSComctlLib.Button)
   On Error Resume Next
   Select Case Button.Key
       Case "粗体"                                              '粗体代码
         Text1.FontBold = Not Text1.FontBold
      Case "斜体"
         Text1.FontItalic = Not Text1.FontItalic       '斜体代码
      Case "下划线"
        Text1.FontUnderline = Not Text1.FontUnderline '下划线代码
      Case "剪切"
        Clipboard.SetText Text1.SelText
        Text1.SelText = ""
      Case "粘贴"
        Text1.SelText = Clipboard.GetText
   End Select
End Sub
```

（5）状态栏的设计。

① 在窗体上添加 StatusBar 控件。

② 右击窗体上的 StatusBar 控件，在弹出的快捷菜单中选择“属性”命令，进入“属性页”对话框，在“窗格”选项卡中插入窗格（共插入 2 个窗格）。

③ 编写每一个窗格相应的事件过程，代码如下。

```
Private Sub Text1_MouseMove(Button As Integer, Shift As Integer, X As Single,
Y As Single)
  Dim n%
  StatusBar1.Panels(1).Text = "鼠标位置 x: " & X & "  y:" & Y
  n = Len(Text1.SelText)
  StatusBar1.Panels(2).Text = "选定的字数:" & n
End Sub
```

运行程序，即可出现如图 9-9 所示的程序界面。

本章小结

本章介绍了多窗体及 MDI 应用程序的特点及其基本设计方法，介绍了工具栏和状态栏的设计方法。

MDI 与多重窗体不是一个概念。多重窗体程序中的各个窗体是彼此独立的。MDI 虽然也可以含有多个窗体，但它有一个父窗体，其他窗体（子窗体）都在父窗体内。

工具栏为用户提供了对于应用程序中最常用的菜单命令的快速访问，进一步增强了应用程序菜单界面。

状态栏通常位于窗体的底部，主要用于显示应用程序的各种状态信息，状态栏的设计是通过 StatusBar 控件实现的。

习　题

一、选择题

1．假设 Mdiform 为 MDI 窗体，其中有菜单 MunTest。Form1 为子窗体，也有菜单 MunTest，执行下列程序后，单击 MunTest 菜单，输出结果为（　　）。

其中 Mdiform 中代码如下。

```
Private Sub Mdiform_Load()
   Form1.Show
End Sub
Private Sub Muntest_Click()
   MsgBox"mdi"
End Sub
```

Form1 代码如下。

```
Private Sub Muntest_Click()
   MsgBox"Child"
End Sub
```

A．显示 Child 对话框

B．显示 MDI 对话框

C．显示 Child 对话框后再显示 MDI 对话框

D．显示 MDI 对话框后再显示 Child 对话框

2．下列说法中正确的是（　　）。

A．一个应用程序只能创建一个窗体

B．一个应用程序只能创建一个模块

C．一个应用程序只能创建一个 MDI 窗体

D．一个应用程序只能创建一个 MDI 子窗体

3．当一个工程含有多个窗体时，其中的启动窗体是（　　）。

A．启动 Visual Basic 时建立的窗体

B．第一个添加的窗体

C．最后一个添加的窗体

D．在“工程属性”对话框中指定的窗体

4．MDI 窗体中语句 MDIForm1.Arrange 2 的作用为（　　）。

A．层叠所有非最小化 MDI 子窗体

B．水平平铺所有非最小化 MDI 子窗体

C．垂直平铺所有非最小化 MDI 子窗体

D．重排最小化 MDI 子窗体的图标

5．以下关于 MDI 子窗体在运行时特性叙述，错误的是（　　）。

A．子窗体在 MDI 窗体的内部区域显示

B．子窗体可在 MDI 窗体的外部区域显示

C．当子窗体最小化时，它的图标在 MDI 窗体内显示

D．当子窗体最大化时，其标题与 MDI 窗体标题合并，并显示在 MDI 窗体的标题栏中

6．若要求显示一个指定窗体，所使用的方法是（　　）。

A．Show　　B．Open　　C．Hide　　D．Load

7．为了使窗体从屏幕上消失但仍在内存中，所使用的方法或语句为（　　）。

A．Show　　B．Open　　C．Hide　　D．Load

8．层叠所有非最小化 MDI 子窗体的方法是（　　）。

A．MDIForm1.Arrange 0　　B．MDIForm1.Arrange 1

C．MDIForm1.Arrange 2　　D．MDIForm1.Arrange 3

9．MDI 应用程序的主窗体上的子窗体分别有各自的菜单。运行该 MDI 应用程序并打开一个窗体后，在 MDI 主窗体的菜单条上显示的是（　　）。

A．MDI 主窗体上定义的菜单

B．MDI 子窗体上定义的菜单

C．MDI 主窗体菜单和子窗体菜单的简单组合

D．MDI 主窗体菜单和子窗体菜单组合到一起时，相同的部分只出现一次

10．要在工程中添加一个 MDI 窗体，使用的方法是（　　）。

A．单击工具栏上的添加窗体按钮

B．执行“工程”中的“添加窗体命令”

C．执行“视图”菜单中的“添加 MDI 窗体”命令

D．执行“工程”菜单中的“添加 MDI 窗体”命令

二、填空题

1．若要加载一个新窗体，使用______语句实现；若要卸载一个窗体，使用______语句实现。

2．若要显示一个窗体，使用______方法；若要隐藏一个窗体，使用______方法；清除窗体上的内容，使用______方法。

3．如果一个窗体的 MDIChild 属性被设置为______，则该窗体为子窗体。

4．当最大化一个子窗体时，它的标题会与 MDI 窗体的标题组织在一起并显示于______上。

5．在 VB 中，为窗体添加工具栏应使用______控件和______控件。

上 机 实 验

1．用 MDI 实现一个“古诗选读”程序，在 MDI 窗体中用 4 个命令按钮显示 4 首诗的目录，单击命令按钮后，在 MDI 子窗体中显示相应的诗文的内容。

2．编写程序：一个 MDI 窗体包含两个子窗体，当在其中一个子窗体的文本框中进行文字编辑时，另一个窗体的文本框内显示同样的内容。

3．在 Form1 窗体上有一个名称为 List1 的列表框和一个名称为 Command1、标题为“添加”的命令按钮，如图 9-10 所示。单击“添加”按钮则弹出如图 9-11 所示的对话框（名称为 Form2），其中的文本框名称为 Text1，“男”、“女”单选按钮的名称分别为 Op1、Op2，“音乐”、“英语”复选框的名称分别为 Ch1、Ch2，“确定”、“取消”按钮的名称分别为 Command1、Command2。其中姓名是必须输入的。当单击“确定”按钮后，如果未输入姓名，则弹出提示信息“未输入姓名！”。否则，把姓名、性别、选课作为一个列表项添加到 Form1 窗体的列表中，并关闭对话框。如果单击“取消”按钮，则对对话框中的输入不加处理，关闭对话框。

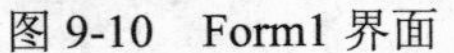
图 9-10　Form1 界面

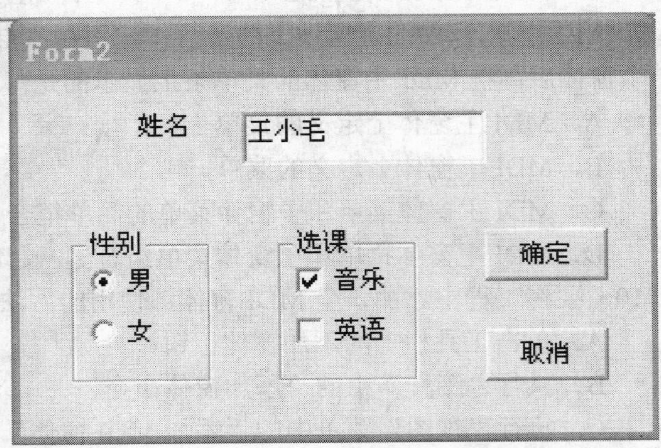

图 9-11　Form2 界面

程序代码如下，请在下划线处填空使得程序完整，然后运行程序。

（1）Form1 窗体中的代码。

```
Private Sub Command1_Click()
    Load Form2
    Form2.Show
End Sub
```

（2）Form2 窗体中的代码。

```
Private Sub Command1_Click()
    If Text1.Text = "" Then
        MsgBox "未输入姓名"
    Else
        a$ = Text1.Text
        If ________ Then
            a$ = a$ + " " + Op1.Caption
        Else
            a$ = a$ + " " + Op2.Caption
        End If
        If ________ Then
            a$ = a$ + " " + Ch1.Caption
        End If
        If ________ Then
            a$ = a$ + " " + Ch2.Caption
        End If
        Form1.List1.AddItem ________
        Unload Me
    End If
End Sub
Private Sub Command2_Click()
    Unload Me
End Sub
```

4．在窗体上添加一个文本框，编写程序，实现下面功能。

（1）设计一个“字体”菜单，包括两个菜单项“粗体”、“斜体”，使得用户通过菜单可以改变文本框中文字的字体。

（2）在窗体上添加一个工具栏，该工具栏含有两个工具栏按钮，分别表示“粗体”、“斜体”。当用户单击工具栏按钮时，可以改变文本框中文字的字体。

第10章 图形设计

10.1 图形操作基础

在 VB 应用程序的设计过程中，图形处理的内容包括在应用程序中插入图片、使用 VB 图形控件创建图形和使用 VB 图形方法绘制图形。

10.1.1 坐标系统

1. 默认坐标系统

Visual Basic 用坐标来描述一个像素位于存放它的容器内的位置，每个容器都有自己的一个坐标系，构成一个坐标系包含 3 个基本要素：坐标原点、坐标刻度单位和坐标轴的长度和方向。

默认情况下，坐标系的坐标原点（0，0）总是在对象的左上角，横向向右为 X 轴的正方向，纵向向下为 Y 轴的正方向，如图 10-1 所示。

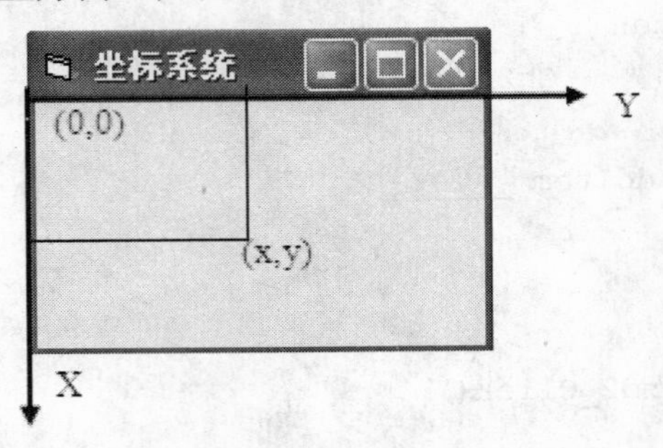

图 10-1 VB 坐标系统

默认坐标的刻度单位是缇（twips）。1 缇=1/20 磅；1 英寸=1440 缇；1 厘米=567 缇。VB 中控件的移动、调整大小及图形绘制语句等，都默认以缇为单位。

可以通过设置控件的 ScaleMode 属性来改变坐标系统的刻度单位。表 10-1 列出了 ScaleMode 的属性值与对应的刻度单位。

表 10-1 ScaleMode 属性值及含义

值	系统常数	描 述
0	vbUser	自定义
1	vbTwips	默认值，以缇为单位，1 英寸=1440 缇

续表

值	系统常数	描述
2	vbPoint	以磅为单位，1英寸=72磅
3	vbPixels	以像素为单位
4	vbCharacters	以字符为单位
5	vbInches	以英寸为单位
6	vbMillimeters	以毫米为单位
7	vbCentimeters	以厘米为单位

坐标系统中x的值由对象的Left属性决定，y值由对象的Top属性决定。例如，下面的程序代码表示Command1控件的坐标为（30，40），单位为毫米。

```
Form1. ScaleMode=6
Command1.Left=30
Command1.Top=40
```

2．用户自定义坐标系

VB允许用户定义自己的坐标系统，包括原点、坐标轴的方向、刻度单位。

（1）使用Scale属性来创建自定义坐标系统

可以使用容器对象的ScaleLeft、ScaleTop、ScaleWidth和ScaleHeight这4个Scale属性来创建用户自定义坐标系统，其含义见表10-2。

表10-2 Scale属性

属性	含义
ScaleLeft	确定对象左边的水平坐标
ScaleTop	确定对象顶端的垂直坐标
ScaleWidth	确定对象内部水平的宽度，不包括边框
ScaleHeight	确定对象内部垂直的高度，不包括边框

说明：

① 属性ScaleLeft与ScaleTop的值用来设置容器左上角的坐标。

对象左上角坐标为（ScaleLeft，ScaleTop）。

对象右下角的坐标为（ScaleLeft+ScaleWidth，ScaleTop+ScaleHeight）。

② 属性ScaleWidth和ScaleHeight的值分别用来设置对象的宽度和高度。ScaleWidth大于0表示X轴的正向向右，小于0表示X轴的正向向左。

ScaleHeight大于0表示Y轴的正向向下，小于0表示Y轴的正向向上。

例如：Form1.ScaleLeft=100

Form1.ScaleTop=-400

Form1.ScaleWidth=-600

Form1.ScaleHeight=700

Form1.ScaleWidth 为负，Form1.ScaleHeight 为正，则 X 轴的正向向左，Y 轴的正向向下。窗体 Form1 左上角的坐标为（100,-400），右下角的坐标为（-500,300），如图 10-2 所示。

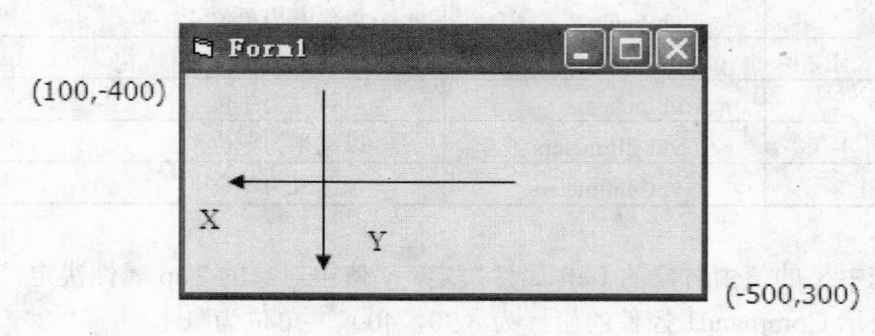

图 10-2　自定义坐标

（2）使用 Scale 方法来创建自定义坐标系统

Scale 方法是建立用户自定义坐标系最方便的方法。

其语法格式为：

```
[对象. ]Scale[(x1, y1)-(x2, y2)]
```

说明：

① 对象可以是窗体、图形框或打印机。

② （x1,y1）表示对象的左上角的坐标值。x1、y1 分别是 ScaleLeft、ScaleTop。

③ （x2,y2）为对象的右下角的坐标值。x2-x1、y2-y1 分别是 ScaleWidth、ScaleHeight。

例如，将窗体设置为图 10-2 所示的坐标系统，使用 Scale 方法的语句如下。

```
Form1.Scale (100,-400)-(-500,300)
```

3. 当前坐标

当在容器中绘制图形或输出结果时，经常要将它们定位在某一希望的位置，这就必须获得某一点的坐标，即当前坐标。VB 使用 CurrentX 和 CurrentY 属性设置或返回当前坐标的水平坐标和垂直坐标。

例如，在点（200,200）处显示“当前坐标为（200,200）”，可以使用以下语句。

```
Form1.CurrentX = 200
Form1.CurrentY= 200
Form1.Print  "当前坐标为（200,200）"
```

10.1.2　使用颜色

VB 中经常要涉及颜色，如设置字体的颜色、填充的颜色、绘图线条的颜色以及控制对象的前景、背景颜色等。在 VB 中，颜色值是一个 4 字节的长整型（Long）数，其中最低的 3 个字节分别对应于构成颜色的三原色：红、绿、蓝。每个字节的取值范围以十进制表示为 0～255，故 3 个字节组合在一起，可表示 2^{24}（16777216）种颜色（实际显示的颜色与显卡和显示器有关）。在 VB 中，设置或获取颜色值有多种实现方法。

如果想在程序运行期间设置对象的颜色，就必须使用颜色参数。在运行时指定颜色参数值的方式有如下 4 种。

- ✧ 使用 RGB 函数。
- ✧ 使用 QBColor 函数。
- ✧ 使用 VB 的颜色常数。
- ✧ 直接使用颜色值。

1. 使用 RGB 函数

RGB 是 Red、Green、Blue 的缩写，RGB 函数通过三原色的值设置一种混合颜色。和实际画图时一样，用红、绿、蓝三原色可以“配出”各种颜色。例如，红、绿混合可以得到黄色。RGB 函数格式如下。

```
RGB(<Red>,<Green>,<Blue>)
```

为了使用 RGB 函数指定颜色，要对 Red、Green、Blue 赋给 0～255 之间的一个亮度值（0 表示亮度最低，而 255 表示亮度最高）。例如：

```
Form1.BackColor=RGB(255,0,0)        '设定窗体背景为红色
```

2. 使用 QBColor 函数

VB 保留了 Quick Basic 的 QBColor 函数。该函数用一个整数值对应 RGB 的常用颜色值。QBColor 函数格式如下。

```
QBColor<颜色值>
```

其中，“颜色值”的取值范围是 0～15，共表示 16 种颜色，见表 10-3。

表 10-3 QBColor 函数的颜色值

参数值	颜色	参数值	颜色
0	黑色	8	灰色
1	蓝色	9	亮蓝色
2	绿色	10	亮绿色
3	青色	11	亮青色
4	红色	12	亮红色
5	洋红色	13	亮洋红色
6	黄色	14	亮黄色
7	白色	15	亮白色

例如：

```
Form1.BackColor = QBColor(1)        '将窗体背景设置为蓝色
```

3. 使用 VB 的颜色常数

VB 定义了一些颜色符号常数，包括 8 种常用的颜色和 Windows 控制面板使用的系统颜色。使用系统常量，可使应用程序的风格与 Windows 控制面板类似，因而更具专业性。常用颜色常数见表 10-4。

表 10-4　常用颜色常数

系 统 常 数	颜　色
vbBlack	黑色
vbRed	红色
vbGreen	绿色
vbYellow	黄色
vbBlue	蓝色
vbMagenta	洋红色
vbCyan	青色
vbWhite	白色

例如：

```
Form1.BackColor = vbRed        '将窗体背景设置为红色
```

4. 直接使用颜色值

通常用十六进制数表示颜色值。正常的 RGB 颜色的有效范围是从 0～16777215（&HFFFFFF）。

表达方式：&HBBGGRR

BB-指定蓝颜色的值

GG-指定绿颜色的值

RR-指定红颜色的值

每个数段都是两位十六进制数，即从 00 到 FF，中间值是 80。因此，&H808080&是这三种颜色的中间值，也就是灰色。

例如，将窗体背景设置为蓝色可以使用下面的语句。

```
Form1.BackColor =&HFF0000
```

10.1.3　线宽与线型

1. DrawWidth 属性

通过 DrawWidth 属性可以设置图形方法（如 Line、Pset、Circle）输出的线宽。其语法格式如下：

```
[Object.]DrawWidth [= Size]
```

Object：对象表达式，可以是窗体、图片框和打印机对象。

Size：数值表达式，其范围为 1～32767。该值以像素为单位表示线宽，默认值为 1，即一个像素宽。下列过程将画几条不同宽度的线条，如图 10-3 所示。

```
Private Sub Form_Click()
    DrawWidth = 1
    Line (100, 500)-(3000, 500)
    DrawWidth = 5
    Line (100, 1000)-(3000, 1000)
    DrawWidth = 8
    Line (100, 1500)-(3000,1500)
End Sub
```

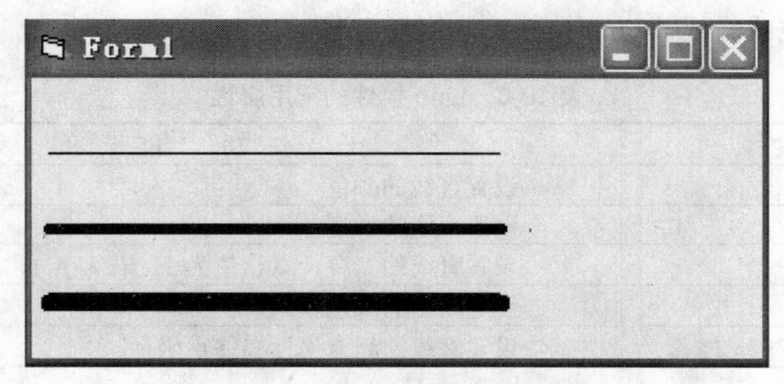

图 10-3　不同宽度的线条

2．DrawStyle 属性

DrawStyle 属性用于设置图形方法输出的线型，使用格式如下。

```
[Object.] DrawStyle [= number]
```

Number 为整型表达式，值的范围是 0～6，用来指定图形方法输出的线型，具体含义见表 10-5。

表 10-5　DrawStyle 属性值及含义

数　值	系 统 常 数	描　述
0	vbSolid	（默认）实线
1	vbDash	虚线
2	vbDot	点线
3	vbDashDot	点划线
4	vbDashDotDot	双点划线
5	vbInvisible	透明（不可见）
6	vbInsideSolid	内收实线

例如，下列语句将画一条一个像素宽的虚线。

```
DrawStyle = 1
DrawWidth = 1
Line (100, 1000)-(3000, 1000)
```

10.2　图形控件的使用

10.2.1　直线控件

直线控件是一种图形控件，又称为 Line 控件。它能够在窗体上画出简单的直线，可以是水平线、垂直线或斜线。Line 控件的常用属性见表 10-6。

表 10-6　Line 控件的常用属性

属　　性	功　　能
BorderColor	设置直线的颜色
BorderStyle	设置直线的类型
BorderWidth	设置直线的宽度，默认值为 1。若大于 1，只能画实线
DrawMode	设置绘图的颜色模式
（x1,y1）、（x2,y2）	设置直线的起点坐标和终点坐标

10.2.2　形状控件

形状控件（Shape）用来画矩形、正方形、椭圆、圆、圆角矩形及圆角正方形。Shape 控件预定义了 6 种形状，默认为正方形。通过设置 Shape 控件的 Shape 属性可以获得所需要的形状，见表 10-7。

表 10-7　Shape 属性

属 性 值	系 统 常 数	显 示 图 形
0	VbShapeRectangle	矩形
1	VbShapeSquare	正方形
2	VbShapeOval	椭圆
3	VbShapeCircle	圆
4	VbShapeRoundedRectangle	圆角矩形
5	VbShapeRoundedSquare	圆角正方形

形状控件的 BorderColor 属性用于设置形状的边框颜色，BorderWidth 属性用于设置边框宽度，FillStyle 属性用于设置填充样式，FillColor 属性用于设置形状的填充颜色。

【例 10-1】形状控件实例。在窗体上利用形状控件画一个矩形，名称为 **Shape1**；再添加两个命令按钮，名称分别为 **command1**、**command2**，标题分别为“绿色椭圆”，“红色圆”。其程序代码如下。

```
Private Sub Command1_Click()
   Shape1.Shape = 2                          'shape=2 为椭圆
   Shape1.BorderColor = vbGreen              '边框为绿色
End Sub
Private Sub Command2_Click()
   Shape1.BorderColor = vbRed                '边框颜色为红色
   Shape1.Shape = 3                          'shape=3 为圆
End Sub
```

10.2.3　图片框控件

图片框（PictureBox）主要用来显示图片，也可作为其他控件的容器。可以显示的图形文件格式：位图文件（*.bmp）、图标文件（*.ico）、光标（*.cur）、元文件（*.wmf）、增强的元文件（*.emf）、JPEG 文件（*.jpg）、GIF 文件（*.gif）。

1．在图片框中显示图片的方法

（1）在属性窗口中设置 Picture 属性。

（2）在代码中使用 LoadPicture()函数载入图片，格式如下。

```
图片框对象名.Picture=LoadPicture("图形文件名")
```

其中图形文件名是包括路径在内的图形文件名。

例如，下面的代码将在程序运行时向图片框 Picture1 中加载一幅图片。

```
Private Sub Form_Load()
   Picture1.Picture = LoadPicture("c:\windows\web\wallpaper\home.jpg")
End Sub
```

2．清除图片框中的图片的方法

（1）在属性窗口中直接删除 Picture 属性内容。

（2）在代码中使用 LoadPicture()函数清除图片，格式如下。

```
图片框对象名.Picture=LoadPicture("")
```

或

```
图片框对象名.Picture=LoadPicture( )
```

例如，语句 Picture1.Picture= LoadPicture( )将清除图片框 Picture1 中的图片。

3. 图片框自动缩放

修改 AutoSize 属性值为 True，则图片框自动调整大小以适应图片。如果设置为 False，则图片会自动裁剪以适应图片框的尺寸。

4. 在图片框中用 Print 方法输出数据

在图片框中可以用 Print 方法输出数据。

其语法格式如下：

```
图片框对象名.Print 表达式
```

例如，在图片框 Picture1 中输出“欢迎使用 VB”，可用下面的语句。

```
Private Sub Form_Click()
   Picture1.Print "欢迎使用 VB"
End Sub
```

5. 保存图片

对于加载到图片框或图像框的图片，可使用 SavePicture 命令将图片保存到磁盘上，其语法格式如下：

```
SavePicture   [对象名.]Picture|Image，文件名
```

说明：SavePicture 命令只支持 bmp 格式的文件。

例如，下列程序把图片框 Picture1 中的图片 home.jpg 保存在 C 盘根目录上，取名为 aa.bmp。

```
Private Sub Form_Load()
   Picture1.Picture = LoadPicture("c:\windows\web\wallpaper\home.jpg")
   SavePicture Picture1.Picture, ("c:\aa.bmp")
End Sub
```

10.2.4 图像框控件

图像框控件（Image）也可以用来显示图片，但不可以作为其他控件的容器，也不支持绘图方法和 Print 方法。

图像框与图片框的区别在于以下 4 个方面。

（1）图片框是容器控件，而图像框不能作为容器。

（2）图片框可以利用 Print 方法显示文本，图像框则不能。

（3）图像框比图片框占用内存少，显示速度快，故当两者都满足设计者的要求时，优先考虑图像框。

（4）图片框用 AutoSize 属性控制图片框的尺寸自动适应图片的大小，图像框用 Stretch 属性对图片进行大小调整。

【例 10-2】在窗体上添加一个图像框，名称为 **Image1**，编写适当的事件过程，使得在运行时若单击窗体，则装入 **C** 盘中文件名为 **aa.bmp** 的图片，若双击窗体，则图像框中的图片消失。

分析：装入图片的方法：Loadpicture("c:\aa.bmp");

清除图片的方法：Loadpicture("")或 Loadpicture();

在窗体上添加一个图像框，名称为 Image1，设置 Stretch 属性为 True，然后在代码窗口中编写如下代码。

```
Private Sub Form_Click()          '单击窗体
   Image1.Picture = LoadPicture("c:\aa.bmp")
End Sub

Private Sub Form_DblClick()       '双击窗体
   Image1.Picture = LoadPicture()
End Sub
```

10.3 常用绘图方法

使用绘图方法比用图形控件要灵活，绘图方法可以实现一些图形控件无法达到的视觉效果。用绘图方法创建图形必须运行应用程序时才能看到图形的效果。下面介绍常用的绘图方法。

10.3.1 Line 方法

使用 Line 方法可以画出直线或矩形。

其格式为：

```
[<对象名>.]Line  [Step] [(x1, y1)]-[Step](x2, y2) [,<颜色>][,B[F]]
```

说明：

<对象名>：要绘制直线或矩形的容器对象名称，如窗体、图片框等，默认为当前窗体。

（x1,y1）：可选项，起点坐标。如果省略，图形起始于由 CurrentX 和 CurrentY 指示的位置。

（x2,y2）：终点坐标。

Step：可选项，当在（x1,y1）前出现 Step 时，表示（x1,y1）是相对于由 CurrentX 和 CurrentY 指示的位置；当在（x2,y2）前出现时，表示（x2,y2）为相对于图形起点的终点坐标。

<颜色>：直线或矩形的颜色，如果省略，则使用 ForeColor 属性的值作为直线或矩形的颜色。

B：可选项，如果选择了 B，则以（x1,y1）、（x2,y2）为对角坐标画出矩形。

F：可选项，如果使用了 B 参数后再选择 F 参数，则规定矩形以矩形边框的颜色填充。如果只使用 B 参数不使用 F 参数，则矩形用当前容器对象的 FillColor 和 FillStyle 填充。FillStyle 的默认值为 1-Transparent（透明）。不能只选择 F 参数而不选择 B 参数。

画连续直线时，前一条直线的终点就是后一条直线的起点。线的宽度取决于 DrawWidth 属性值。执行 Line 方法后，当前坐标（CurrentX 和 CurrentY 属性）被设置在终点坐标（x2,y2）处。

例如：

```
Line(100,200)-(1000,2000),vbGreen
```

该句表示以（100,200）为起点，（1000,2000）为终点，画一条绿色的直线。

```
Line (1000, 1000)-(2000, 2000), vbBlue, B
```

该句表示图形是以（1000,1000）为起点、以（2000,2000）为终点的空心矩形，矩形的边框为蓝色。

```
Line (1000, 1000)-(2000, 2000), vbBlue, BF
```

该句表示图形是以（1000,1000）为起点、以（2000,2000）为终点的实心矩形，填充的颜色为蓝色。

```
Line (1000, 1000)-Step(2000, 0)
```

该句表示以（1000,1000）为起点，终点是向 X 轴正向走 2000，向 Y 轴正向走 0 的一条直线，等同于 Line （1000,1000）-（3000,1000）

【例 10-3】用 Line 方法画三角形、矩形、实心矩形，如图 10-4 所示。

分析：画三角形，前一条直线的终点就是后一条直线的起点，依次画完三条线就构成三角形。程序代码如下。

```
Private Sub Form_Click()
    Scale (0, 0)-(100, 100)       '自定义坐标系,左上角(0,0),右下角(100,100)
    DrawWidth = 2
    '画三角形
    Line (10, 30)-(10, 80), vbRed
    Line -(40, 80), vbGreen       '等同 line(10,80)-(40,80)
    Line -(10, 30), vbBlue        '等同 line(40,80)-(10,30)
    '画矩形
    CurrentX = 40:  CurrentY = 30
    Line -(60, 80), vbRed, B
    '画实心矩形
    CurrentX = 70:  CurrentY = 30
    Line -Step(20, 50), vbBlue, BF
End Sub
```

运行程序，单击窗体，结果如图 10-4 所示。

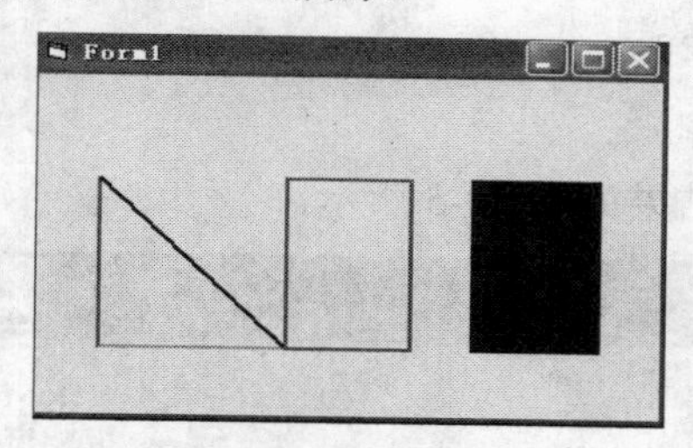

图 10-4　例 10-3 程序运行结果

10.3.2　Circle 方法

使用 Circle 方法可以画出圆、圆弧、扇形或椭圆。

其语法格式如下：

```
[<对象名>.]Circle [step] (x, y), <半径>,[<颜色>],[<起始角>],[<终止角>],[<纵横比>]
```

说明：

<对象名>：可选项，要绘制图形的容器对象名称，如窗体、图片框等，默认为当前窗体。

Step：可选项，带此参数时，点（x,y）是相对于当前位置（由 CurrentX 和 CurrentY 属性决定）的坐标点，否则为绝对坐标。

（x,y）：圆、椭圆、弧或扇形的圆心坐标。

<半径>：圆、椭圆、弧或扇形的半径。若为椭圆，则为最长轴的尺寸。

<颜色>：可选项，圆、椭圆、弧或扇形的边框颜色值。如果省略，则图形边框使用容器对象的 ForeColor 属性值。

<起始角>：可选项，指定弧的起点位置（以弧度为单位），取值范围从-2π～2π;

<终止角>：可选项，指定弧的终点位置（以弧度为单位）。取值范围从-2π～2π，默认为 2π。弧的画法是从起点逆时针画到终点。

<纵横比>：可选项，圆的纵轴和横轴的尺寸比。默认值为 1，表示画一个标准圆。当纵横比大于 1 时，椭圆的纵轴比横轴长；当纵横比小于 1 时，椭圆的纵轴比横轴短。

除圆心坐标和半径外，其他参数均可省略，但若省略的是中间参数，则逗号必须保留。

执行 Circle 方法后，当前位置（CurrentX 和 CurrentY 属性）的值被设置成圆心的坐标值。

【例 10-4】用 Circle 方法画圆、椭圆、扇形、圆弧。

其实现代码如下。

```
Private Sub Form_Click()
    Scale (0, 0)-(100, 100)                    '自定义坐标系
    Const pi = 3.1415926
    Circle (25, 50), 20                        '画标准圆
    Circle (25, 50), 20, vbRed, , , 2          '画红色椭圆，纵横比 2
```

```
    Circle (75, 50), 20, , -0.25 * pi, -0.75 * pi   '画扇形
    Circle (75, 50), 20, , 1.25 * pi, 1.75 * pi     '画圆弧
End Sub
```

运行程序，单击窗体，结果如图 10-5 所示。

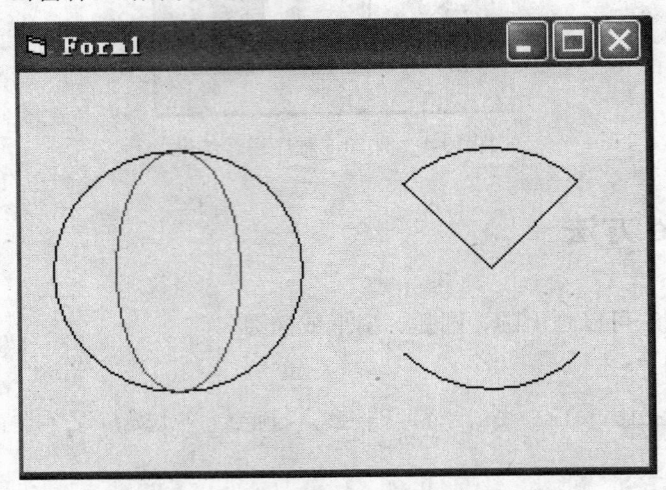

图 10-5　例 10-4 程序运行结果

10.3.3　Pset 方法

用 Pset 方法可在指定的位置用指定的颜色画一个点，利用 Pset 可画任意曲线。其语法格式为：

```
[<对象名>.]PSet [Step] (x, y),[ <颜色>]
```

其中，<对象名>为要绘制点的容器对象名称，如窗体、图片框等，默认为当前窗体。

（x,y）：欲绘制点的坐标，可以是任何数值表达式。

<颜色>：点的颜色，若省略则采用对象的前景色（ForeColor）。

Step：可选项，带此参数时，表明所画的点（x,y）是相对坐标（相对于当前坐标点 CurrentX，CurrentY），没有该参数，点（x,y）为绝对坐标。

Pset 方法绘制的点的大小受其容器对象的 DrawWidth 属性的影响。

【例 10-5】用 Pset 方法绘制以下参数方程决定的曲线。

$$x=\sin 2t\cos t \qquad 0\leqslant t\leqslant 2\pi$$

$$y=\sin 2t\sin t \qquad 0\leqslant t\leqslant 2\pi$$

分析：x、y 的值均在-1～1 之间，所以自定义坐标系将窗体的左上角的坐标设为（-1,1），右下角的坐标为（1,-1），即：scale（-1,1）-（1,-1）。程序代码如下。

```
Private Sub Form_click()
    Dim t, x, y As Single
```

```
    Scale (-1, 1)-(1, -1)
    For t = 0 To 2 * 3.1415926 Step 0.001
        x = Sin(2 * t) * Cos(t)
        y = Sin(2 * t) * Sin(t)
        Pset (x, y), RGB(255, 0, 0)
    Next
End Sub
```

运行程序，单击窗体，结果如图10-6所示。

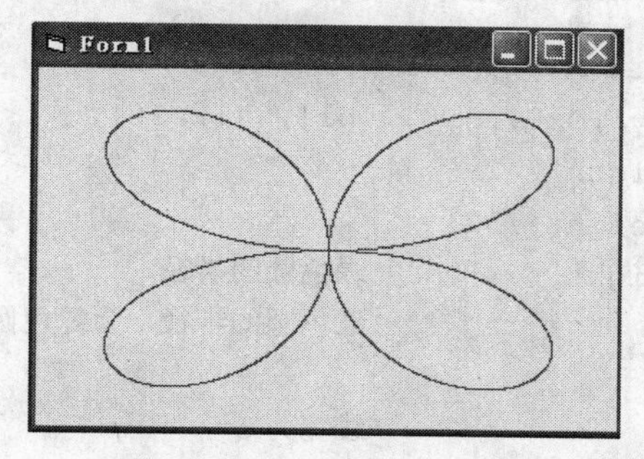

图10-6 例10-5程序运行结果

10.3.4 Point 方法

Point 方法可以取点（x,y）处的颜色值，语法格式如下。

```
变量名=[对象名.]Point(x,y)
```

例如：

```
PSet (200, 400), vbGreen
Label1.ForeColor = Point(200, 400)
```

Label1的字体颜色将取点（200,400）处的颜色值，即绿色。

10.3.5 Cls 方法

Cls 方法用于清除对象中生成的图形和文本，将光标复位，即移到原点。其语法格式为：

```
[<对象名>.]Cls
```

说明：Cls 方法只清除运行时在窗体或图形框中显示的文本或图形，不清除窗体在设计时的文本和图形。

例如，Forml.Cls 可清除窗体中的图形和文本。

10.4　绘图应用举例

【例 10-6】用 **Circle** 方法在窗体上绘制由圆环构成的艺术图案，如图 **10-7** 所示。

分析：要绘制出该艺术图案，其方法为，先等分半径为 r 的圆周为 n 份，然后以等分点为圆心、半径 r1 绘制 n 个圆。代码如下所示。

```
Private Sub Form_Click()
  Dim r!, r1!, x!, y!, x0!, y0!, pi!, j1, st1, i!
  x0 = Form1.ScaleWidth / 2
  y0 = Form1.ScaleHeight / 2
  r = Form1.ScaleHeight / 4          '绿色圆的半径
  r1 = r * 0.7                       '红色圆的半径，为绿色圆半径的 70%
  pi = 3.1415926
  DrawWidth = 3                      '线宽为 3
   Circle (x0, y0), r, vbGreen       '添加半径为 r 的绿色圆
   st = pi / 10                      '等分圆周为 20 份
   For i = 0 To 2 * pi Step st       '循环绘制圆
       x = r * Cos(i) + x0
       y = r * Sin(i) + y0
       Circle (x, y), r1, vbRed      '添加半径为 r1 的红色圆
       For j = 1 To 8000000          '延时
         j = j + 1
       Next j
   Next i
End Sub
```

运行程序，单击窗体，结果如图 10-7 所示。

图 10-7　例 10-6 由圆环构成的艺术图案

【例 10-7】利用直线和形状控件模拟两个小球相撞过程。程序运行白球和黑球分别向右和左运动，当两球相撞后，分别向相反方向运动，如图 **10-8** 所示。

分析：在窗体上用直线控件画一条直线 Line1，在直线左端用形状控件画一个圆 Shape1（设置其 Shape 属性为 3）、在直线右端用形状控件画一个圆 Shape2（设置其 Shape 属性为 3）、在窗体上添加时钟控件 timer1 和 timer2。Line1 的 BorderWidth 属性设置为 2，Shape1 的 FillColor 和 BorderColor 属性设置为黑色，Shape1 的 FillColor 和 BorderColor 属性设置为白色，timer1 和 timer2 的 Interval 属性设置为 150。小球向左或向右运动通过改变 Left 的值实现，每隔 150 毫秒就触发定时器改变 Left 的值，从而看到小球运动的效果。其程序代码如下。

```
'两个小球相向而行
Private Sub Timer1_Timer()
If Shape1.Left > Shape2.Left + Shape2.Width + 400 Then
   Shape1.Left = Shape1.Left - 200
   Shape2.Left = Shape2.Left + 200
Else
   Timer2.Enabled = True
   Timer1.Enabled = False
End If
End Sub
'两个小球背向而行
Private Sub Timer2_Timer()
   Shape1.Left = Shape1.Left + 200
   Shape2.Left = Shape2.Left - 200
End Sub
```

运行程序，单击窗体，结果如图 10-8 所示。

图 10-8　例 10-7 程序运行结果

本 章 小 结

本章主要介绍了 Visual Basic 的坐标系的使用，包括默认坐标系统和用户自定义坐标系统，介绍了设置颜色的 4 种方法，绘制图形可以使用图形控件和绘图方法，重点介绍了绘制基本图形的控件 Line 控件、Shape 控件、PictureBox 控件和 Image 控件，以及绘制基本图形的方法 Line 方法、Circle 方法、Pset 方法和 Point 方法。

习　题

一、选择题

1．VB 默认坐标原点（0,0）在容器的（　　）。

A．左上角　　B．中心　　C．右下角　　D．右上角

2．可通过（　　）属性改变坐标系的度量单位。

A．ScaleLeft　　B．ScaleMode　　C．ScaleWidth　　D．ScaleTop

3．下面的属性和方法中（　　）可重定义坐标系。

A．DrawStyle 属性　　B．DrawWidth 属性

C．Scale 方法　　D．ScaleMode 属性

4．若 Form1.ScaleLeft=-200，Form1.ScaleTop=500，Form1.ScaleWidth=700 Form1.ScaleHeight=-800，则 X 轴的正向和 Y 轴的正向分别向（　　）。

A．右，下　　B．右，上　　C．左，下　　D．左，上

5．第 4 题中窗体右下角的坐标为（　　）。

A．（500,-300）　　B．（200,500）

C．（700,-800）　　D．（-500,300）

6．若要改变坐标系的度量单位，应通过（　　）修改。

A．Scale 方法　　B．ScaleWidth 属性

C．DrawWidth 属性　　D．ScaleMode 属性

7．代码“form1.line -（100, 200）”将绘制出（　　）。

A．从坐标（0,0）至坐标（100,200）的一条线段

B．从窗体 form1 的中心坐标点至坐标（100,200）的一条线段

C．从坐标（CurrenetX，CurrentY）至坐标（100,200）的一条线段

D．产生语法错误提示

8．代码“Form1.Cls”将不能清除（　　）。

A．窗体上由 Print 方法产生的文字

B．窗体上由 Line、Circle、Pset 方法绘制的图形

C．窗体上由图形控件构成的图形

D．窗体上由 PaintPicture 方法复制的图形

9．设置 Shape 控件的（　　）属性可以改变图形的形状。

A．Shape　　B．FillStyle　　C．DrawStyle　　D．BorderStyle

10．若要使窗体在被其他窗体覆盖后，再次显现时，能重新绘制窗体上的所有图形，应该设置（　　）属性为 True。

A．WidowState　　B．AutoRedraw　　C．DrawMode　　D．DrawStyle

11．执行下列语句

```
CurrentX = 300:CurrentY = 300
Line Step(100, 100) - Step(200,150)
```

绘制的线段的起点坐标为（　　），终点坐标为（　　）。

A．（400, 400）　　B．（300, 300）　　C．（600, 550）　　D．（300, 250）

12．在窗体中利用 Print 方法输出文本信息时，信息的输出位置由（　　）属性设置。

A．Left　　B．Top　　C．x，y　　D. CurrentX，CurrentY

二、填空题

1．可以调整图片框的大小以适合图片的属性是________。

2．如果在图片框上使用绘图方法绘制一个实心圆，则图片框的________属性决定了该圆的颜色。

3．为了能自动缩放图像框中的图形以与图像框的大小相适应，必须把该图像框的 Stretch 属性设置为________。

4．要在程序运行期间把 d:\pic 文件夹下名为 pic2.gif 的图形文件装入一个图片框，应执行的语句是________。

5．在窗体上添加一个文本框和一个图片框，然后编写如下两个事件过程。

```
Private Sub Form_Click()
  Text1.Text = "程序设计"
End Sub
Private Sub Text1_Change()
  Picture1.Print "计算机考试"
End Sub
```

程序运行后，单击窗体，则在文本框中显示的内容是________，而在图片框中显示的内容是________。

6．假定在图片框 Picture1 中装入了一个图形，为了清除该图形（不删除图片框），应采用的正确方法是________。

上 机 实 验

1．编写程序，在图片框中用 Pset 方法随机地产生若干个彩色的点。窗体上有 3 个命令按钮“画点”、“清除”和“退出”，如图 10-9 所示。

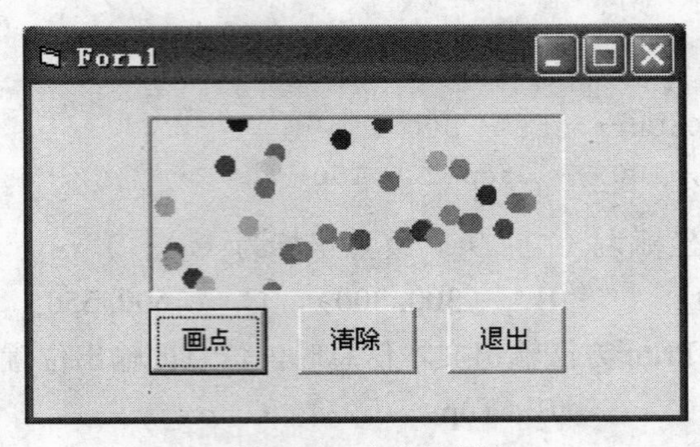

图 10-9　命令按钮

其程序代码如下，请在下划线处填空完善程序，然后运行程序。

```
Private Sub Command1_Click()
   Picture1.DrawWidth = 10
   For i = 1 To 100
       r = Int(256 * Rnd)
       g = Int(256 * Rnd)
       b = Int(256 * Rnd)
       x = Rnd * Width
       y = Rnd * Height
       ________   '画点
    Next i
End Sub
Private Sub Command2_Click()   '清除
    ________
End Sub
Private Sub Command3_Click()   '退出
    ________
End Sub
```

2．编写程序，使用 Line 方法在图片框中绘制坐标系及-2π～2π 之间的正弦曲线（y=sinx），如图 10-10 所示。

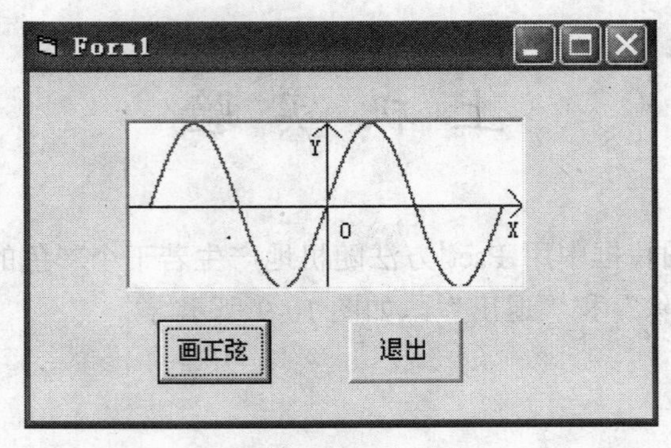

图 10-10　正弦曲线

其程序代码如下，请在下划线处填空完善程序，然后运行程序。

```
Private Sub Command1_Click()
  Const PI = 3.14159
  Dim a As Double
  Picture1.Cls
  Picture1.BackColor = vbWhite                          '设置图形框的背景颜色为白色
  Picture1.ScaleMode = 3
  Picture1.Scale (-7, 3)-(7, -3)                        '自定义坐标系
  Picture1.DrawWidth = 1
  Picture1.Line (-7, 0)-(7, 0), vbBlue                  '绘制 X-轴
  Picture1.Line (6.5, 0.5)-(7, 0), vbBlue               '绘制 X-轴的箭头
  Picture1.Line -(6.5, -0.5), vbBlue
  Picture1.ForeColor = vbBlue
  Picture1.Print "X"
  Picture1.Line (0, 7)-(0, -7), vbBlue                  '绘制 Y-轴
  Picture1.Line (0.5, 2.5)-(0, 3), vbBlue               '绘制 Y-轴的箭头
  Picture1.Line -(-0.5, 2.5), vbBlue
  Picture1.ForeColor = vbBlue
  Picture1.Print "Y"
  Picture1.CurrentX = 0.5                               '设置原点字母的输出位置
  Picture1.CurrentY = -0.5
  Picture1.Print "0"
  For a = ________ To ________ Step PI / 6000           '开始绘制正弦曲线
      ________
  Next a
End Sub
```

3．在窗体上添加一个图像框，装入一幅图片，创建一个测试图像框特性的应用程序：单击窗体上的“放大”、“缩小”按钮，能使图像框中的图形放大或缩小，放大和缩小的倍数在程序中设置。输出结果如图 10-11 所示。

图 10-11　程序运行结果

4．在窗体上添加一个图片框和一个文本框，文本框用于输入字符串，如输入的字符串为回文，则图片框上显示该字符串为“是回文”，否则显示为“不是回文”。所谓回文是字符串顺读和倒读都相同，程序界面如图 10-12 所示。

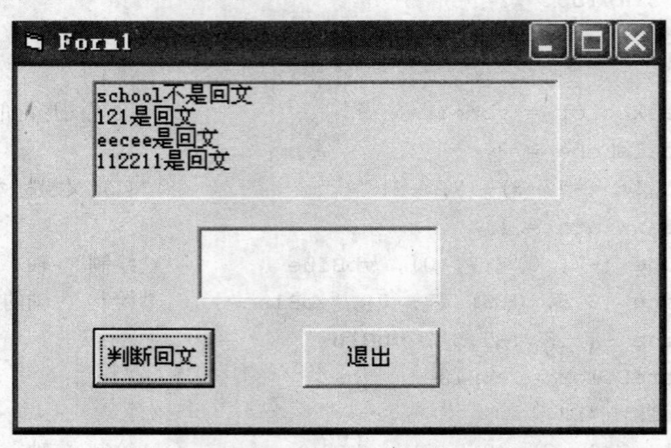

图 10-12　程序界面

第11章 文件操作

11.1 文件概述

文件是存储在外部介质（如硬盘）上的相关数据集合。计算机处理的大量数据都是以文件的形式存放在外部介质上的，操作系统也是以文件为单位管理数据的。要想访问外部介质上的数据，必须先按文件名找到指定的文件，然后再从该文件中读取数据。要想把数据存储到外部介质上，也必须先建立一个文件（以文件名标识），才能向外部介质上输出数据。

VB 的文件由记录组成，记录由字段组成，字段由字符组成。记录是计算机处理数据的基本单位，它是由一组相互关联的数据项组成的。例如，在学生基本信息表中，每个学生构成一条记录，有 50 个学生就有 50 条记录；每个学生的学号、姓名、性别、出生日期等数据项称为字段。

按文件的存取方式不同，可将文件分为顺序文件、随机文件、二进制文件。

1．顺序文件

顺序文件（Sequential File）是普通的文本文件。其存取方式是由文件的开头到结尾顺序进行，如果要读出第 100 个数据项，必须从头读起，逐条查找，读完第 99 个，才能读出第 100 个数据。因此，顺序文件的存取效率比较低，适用于存储少量数据且访问速度要求不太高的情况。顺序文件一行一条记录，记录可长可短，以“换行”字符为分隔符号。

2．随机文件

随机文件（Random Access File）是可以按任意次序读写的文件，其中每个记录的长度必须相同。在这种文件结构中，每个记录都有其唯一的一个记录号，所以在读取数据时，只要知道记录号，就可以直接读取记录而不必每次存取都从文件头开始。记录是随机文件的存取单位。

3．二进制文件

二进制文件（Binary File）是字节的集合，它直接把二进制码存放在文件中。二进制文件类似于随机文件，只不过对文件的存取不是以记录为单位，而是以字节为单位。

VB 中对文件进行操作的步骤是：打开文件→读取或写入文件→关闭文件。

11.2 文件控件

VB 提供了驱动器列表框（DriveListBox）、目录列表框（DirListBox）和文件列表框

（FileListBox）3 个特殊的控件，将它们组合起来使用，可以创建与文件操作有关的界面。

11.2.1 驱动器列表框

驱动器列表框（DriveListBox）是一种下拉式列表框，能够显示系统中所有的磁盘驱动器，如图 11-1 所示。其默认控件名是 Drive1。

图 11-1 驱动器列表框

1. 常用属性

（1）Name：名称属性，默认值为 Drive1。

（2）Drive：用于返回或设置驱动器的名称，默认为当前驱动器。其语法格式为：

```
对象.Drive[=<驱动器名>]
```

说明：

Drive 属性只能在程序运行时设置。

例如，要将 Drive1 列表框中选择的驱动器设置为 D 盘，可用下面语句来实现。

```
Drive1.Drive ="D: "
```

2. 常用事件

程序运行后，从列表框中选择一个新驱动器或通过代码改变 Drive 属性的设置时，会触发驱动器列表框的 Change 事件。

例如，将在驱动器列表框中选择的驱动器设置为当前驱动器，可在该事件中编写如下代码。

```
Private Sub Drive1_Change()
   ChDrive Drive1.Drive
End Sub
```

11.2.2 目录列表框

目录列表框（DirListBox）用来显示当前驱动器目录的层次结构，供用户选择其中一个目录作为当前目录。其默认控件名是 Dir1。

1. 常用属性

（1）Name：名称属性，默认值为 Dir1。

（2）Path：用于返回或设置当前目录，必须通过程序代码设置其属性值。其语法格式为：

```
对象.Path [=<路径名>]
```

例如，设置当前目录为 C:\Windows，可用下面语句来实现。

```
Dir1.Path ="C:\Windows"
```

2. 常用事件

当用户双击目录列表框中的目录项，或通过赋值语句改变了目录列表框的 Path 属性时，都会触发 Change 事件。

要实现驱动器列表框和目录列表框的同步变化，即改变驱动器时目录列表也同时改变（如图 11-2 所示），须在驱动器列表框的 Change 事件中执行下列语句。

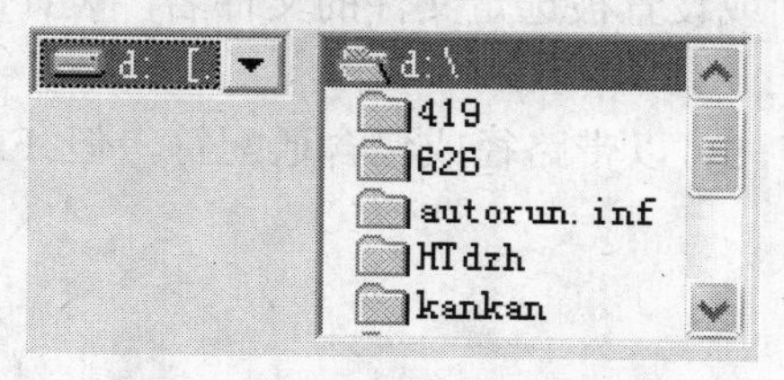

图 11-2 驱动器和目录同步

```
<目录列表框>.path=<驱动器列表框>.drive
```

例如：

```
Private Sub Drive1_change()
   Dir1.path=Drive1.drive
End Sub
```

11.2.3 文件列表框

文件列表框（FileListBox）是一个带滚动条的列表框，用来显示特定目录下的文件，其默认控件名是 File1。

要实现文件列表框与目录列表框同步更新，即改变目录时文件名列表也同时改变（如图 11-3 所示），须在目录列表框的 Change 事件中执行下列语句。

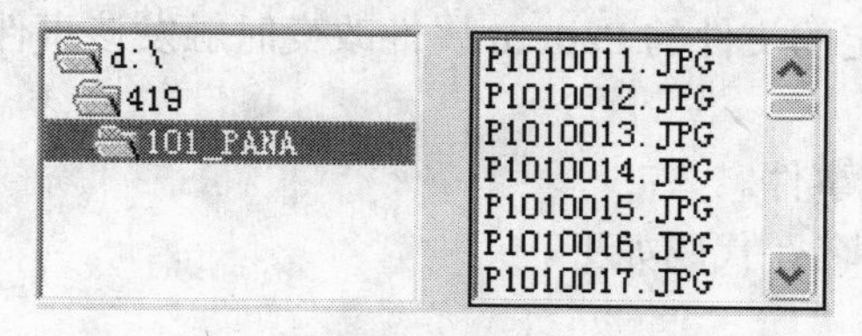

图 11-3 目录和文件同步

```
<文件列表框>.path=<目录列表框>.path
```

例如：

```
Private Sub dir1_change()
    file1.path=dir1.path
End Sub
```

1. 常用属性

（1）Path 属性

Path 属性用于返回和设置文件列表框当前目录，该属性只能在运行阶段设置。

说明：

当 Path 值改变时，将触发一个 PathChange 事件。

（2）FileName 属性

FileName 属性用于返回或设置被选定文件的文件名，设计时不可用。

说明：

若是给 FileName 赋值，可以带路径或包含通配符，但 FileName 返回值是不包含路径的。

例如：

```
File1.FileName="d:\vb\*.frm"
```

（3）Pattern 属性

Pattern 属性用于返回或设置文件列表框所显示的文件类型。可在设计状态下设置或在程序运行时设置。默认为显示所有文件。其语法格式为：

```
文件列表框对象.Pattern [=文件类型]
```

例如：

```
File1.Pattern="*.txt"              '只显示所有文本文件
File1.Pattern="*.*"                '显示所有文件
File1.Pattern="*.txt ; *.frm"      '用分号分隔多种文件类型
```

2. 常用事件

（1）PathChange 事件

当路径被代码中 FileName 或 Path 属性的设置所改变时，此事件发生。

（2）PatternChange 事件

当 FileName 属性指定的文件的 Pattern 属性改变时触发该事件。

（3）Click 事件

单击文件名时触发该事件。

例如：单击输出文件名，代码如下。

```
Private Sub File1_Click()
```

```
    MsgBox File1.FileName
End Sub
```

（4）DblClick 事件

双击文件名时触发该事件。

【例 11-1】在窗体上分别添加一个驱动器列表框、一个目录列表框、文件列表框和一个图像框，当改变驱动器和目录时，文件列表框中显示该目录下的 JPG 文件，单击某个 JPG 文件则在图像框显示该图像。

操作步骤如下：

在窗体上分别添加一个驱动器列表框、一个目录列表框、一个文件列表框和一个图像框，设置图像框的 Stretch 属性为 True。在代码窗口中输入如下代码：

```
Private Sub Drive1_Change()
    Dir1.Path = Drive1.Drive  '目录列表框与驱动器列表框同步更新
End Sub
Private Sub Dir1_Change()
    File1.Path = Dir1.Path  '文件列表框与目录列表框同步更新
    File1.Pattern = "*.jpg"  '过滤文件
End Sub
Private Sub File1_Click()
    Dim name As String
    If Right(File1.Path, 1) <> "\" Then
        name = File1.Path & "\" & File1.FileName  '获取图像文件全名
    Else
        name = File1.Path & File1.FileName  '获取图像文件全名
    End If
    Image1.Picture = LoadPicture(name)  '显示图像
End Sub
```

程序运行结果如图 11-4 所示。

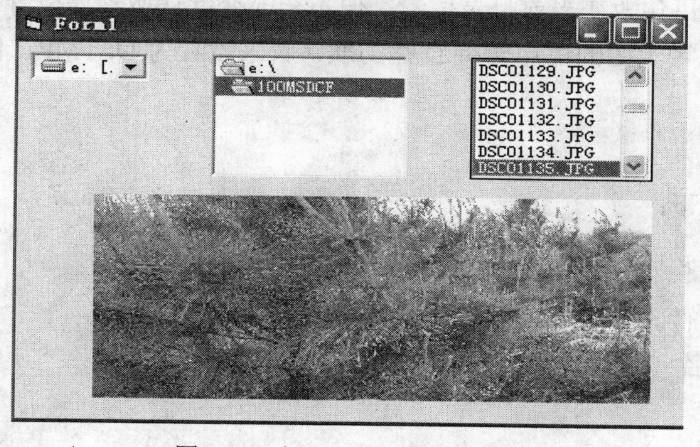

图 11-4 例 11-1 程序运行结果

11.3　文件操作语句和函数

11.3.1　文件操作语句

1. ChDrive 语句

其语法格式如下：

```
ChDrive  <驱动器>
```

功能：改变当前驱动器。

说明：如果<驱动器>为""，则当前驱动器将不会改变；如果<驱动器>中有多个字符，则 ChDrive 只会使用首字母。

例如：

```
ChDrive "D"
ChDrive "D:\"
ChDrive "Da"
```

上述 3 条语句都是将当前驱动器设为 D 盘。

2. ChDir 语句

其语法格式如下：

```
ChDir  <路径名>
```

功能：改变当前目录。

例如：

```
ChDir "D:\TMP"
```

说明：ChDir 语句改变当前目录位置，但不会改变默认驱动器位置。例如，如果默认的驱动器是 C 盘，则上面的语句会将 D 盘的默认目录设置为 D:\TMP，但 C 仍然是当前默认的驱动器。

3. Kill 语句

其语法格式如下：

```
Kill  <文件名>
```

功能：删除文件。

说明：<文件名>中可以使用通配符“*”和“?”。

例如：

```
Kill  "D:\User\*.jpg "   '删除 D:\User 文件夹中所有的.jpg 文件
```

4. MkDir 语句

其语法格式如下：

```
MkDir  <路径名>
```

功能：创建一个新的目录。

例如：

```
MkDir "D:\User\Doc"    '在D:\User文件夹中建立子文件夹Doc
```

5. RmDir 语句

其语法格式如下：

```
RmDir  <路径名>
```

功能：删除一个空的目录。

说明：只能删除空目录。

例如：

```
RmDir "D:\User\Doc"    '删除D:\User\Doc文件夹
```

注意：RmDir 只能删除空子目录；如果使用 RmDir 删除一个含有文件的目录或文件夹，则会发生错误。

6. FileCopy 语句

其语法格式如下：

```
FileCopy  <源文件名>,<目标文件名>
```

功能：复制一个文件。

例如：

```
FileCopy  "D:\User\ab.txt,"C:\ab.txt"    '将D:\User\ab.txt复制到C盘根目录下
```

说明：FileCopy 语句不能复制一个已打开的文件。

7. Name 语句

其语法格式如下：

```
Name <原文件名> As <新文件名>
```

功能：重新命名一个文件或目录。

例如：

```
Name "D:\User\Test.doc" As "C:\MyTest.doc"  '将D:\User文件夹中的文件Test.doc
                                             移动到C:\下,并重命名为MyTest.doc
```

说明：

（1）Name 具有移动文件的功能。

（2）不能使用统配符“*”和“?”，不能对一个已打开的文件使用 Name 语句。

11.3.2 文件操作函数

1．获得当前目录函数

其语法格式如下：

```
CurDir[<驱动器>]
```

功能：利用 CurDir 函数可以确定指定驱动器的当前目录。

说明：可选的<驱动器>参数是一个字符串表达式，用于指定一个已存在的驱动器。如果没有指定驱动器或<驱动器>是零长度字符串("")，则 CurDir 会返回当前驱动器的路径。

例如：

```
Str=CurDir("C: ")      '获得 C 盘当前目录路径，并赋值给变量 Str
```

2．FileDateTime 函数

其语法格式如下：

```
FileDateTime(<文件名>)
```

功能：获得文件的日期和时间。

3．FileLen 函数

其语法格式如下：

```
FileLen (<文件名>)
```

功能：返回一个未打开文件的大小，类型为 Long，单位是字节。文件名可以包含驱动器和目录。

4．EOF 函数

其语法格式如下：

```
EOF (<文件号>)
```

功能：用于判断读取的位置是否已到达文件尾。当读到文件尾时，返回 True，否则返回 False。对于顺序文件，用 EOF 函数测试是否到达文件尾；对于随机文件和二进制文件，如果读不到最后一个记录的全部数据，返回 True，否则返回 False；对于以 Output 方式打开的文件，EOF 函数总是返回 True。

5．LOC 函数

其语法格式如下：

```
LOC (<文件号>)
```

功能：返回文件当前读/写的位置，类型为 Long。对于随机文件，返回最近读/写的记

录号；对于二进制文件，返回最近读/写的字节位置；对于顺序文件，返回文件中当前字节位置除以 128 的值。对于顺序文件而言，LOC 的返回值无实际意义。

6．LOF 函数

其语法格式如下：

```
LOF (<文件号>)
```

功能：返回一个已打开文件的大小，类型为 Long，单位是字节。

7．Seek 函数

其语法格式如下：

```
Seek (<文件号>)
```

功能：返回文件指针的当前位置。对于随机文件，Seek 返回文件指针指向的将要读出或写入的记录号；对于二进制文件和顺序文件，Seek 返回将要读出或写入的字节位置。

8．Shell 函数和 Shell 过程

在 VB 中，可以调用在 DOS 下或 Windows 下运行的应用程序。

（1）函数调用格式

```
ID=Shell( <文件名> [,窗口类型] )
```

功能：该函数的功能是执行一个可执行文件，并且返回一个数值，该数值就是正在运行的可执行文件的进程号（每一个运行的程序系统都分配一个进程号）。

（2）过程调用格式

```
Shell  <文件名> [,窗口类型]
```

说明：

<文件名>：要执行的应用程序名，包括盘符、路径。它必须是可执行的文件。

窗口类型：整型值，取值范围为 0～6，表示执行应用程序打开的窗口类型。

例如，在 VB 中执行 Windows 系统中的“记事本”，可用下面的语句来实现。

```
i = Shell("C:\Wimdows\System32\Notepad.exe")
```

也可按过程的格式来调用。

```
Shell "C:\Wimdows\System32\Notepad.exe "
```

注意：上面指定的执行文件，可能因不同计算机 Windows 系统的安装路径不同，导致“记事本”文件路径有所不同。

11.4　顺序文件的访问

在 Visual Basic 中处理文件可分为 3 个步骤：打开或建立文件；对文件进行读、写操作；

关闭文件。

11.4.1　顺序文件的打开

打开顺序文件的语法格式如下：

```
Open 文件名 [For 模式] As [#]文件号 [Len=记录长度]
```

各参数的含义如下：

（1）模式

Input：对文件进行读操作。如果文件不存在，则会出错。

Output：把数据写到文件中。如果文件不存在，则创建新文件；如果文件已存在，则覆盖文件中原有的内容。

Append：把数据追加到文件的末尾，不覆盖文件原来的内容。如果文件不存在，则创建新文件。

（2）文件号

文件号为 1～511 之间的整数。“#”可以省略。VB 要求文件号是唯一的。打开文件之后，对文件的操作均要通过文件号进行。一个被占用的文件号不能再用于打开其他的文件，可以用 FreeFile 函数获得下一个可利用的文件号。文件号不要求连续使用，也不要求第一个打开的文件一定为 1。

（3）记录长度

记录长度为 1～32767 之间的整数（单位为字节），用于指定在内存中存放文件的数据缓冲区的大小，目的在于改善 I/O 的速度。默认为 512 字节。对于随机文件，该值就是记录长度；对于顺序文件，该值就是缓冲字符数。

例如，打开 C:\VB\STU.DAT，以供写入数据，指定文件号为#1，语句如下。

```
OPEN "C:\VB\STU.DAT " FOR OUTPUT AS #1
```

11.4.2　顺序文件的关闭

顺序文件不再使用时应将其关闭，以释放占用的系统资源；否则有可能丢失数据。

关闭顺序文件的语法格式如下：

```
Close [[#]文件号][, [#]文件号]...
```

其中，文件号为可选参数，是指文件号列表，如“#1, #2, #3”；如果省略，则将关闭 Open 语句打开的所有活动文件。

例如：

```
Close #1,#2,#3         '关闭#1, #2, #3 文件
      Close            '关闭所有打开的文件
```

11.4.3　顺序文件的读操作

把文件中的数据传输到内存中的程序变量的操作叫做读操作(或称为输入)。先用 Input 方式打开顺序文件，然后采用 Input、Line Input 语句或 Input()函数从文件中读出数据。通常，Input 用来读出 Write 写入的记录内容，而 Line Input 用来读出 Print 写入的记录内容。

1．Input 语句

其语法格式如下：

```
Input #文件号，变量名表
```

功能：从指定文件中读出一条记录。变量个数和类型应该与要读取的记录所存储的数据一致。

打开文件时，文件指针指向文件中的第 1 条记录，以后每读取一条记录，指针就向前推进一次。如果要重新从文件的开头读数据，则先关闭文件后再打开。

注意：为了能用 Input 语句正确地将文件中的数据读出来，应当在写文件时使用 Write 语句而不用 Print 语句；或者在使用 Print 语句时，在各量之间插入逗号分隔。

例如，如果顺序文件 stu.txt 的内容如下。

```
"zhang","wang","ye"
78,92,65
```

输入下面的代码：

```
Dim x$, y$, z$, a%, b%, c%
Open "D:\stu.txt" For Input As #1
Input #1, x, y, z                '读第一行数据
Input #1, a, b, c                '读第二行数据
Print x, y, z
Print a, b, c
Print a + b + c
Close #1
```

执行上述程序，在窗体上显示的内容如下。

```
zhang         wang          ye
78            92            65
244
```

2．Line Input 语句

Line Input 语句是从打开的顺序文件中读取一行，并赋给变量（只能是变体或字符串类型）。

其语法格式如下：

```
Line Input #文件号，变量
```

例如，如果顺序文件 stu.txt 的内容如下。

```
"zhang", "wang", "ye"
78，92，65
```

用 Line Input 语句将数据读出并将其显示在文本框中，输入下面的代码。

```
Private Sub Command1_Click()
    Dim a$, b$
    Open "D:\stu.txt" For Input As #2
    Line Input #2, a
    Line Input #2, b
    Text1.Text = a & b
  End Sub
```

执行以上程序，文本框中显示的内容如下。

```
"zhang", "wang", "ye"78, 92, 65
```

3. Input 函数

其语法格式如下：

```
Input (读取字符数, #文件号)
```

例如：

```
Dim sa as string
sa =input(1,#1)   '将 1 号文件的 1 个字符读到变量 sa 中
```

11.4.4　顺序文件的写操作

把计算机内存中的数据传输到相关联的外部设备并以文件的形式存放的操作称为写操作（或称为输出）。VB 中向文件写入内容使用 Print 语句或 Write 语句。

1. Print 语句

其语法格式如下：

```
Print #文件号 [, 输出列表]
```

说明：输出列表中是用逗号或分号分隔的表达式，一条 Print 语句在文件中写入一行数据。

Print 语句执行后，并不是立即把缓冲区中的内容写入磁盘，只有在关闭文件、缓冲区已满或缓冲区未满，但执行了下一条 Print 语句时，才将缓冲区的内容写入磁盘。

例如，输入下面的代码。

```
Open "D:\stu.txt" For Output As #1
Print #1, "zhang", "wang", "ye"
Print #1, 78, 92, 65
Close #1
```

执行上述程序后，在D:\建立stu.txt文件，写入到stu.txt文件中的数据如下。

```
zhang         wang          ye
78            92            65
```

实际应用中，常把文本框的内容以文件的形式保存在磁盘上，下面程序可以把文本框的内容一次性写入到文件stu.txt中。

```
Open "D:\stu.txt" For Output As #1
Print #1, Text1.text
Close #1
```

若要把文本框的内容一个字符一个字符地写入文件，可执行下面的代码。

```
Open "D:\stu.txt" For Output As #1
For i=1 To len(Text1.text)
   Print #1,Mid(Text1.text,i,1);
Next i
Close #1
```

2. Write语句

用Write语句向文件中写入数据时，与Print语句不同的是，Write语句能自动在各数据项之间插入逗号，并给各字符串加上双引号。

其语法格式如下：

```
Write #文件号 [,输出表列]
```

例如，输入下面的代码。

```
Open "d:\stu.txt" For Output As #1
Write #1, "zhang", " wang"," ye "
Write #1, 78, 92, 65
Close #1
```

执行上述程序后，写入到文件中的数据如下。

```
"zhang","wang","li"
78,99,67
```

若改用Print语句，则写入结果如下。

```
zhang         wang          ye
78            92            65
```

【例 11-2】Print 与 Write 语句输出数据的比较。

输入如下代码：

```
Private Sub Form_Click()
    Dim Str As String, Anum As Integer
    Open "D:\Myfile.txt" For Output As #1
    Str = "ABCDEFG"
    Anum = 12345
    Print #1, Str, Anum
    Write #1, Str, Anum
    Close #1
End Sub
```

执行上述程序，然后用“记事本”打开 D:\Myfile.txt，结果如图 11-5 所示。

图 11-5　例 11-2 程序运行结果

【例 11-3】把 1～100 之间各整数及能被 7 整除的数分别存入两个文件中。

程序代码如下。

```
Private Sub Form_Click()
   Open "d:\f1.txt" For Output As #1
   Open "d:\f2.txt" For Output As #2
   For  i = 1  To  100
       Write  #1,i;
       If  i Mod 7 = 0  Then  Write #2, i;
   Next i
   Close #1, #2
End Sub
```

说明：f1.txt 文件中共写入了 100 个数据，而 f2.txt 文件中只写入了其中能被 7 整除的若干个数据。用记事本打开 f1.txt 和 f2.txt 即可看到结果，如图 11-6 所示。

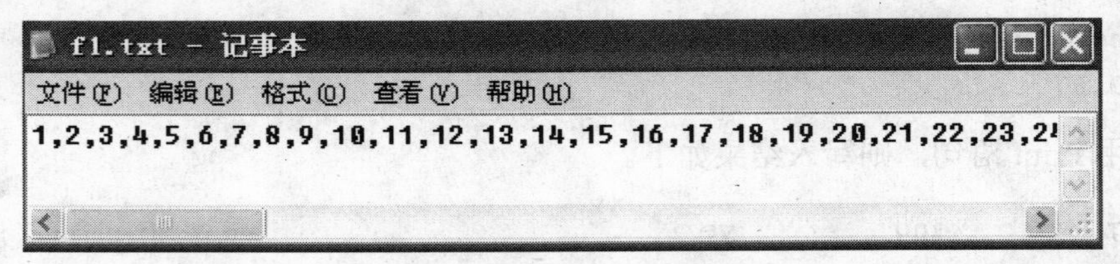

图 11-6　例 11-3 程序运行结果

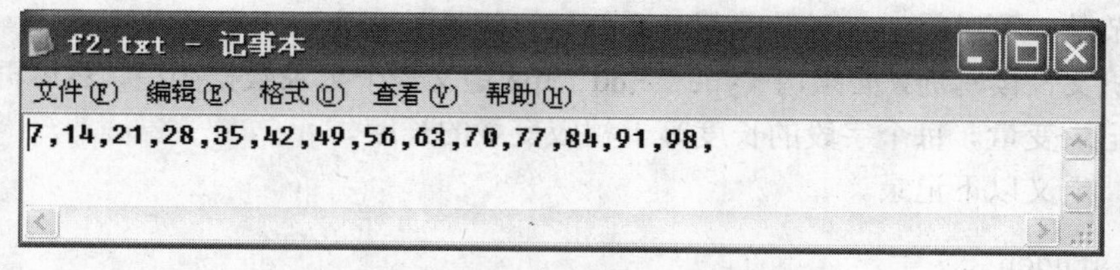

图 11-6　例 11-3 程序运行结果（续）

【例 11-4】从文件 f2.txt 中读取数据。已知文件 f2.txt 中存放着一批能被 7 整除的数（见例 11-3），现要求把这些数显示出来，每行显示 5 个数。

程序代码如下：

```
Private Sub Form_Click()
    k = 0
    Open "d:\f2.txt" For Input As #1
    Do While Not EOF(1)                    '文件未结束时，循环
      Input #1, x
      Print x,
      k = k + 1
      If  k Mod 5 = 0 Then Print           '每显示 5 个数后换行
    Loop
    Close #1
End Sub
```

11.5　随机文件的访问

使用顺序文件有一个很大的缺点，就是它必须顺序访问，即使明知所要的数据是在文件的末端，也要把前面的数据全部读完后才能取得该数据；而随机文件则可直接快速访问文件中的任意一条记录，但其缺点是占用空间较大。

随机文件中的数据是以记录的形式存放的，要求文件中的每条记录的长度都是相同的，记录与记录之间不需要特殊的分隔符号。其优点是存取速度快，通过指定的记录号就可以快速地访问相应的记录，更新容易。

11.5.1　随机文件的打开

打开随机文件的语法格式如下：

```
Open 文件名> For Random As #文件号 Len=<[记录长度]
```

说明：文件以随机方式打开后，可以同时进行写入和读出操作。记录长度是一条记录

所占的字节数，可以用 Len 函数获得，系统默认记录长度为 128 字节。

在随机文件读写前，必须用 Type...End Type 定义一个记录数据类型，然后再定义具有该类型的记录变量。每个字段的长度等于相应变量的长度。

例如，定义以下记录。

```
Type student
    Name  As  String*10
    Age  As  Integer
End Type
```

就可以用下面的语句打开。

```
Open "d:\Test.dat" For Random As #1 Len=Len(student)
```

11.5.2　随机文件的关闭

关闭随机文件的语法格式如下：

```
Close [[#]文件号][, [#]文件号]...
```

说明：文件号为可选参数，是指文件号列表，如“#1, #2, #3”；如果省略，则将关闭 Open 语句打开的所有活动文件。

例如：

```
Close #1,#2,#3          '关闭#1, #2, #3 文件
Close                   '关闭所有打开的文件
```

11.5.3　随机文件的写操作

其语法格式如下：

```
Put [#]文件号, [记录号], 变量名
```

说明：Put 命令是将一个记录变量的内容写入所打开的磁盘文件指定的记录位置；记录号是大于 1 的整数，表示写入的是第几条记录，如果忽略不写，则表示在当前记录后插入一条记录。

例如：

```
Put # 1,5,n      '将变量 n 的内容送到 1 号文件的第 5 条记录中
```

11.5.4　随机文件的读操作

其语法格式如下：

```
Get #文件号, 记录号, 变量名
```

说明：Get 语句把文件中由记录号指定的记录内容读入到指定的变量中；如果忽略不写，则表示当前记录的下一条记录。

例如：

```
Get # 2,6,a              '将 2 号文件中的第 6 条记录读出后存放到变量 a 中
```

【例 11-5】把学生的姓名和年龄输入到一个随机文件中，然后读出来。

操作步骤如下：

（1）在标准模块 Module1 中定义如下的数据类型：

```
Type student
   Name  As  String*10
   Age  As  Integer
End  Type
```

（2）在窗体的代码窗口中输入如下代码：

```
Private Sub Form_Click()
   Dim st As student  '定义一个 student 类型的变量 st
   '写入记录程序段
   Open "d:\Data1.dat" For Random As #1 Len = Len(st)
  For i = 1 To 5
     st.name = InputBox("输入姓名")
     st.age = InputBox("输入年龄")
     Put #1, i, st
  Next i
  '读出记录程序段
  For i =1To 5
     Get #1, i, st
     Print  "第"; i; "号记录:", st.name,st.age
  Next i
  Close #1
End Sub
```

运行程序，输入 5 条记录，结果如图 11-7 所示。

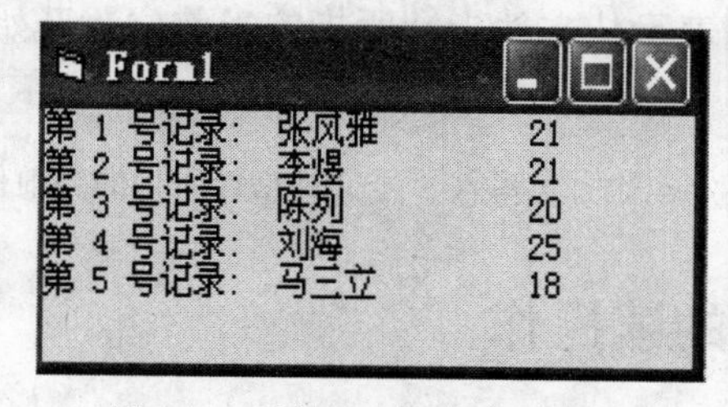

图 11-7 例 11-5 程序运行结果

11.6　二进制文件的访问

二进制文件的访问类似于随机文件的访问，区别在于二进制文件的访问是以字节为单位，而随机文件的访问是以记录为单位。二进制文件一旦打开，即可同时进行读写。

11.6.1　二进制文件的打开

二进制文件的打开可以使用 Open 语句来实现。其语法格式如下：

```
Open 文件名 For Binary As #文件号
```

例如：

```
Open "c:\lao.txt" For Binary As #1  '打开 c 盘上的 lao.txt 文件
```

11.6.2　二进制文件的关闭

二进制文件的关闭可以使用 Close 语句来实现。其语法格式如下：

```
Close #文件号
```

例如：

```
Close #1,#2  '关闭 1 号和 2 号文件
```

11.6.3　二进制文件的写操作

二进制文件的写操作可以使用 Put 语句来实现。其语法格式如下：

```
Put [#]文件号,[位置],变量名
```

说明：将<变量名>中的数据写入二进制文件指定位置中，写入的字节数等于变量所占字节数。如果忽略位置，则表示从文件指针所指的当前位置开始写入。

例如：

```
Put #2, , aa  '把变量 aa 的内容写入 2 号文件指针所指的当前位置
```

11.6.4　二进制文件的读操作

二进制文件的读操作可以使用 GET 语句来实现。其语法格式如下：

```
GET [#]文件号,[位置],变量名
```

说明：从指定位置开始读出长度等于变量长度的数据存入变量中，数据读出后移动变量长度位置。如果忽略位置，则表示从文件指针所指的位置开始读出数据，数据读出后移动变量长度位置。

例如：

```
Get #2, , aa  '把2号文件指针所指的当前位置的内容读入变量aa
```

【例 11-6】采用二进制文件的读写操作方法把文件 C:\lao.txt 复制到 D 盘。程序代码如下。

```
Private Sub Form1_Click()
   Dim aa As Byte
   Open "c:\lao.txt" For Binary As #1
   Open "d:\lao.txt" For Binary As #2
   Do While Not EOF(1)
      Get #1, , aa  '从源文件读一个字节
      Put #2, , aa  '将一个字节写入目标文件
   Loop
   Close #1, #2
End Sub
```

11.7 应 用 举 例

【例 11-7】D 盘上的数据文件 Score1.txt 中含有 10 个同学的成绩，其格式如下。

学号，英语成绩，数学成绩，语文成绩，政治成绩

要求：统计每个学生的不及格门数，并将不及格门数超过 1 门的学生学号和不及格门数写入到文件 Score2.txt 中。

分析：文件的应用体现在两个方面，一是从文件中读取原始数据并提供给程序处理；二是将程序处理结果存放到文件中。

定义一个二维数组 a(10,5)，用来接收从文件 Score1.txt 读取的数据，然后判断该数组中的成绩是否及格，不及格则计数，超过 1 门不及格则写入文件 Score2.txt 中。

程序代码如下。

```
Private Sub Command1_Click()
'读取原始数据
Dim a(10, 5) As Integer
Open "d:\Score1.txt" For Input As #1
 For i = 1 To 10
    For j = 1 To 5
```

```
        Input #1, a(i, j)
      Next j
   Next i
 '统计不及格门数并写入目标文件
 Open "d:\Score2.txt" For Output As #2
 For i = 1 To 10
   s = 0
   For j = 2 To 5
     If a(i, j) < 60 Then s = s + 1
   Next j
   If s > 1 Then
      Write #2, a(i, 1), s          '学号和不及格的门数写入#2 文件
      Print a(i, 1), s              '在窗体上也打印学号和不及格的门数
   End If
 Next i
 Close #1,#2
 End sub
```

运行程序，单击命令按钮，即可生成 Score2.txt 文件。用“记事本”打开 Score1.txt 和 Score2.txt，结果如图 11-8 所示。

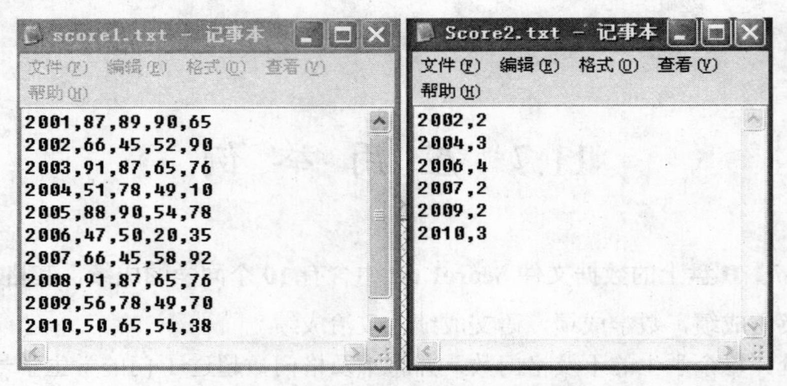

图 11-8　例 11-7 的程序运行结果

【例 11-8】编写程序，要求能将图 11-9 中若干个文本框中的内容写入随机文件中，或者能将随机文件的内容读入到相应的文本框中。

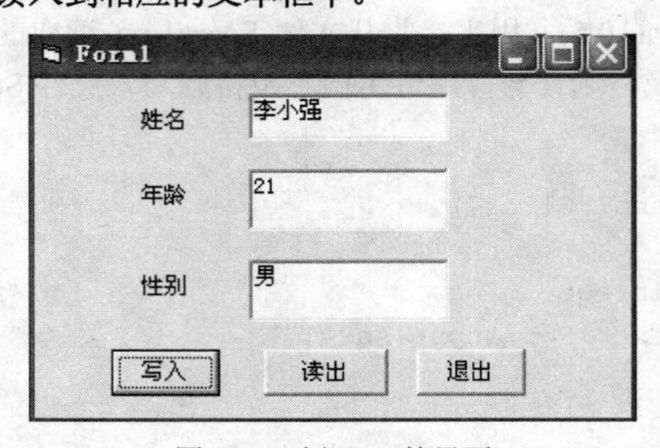

图 11-9　例 11-8 的界面

分析：在对随机文件进行读写操作之前，应先定义一个自定义的记录类型。根据3个文本框中的内容，可定义如下。

```
Private Type Stud
  Name As String * 8
  Sex As String
  Age As Byte
End Type
Dim Student As Stud
```

本程序包含4个事件过程，分别是写入记录、读出记录、关闭文件退出、窗体的装入（在装入时打开随机文件）。程序代码如下：

```
Private Type Stud   '定义记录类型
  Name As String * 8
  Sex As String
  Age As Byte
End Type
Dim Student As Stud
Private Sub Command1_Click()  '写入记录
    Student.Name = Text1.Text
    Student.Age = Val(Text2.Text)
    Student.Sex = Text3.Text
    Put #1, , Student
End Sub
Private Sub Command2_Click()  '读出记录
    k = InputBox("输入要显示的记录号")
    Get #1, k, Student
    Text1.Text = Student.Name
    Text2.Text = Student.Age
    Text3.Text = Student.Sex
End Sub
Private Sub Command3_Click()  '关闭文件，退出
  Close #1
  End
End Sub
Private Sub Form_Load() '打开随机文件
  Open "d:\Stud.txt" For Random As #1 Len = Len(Student)
End Sub
```

本 章 小 结

在 Visual Basic 中，按照文件的存取访问方式，可将文件分为顺序文件、随机文件、二进制文件 3 种类型。应用程序访问一个文件时，应根据其中包含什么类型的数据来确定合适的访问方式。VB 为用户提供了多种处理文件的方法，具有较强的文件处理能力。

本章主要介绍了文件的基本概念、文件中的常用控件、文件操作语句和函数，重点是熟练掌握顺序文件、随机文件的读写操作及应用方法。

习　　题

一、选择题

1．下面有关文件管理控件的说法，正确的是（　　）。

A．ChDir 语句的作用是指明新的默认工作目录，同时也改变目录列表框的 Path 属性

B．改变文件列表框的 FileName 属性值，仅改变列表框中显示的文件名，不会引发其他事件

C．改变驱动器列表框的 ListIndex 属性值，会改变 Drive 属性值并触发 Change 事件

D．单击目录列表框中的某一项，会触发 Change 事件

2．执行赋值语句（　　）后，会触发相应控件的 Change 事件（控件名均为默认名）

A．Dirl.ListIndex =-2　　　　B．Drive1.ListIndex =2

C．List1.ListIndex =3　　　　D．File1.ListIndex =3

3．以下叙述中正确的是（　　）。

A．一条记录中所包含的各个元素的数据类型必须相同

B．随机文件中每条记录的长度都是固定的

C．Open 命令的作用是打开一个已经存在的文件

D．使用 Input #语句可以从随机文件中读取数据

4．以下有关文件的说法中，错误的是（　　）。

A．在 Open 语句中缺省 For 子句，则按 Random 方式打开文件

B．可以用 Binary 方式打开一个顺序文件

C．在 Input 方式下，可以使用不同文件号同时打开同一个顺序文件

D．用 Binary 方式打开一个随机文件，每次读写数据的字节长度均取决于随机文件的记录长度

5．要向文件 data1.txt 添加数据，正确的文件打开命令是（　　）。

A．Open "datal.txt" For Output As #1

B. Open "datal.txt" For Input As #1

C. Open "datal.txt" For Append As #5

D. Open "datal.txt" For Write As #5

6. 以下有关文件用法的描述中，正确的是（ ）。

A. 只有顺序文件在读写前需要使用 Open 语句打开

B. 使用同一个文件号，可同时打开多个不同的文件

C. 如果以 Input 方式试图打开一个不存在的顺序文件，则会出错

D. 如果程序中缺少 Close 语句，即使程序运行结束，打开的文件也不会自动关闭

7. 之所以称为顺序文件，是因为（ ）。

A. 按每条记录的记录号从小到大排序好的

B. 按每条记录的长度从小到大排序好的

C. 按记录的某关键数据项从小到大排序好的

D. 记录是按进入的先后顺序存放的，读出也是按原写入的先后顺序读出

8. 以下能判断是否到达文件尾的函数是（ ）。

A. BOF B. LOC C. LOF D. EOF

9. 在窗体上有一个文本框，代码窗口中有如下代码，则下述有关该段程序代码所实现功能的正确说法是（ ）。

```
Private Sub form_load()
 Open "C:\data.txt" For Output As #3
 Text1.Text = ""
End Sub
Private Sub text1_keypress(keyAscii As Integer)
 If keyAscii = 13 Then
   If UCase(Text1.Text) = "END" Then
     Close #3
     End
   Else
     Write #3, Text1.Text
     Text1.Text = ""
   End If
 End If
End Sub
```

A. 在C盘当前目录下建立一个文件

B. 打开文件并输入文件的记录

C. 打开顺序文件并从文本框中读取文件的记录，若输入 End 则结束读操作

D. 在文本框中输入内容后按 Enter 键存入，然后文本框内容被清除

10. 执行语句 Open "Tel.Dat" For Random As #1 Len = 50 后，对文件 Tel.Dat 中的数据能够执行的操作是（ ）。

A．只能写，不能读　　B．只能读，不能写

C．既可以读，也可以写　　D．不能读，不能写

二、填空题

1．下面程序的功能是：把磁盘文件 Smtext1.Txt 的内容读到内存并在文本框中显示出来，然后把该文本框中的内容存入磁盘文件 Smtext2.Txt。请填空完善程序。

```
Private Sub Form_Click()
   Open "D:\Test\Smtext1.Txt" For Input As #1
   Do While Not ____________
      Line Input #1, Aspect$
      Whole$ = Whole$ + Aspect$ + Chr(13) + Chr(10)
   Loop
   Text1.Text = Whole$
   Close #1
   Open "D:\Test\Smtext2.Txt" For Output As #1
      Print #1,____________
   Close #1
End Sub
```

2．设在工程中有一个标准模块，其中定义了如下记录类型。

```
Type Books
  Name As String *10
  Telnum As String *20
End Type
```

在窗体上添加一个名为 Command1 的命令按钮。要求当执行事件过程 Command1_Click 时，在顺序文件 Person.Txt 中写入一条记录。请填空完善程序。

```
Private Sub Command1_Click()
   Dim B ______
   Open "C:\Person.Txt "For Output As #1
   B.Name=Inputbox("输入姓名")
   B.Telnum=Inputbox("输入电话号码")
   Write ______
   Close #1
End Sub
```

3．在 C 盘根目录下建立一个名为 Student.dat 的顺序文件，要求用 InputBox 函数输入 10 名学生的学号（StuNo）、姓名（StuName）和性别（StuSex）。请填空完善程序。

```
Private Sub Form_Load ( )
   Open "C:Student.dat" For Output As #1
   For I=1 to 10
      StuNo=InputBox("请输入学号")
```

```
        StuName= InputBox ("请输入姓名")
        StuSex= InputBox ("请输入性别")
        ________
    Next I
    Close #1
End Sub
```

上 机 实 验

1．分析下列程序的功能，然后再上机运行程序检验结果。

在窗体上添加一个名为 Command1 的命令按钮和一个名为 Text1 的文本框，在文本框中输入字符串"Microsoft Visual Basic Programming"，然后编写如下事件过程。

```
Private Sub Command1_Click()
  Open "d:\temp\outf.txt" For Output As #1
  For i = 1 To Len(Text1.Text)
    c = Mid(Text1.Text, i, 1)
    If c >= "A" And c <= "Z" Then
       Print #1, LCase(C)
    End If
  Next i
  Close
End Sub
```

程序运行后，单击命令按钮，文件 outf.txt 中的内容是什么？

2．编写程序，要求能将文本框中的内容写入顺序文件，或者能将顺序文件的内容读入到文本框中。程序界面如图 11-10 所示。

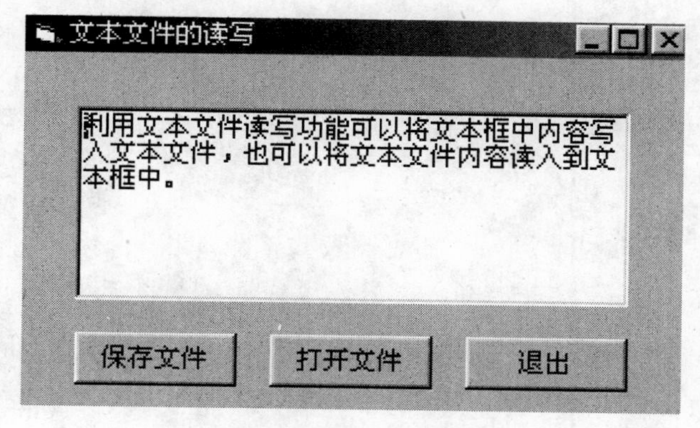

图 11-10 程序界面

3．创建登录窗体，利用文件保存用户名和密码，输入密码正确则可以登录，否则提示错误，登录后显示密码的修改窗口。请编写实现上述功能的程序。

4．编写一个程序，将同班同学的通讯录（包括姓名、电话、家庭地址）写入二进制文件中，然后实现添加和删除记录功能。

5．编写程序，将 C 盘根目录下的一个文本文件 old.txt 复制到新文件 new.txt 中，并利用文件操作语句将 old.txt 文件从磁盘上删除。

6．编程统计 D:\data.txt 中字符“a”出现的次数，并将统计结果写入到文本文件 D:\result.txt 中。程序代码如下，请填空完善程序，然后运行程序。

```
Private Sub Form_Click()
  Dim Inputdata As String, Count As Integer
    Open "D:\data.txt" For Input As #1
    Do While Not ________
      Inputdata = Input(1, #1)
      If Inputdata = ________ then
Count = Count + 1
        End if
    Loop
    Close #1
    Open "D:\ result.txt" For Output As #1
    ________
    Close #1
End Sub
```

第12章　用Visual Basic访问数据库

Visual Basic除提供了对文件的存取功能外，还提供了强大的数据库访问和操作功能。利用VB提供的Microsoft Jet数据库引擎或数据访问对象（DAO），可以开发出功能强大的客户/服务器结构的应用程序。

12.1　数据库概述

数据库技术是当前计算机科学研究的一个极为活跃的重要分支。数据库广泛地应用于数据处理的各个领域，利用数据库还可以开发出许多应用系统，如教学管理系统、银行业务系统、图书管理和财务管理系统等。

12.1.1　数据库

数据库（Database，DB）是长期存储在计算机外存储器中的有结构的、可共享的数据的集合。简而言之，数据库就是计算机中存放数据的地方。数据库中的数据按一定的数据模型组织、描述和存储，具有较小的冗余度、较高的数据独立性和易扩展性，并可为不同的用户共享。

在日常的管理工作中，常常需要把某些相关的数据放进数据库中，并根据管理的需要进行相应的处理。例如，学校的管理部门经常需要把学生的基本情况，如学生的学号、姓名、性别、籍贯、出生年月和各门课程的成绩等收集在登记表中，再基于登记表的集合建立一个数据库。在这个数据库里可以随时查询某一个学生的基本情况、某一类学生的基本情况、各门课程的成绩等，还可以做各种数据处理的工作，这样可以显著地提高管理的效率和水平。

根据数据库所使用的数据模型，数据库分为层次型数据库、网状型数据库和关系型数据库。

关系型数据模型把事物间的联系及事物内部的联系用一张二维表来表示，这种表称为“关系”。目前关系型数据库取得了很大的进展，涌现出了许多性能良好的商品化的关系数据库管理系统，较有影响的产品有Oracle、Informix、Sybase、SQL Server、FoxPro和Access等。Oracle、Sybase等适用于大型的数据库应用系统，FoxPro和Access适用于中小型桌面数据库应用系统。由于Access具有操作简便、技术先进和功能较完善等特点，本书将以Access为例，介绍如何通过VB访问Access数据库。

12.1.2 表、记录和字段

在关系数据库中，以二维表（数据基本表，简称表）的形式组织数据。一个数据库可以由一个或多个表组成。表的列称为“字段”，每个字段表示对象的一个属性。表的行称为“记录”，它表示了一个对象的各个属性的取值，即对象的完整数据。所有记录表示了事物全体的各个属性或各事物之间的联系。字段是数据表的可访问的最小逻辑单位。一个表就可以构成一个简单的关系数据库。表 12-1 是一个学生成绩表，它有 4 个字段，3 条记录。表有如下基本特性。

（1）一个表中，所有的记录格式相同，长度相同。

（2）在同一个表中，字段名不能相同。

（3）同一字段的数据类型相同，它们均为同一属性的值。

（4）行和列的排列顺序并不重要。

表 12-1　学生成绩表

学生编号	大学英语	高等数学	大学计算机
07001	88	92	67
07002	82	89	89
07003	65	83	50

12.2　访问数据库

12.2.1 可视化数据管理器

为了开发数据库应用程序，首先要创建一个数据库。利用 VB 提供的可视化数据管理器（Visual Data Manager）是创建数据库的常用方法。

下面介绍用可视化数据管理器创建数据库 student.mdb 的步骤。student.mdb 是一个 Access 数据库，它包含一个表“学生情况”，“学生情况”表共有 4 个字段，表的结构见表 12-2。

表 12-2　学生情况表

字段名	字段类型	字段长度
学号	Text	6
姓名	Text	8
性别	Text	2
电话	Text	11

创建 student.mdb 数据库的步骤如下。

（1）启动 VB，选择“外接程序”菜单下的“可视化数据管理器”项，打开 VisData 窗口。

（2）单击“文件”菜单中的“新建”命令，在“新建”级联菜单中选择 Microsoft Access，再选择“版本 7.0 MDB”项，选择数据库的路径并输入数据库名，这里为 student.mdb，出现如图 12-1 所示的窗口。

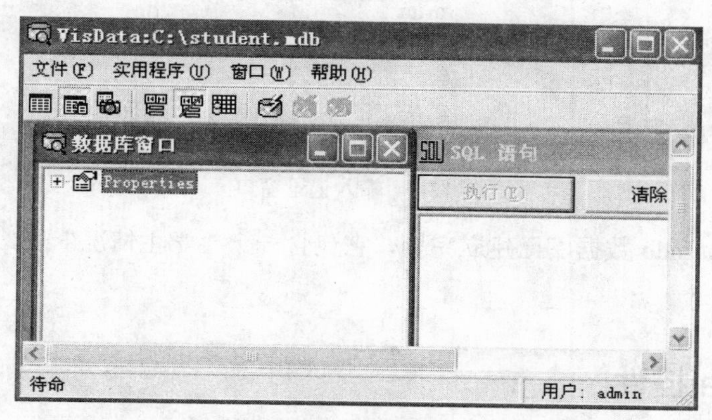

图 12-1　数据库窗口

（3）右击数据库窗口空白处，在弹出的快捷菜单中选择“新建表”命令，出现如图 12-2 所示的“表结构”对话框。

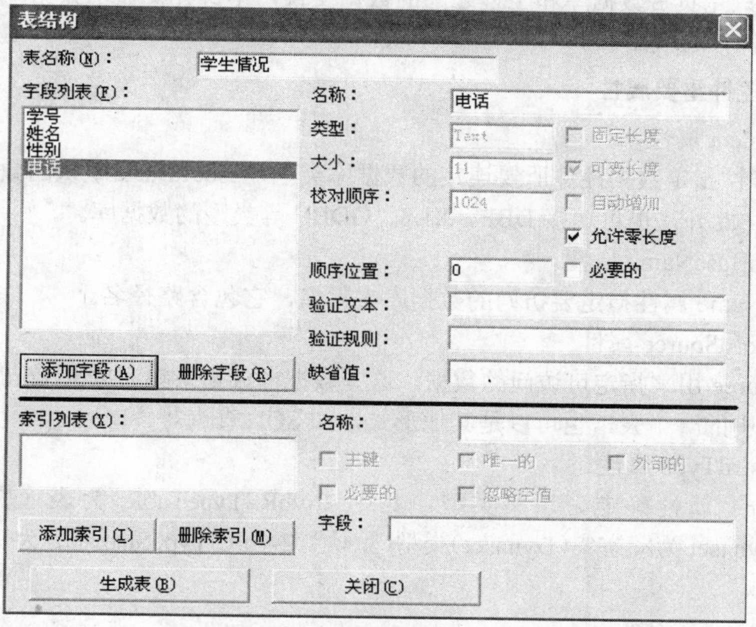

图 12-2　表结构对话框

（4）在“表名称”文本框中输入表名“学生情况”，单击“添加字段”按钮，按表 12-2 所示的内容添加相应的字段，最后按“生成表”按钮，则“学生情况”表的结构建立完毕。

（5）在“学生情况”表中输入记录。双击“学生情况”表，出现如图 12-3 所示的输入窗口，单击“添加”按钮可以输入记录。

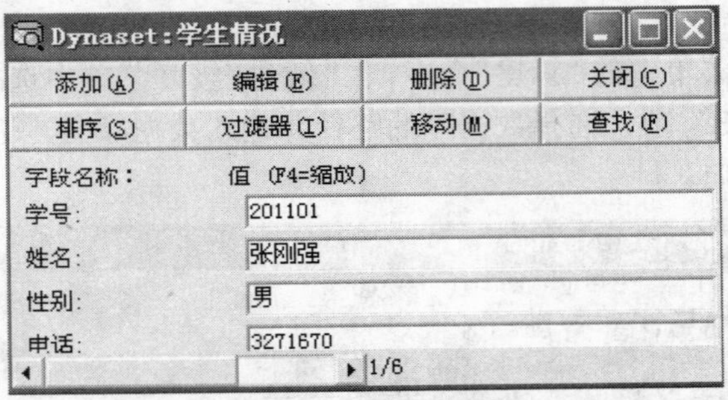

图 12-3　输入记录窗口

至此，student.mdb 数据库已建立完毕，它包含一个“学生情况”表，表中输入有若干条记录。

12.2.2　Data 控件

Data 控件提供了一种访问数据库的方法。通过设置属性，可以将 Data 控件与数据库及其中的表连接起来。

Data 控件只是负责数据库和工程之间的数据交换，本身并不显示数据。因此，它需要与数据绑定控件一起使用。

1．Data 控件重要属性

（1）Connect 属性

Connect 属性指定数据控件所要连接的数据库类型，Visual Basic 默认的数据库是 Access 的 MDB 文件，此外，也可连接 DBF、XLS、ODBC 等类型的数据库。

（2）DataBaseName 属性

DataBaseName 属性指定要访问的数据库文件名，它包含路径名。

（3）RecordSource 属性

RecordSource 用来指定可访问的数据，这些数据构成记录集对象 Recordset。该属性值一般是数据库中的一个表，也可以是其他形式，如 SQL 查询等。

（4）RecordType 属性

RecordType 属性确定记录集类型。其中 0-vbRSTypeTable 为表（Table）类型、1-vbRSTypeDynaset 为动态集（Dynaset）类型（默认），2-vbRSTypeSnapshot 为快照（Snapshot）类型。

2．Data 控件的事件

（1）Reposition 事件（重新定位）

Reposition 事件发生在一条记录成为当前记录后，只要改变记录集的指针使其从一条记录移到另一条记录，会产生 Reposition 事件。通常，可以在这个事件中显示当前指针的位置。例如，在 Data1_Reposition 事件中加入如下代码。

```
Private Sub Data1_Reposition()
  Data1.Caption = Data1.Recordset.AbsolutePosition + 1
End Sub
```

说明：Recordset 为记录集对象，AbsolutePosition 属性指示当前指针值（从 0 开始）。当单击数据控件对象上的箭头按钮时，数据控件的标题区会显示记录的序号。

（2）Validate 事件（使生效）

当要移动记录指针、修改与删除记录前或卸载含有数据控件的窗体时都会触发 Validate 事件。Validate 事件检查被数据控件绑定的控件内的数据是否发生变化。它通过 Save 参数（True 或 False）判断是否有数据发生变化，Action 参数判断哪一种操作触发了 Validate 事件。

3．Data 控件的方法

（1）Refresh 方法

Refresh 方法激活对数据控件属性的改变，使对数据库的操作有效。如果在设计状态没有为打开数据库控件的有关属性全部赋值，或当 RecordSource 在运行时被改变后，必须使用数据控件的 Refresh 方法激活这些变化。在多用户环境下，当其他用户同时访问同一数据库和表时，将使各用户对数据库的操作有效。

（2）UpdateControls 方法

UpdateControls 方法可以将数据从数据库中重新读到被数据控件绑定的控件内。因而可以使用 UpdateControls 方法终止用户对绑定控件内数据的修改。

（3）UpdateRecord 方法

当对绑定控件内的数据修改后，数据控件需要移动记录集的指针才能保存修改。如果使用 UpdateRecord 方法，可强制数据控件将绑定控件内的数据写入到数据库中，而不再触发 Validate 事件。在代码中可以用该方法来确认修改。

4．记录集 Recordset 的属性与方法

为了表达和访问数据表的全体记录内容，Data 控件内建了一个记录集对象 RecordSet，利用该对象提供的方法，可实现对数据表记录内容的存取访问操作。

使用 Recordset 对象的属性与方法的一般格式如下。

```
Data 控件名.Recordset.属性/方法
```

例如，Datal .RecordSet .AddNew

（1）AbsolutePosition 属性

AbsolutePosition 返回当前指针值，如果是第 1 条记录，其值为 0。

（2）Bof 和 Eof 的属性

Bof 判定记录指针是否在首记录之前，若 Bof 为 True，则当前位置位于记录集的第 1 条记录之前。与此类似，Eof 判定记录指针是否在末记录之后。

（3）NoMatch 属性

在记录集中进行查找时，如果找到相匹配的记录，则Recordset的NoMatch属性为False，否则为 True。

（4）RecordCount 属性

RecordCount 属性对 Recordset 对象中的记录计数。

（5）Move 方法

使用 Move 方法可代替对数据控件对象的 4 个箭头按钮的操作遍历整个记录集。5 种 Move 方法如下。

① MoveFirst 方法：移至第 1 条记录。

② MoveLast 方法：移至最后一条记录。

③ MoveNext 方法：移至下一条记录。

④ MovePrevious 方法：移至上一条记录。

⑤ Move [n] 方法：向前或向后移 n 条记录，n 为指定的数值。

（6）Find 方法

使用 Find 方法可在指定的 Dynaset 或 Snapshot 类型的 Recordset 对象中查找与指定条件相符的一条记录，并使之成为当前记录。4 种 Find 方法如下。

① FindFirst 方法：从记录集的开始查找满足条件的第 1 条记录。

② FindLast 方法：从记录集的尾部向前查找满足条件的第 1 条记录。

③ FindNext 方法：从当前记录开始查找满足条件的下一条记录。

④ FindPrevious 方法：从当前记录开始查找满足条件的上一条记录。

这 4 种 Find 方法的语法格式相同。

```
Data 控件名.Recordset.Find 方法 条件
```

搜索条件是一个指定字段与常量关系的字符串表达式。在构造表达式时，除了用普通的关系运算外，还可以用 Like 运算符。

例如，语句 Data1.Recordset.FindFirst "专业='物理'"

表示在由 Data1 数据控件所连接的数据库 Student.mdb 的记录集内查找专业为“物理”的第 1 条记录。这里，“专业”为数据库 Student 记录集中的字段名，在该字段中存放专业名称信息。要想查找下一条符合条件的记录，可继续使用语句：Data1.Recordset.FindNext "专业='物理'"。

又例如，要在记录集内查找专业名称中带有“建”字的专业。

```
Data1.Recordset.FindFirst "专业 Like '*建*'"
```

字符串“*建*”匹配字段专业中带有“建”字的所有专业名称字符串。

需要指出的是 Find 方法在找不到相匹配的记录时，当前记录保持在查找的始发处，NoMatch 属性为 True。如果 Find 方法找到相匹配的记录，则记录定位到该记录，Recordset 的 NoMatch 属性为 False。

（7）Seek 方法

使用 Seek 方法必须打开表的索引，它在 Table 表中查找与指定索引规则相符的第 1 条记录，并使之成为当前记录。其语法格式如下。

```
Data控件名.Recordset.Seek 比较符,值1,值2...
```

Seek 允许接受多个参数，第 1 个是比较运算符，Seek 方法中可用的运算符有=、>=、>、<>、<、<=等。

在使用 Seek 方法定位记录时，必须通过 Index 属性设置索引。

例如，设 Student 的基本情况表的索引字段为学号，查找满足学号字段值大于等于 110001 的第 1 条记录可使用以下程序代码。

```
Data1.RecordsetType = 0                      '设置记录集类型为Table
Data1.RecordSource = "基本情况"              '打开基本情况表
Data1.Refresh
Data1.Recordset.Index = "jbqk_no"           '打开名称为jbqk_no的索引
Data1.Recordset.Seek ">=", "110001"
```

（8）AddNew 方法

AddNew 方法在记录集中增加新记录。步骤如下。

① 调用 AddNew 方法。

② 给各字段赋值。给字段赋值格式为：

```
Recordset.Fields("字段名")=值
```

③ 调用 Update 方法，确定所做的添加，将缓冲区内的数据写入数据库。

注意：如果使用 AddNew 方法添加新的记录，但是没有使用 Update 方法而移动到其他记录，或者关闭记录集，那么所做的输入将全部丢失，而且没有任何警告。当调用 Update 方法写入记录后，记录指针自动返回到添加新记录前的位置上，而不显示新记录。为此，可在调用 Update 方法后，使用 MoveLast 方法将记录指针再次移到新记录上。

（9）Delete 方法

Delete 方法删除一条记录。要从记录集中删除记录的操作分为三步。

① 定位被删除的记录使之成为当前记录。

② 调用 Delete 方法。

③ 移动记录指针。

注意：在使用 Delete 方法时，当前记录将会被立即删除。删除一条记录后，相应的绑定控件仍旧显示该记录的内容。因此，需移动记录指针，一般移至下一记录。

（10）Edit 方法

Edit 方法用于编辑记录。Data 控件自动提供了修改现有记录的能力，当直接改变被数据库所约束的绑定控件的内容后，需单击 Data 控件对象的任一箭头按钮来改变当前记录，确定所做的修改。

我们也可通过程序代码来修改记录，使用程序代码修改当前记录的步骤如下。

① 调用 Edit 方法。

② 给各字段赋值。

③ 调用 Update 方法，确定所做的修改。

注意：如果要放弃对数据的所有修改，可用 Refresh 方法，重读数据库，没有调用 Update 方法，数据的修改没有写入数据库，所以这样的记录会在刷新记录集时丢失。

5．数据绑定控件

在 Visual Basic 中，数据控件本身不能直接显示表中的数据，必须通过绑定控件来实现。

数据绑定控件也称数据识别控件，是指能够配合 Data 控件（或其他控件），操作数据库中数据的控件。

常用的数据绑定控件有文本框、标签、列表框、组合框、图像框、图片框等控件。

Visual Basic 6.0 除了保留以往的一些绑定控件外，又提供了一些新的成员来连接不同数据类型的数据。这些新成员主要有 DataGrid、DataCombo、DataList、DataReport、MSHFlexGrid、MSChart 控件和 MonthView 等控件。这些新增绑定控件必须使用 ADO 数据控件进行绑定。

要使用绑定控件，必须在设计或运行时对绑定控件的两个属性进行设置。

（1）DataSource 属性：数据源属性，指定数据绑定控件需要绑定到的 Data 控件名称。

（2）DataField 属性：设置数据源中的字段，使绑定控件与字段建立联系。绑定过后，该数据绑定控件就可以显示对应字段的内容了。

【例 12-1】利用 Data 控件和数据绑定控件，显示数据库 student.mdb 中的“学生情况”表的内容，并具有添加、删除、修改、查找等功能，如图 12-4 所示。

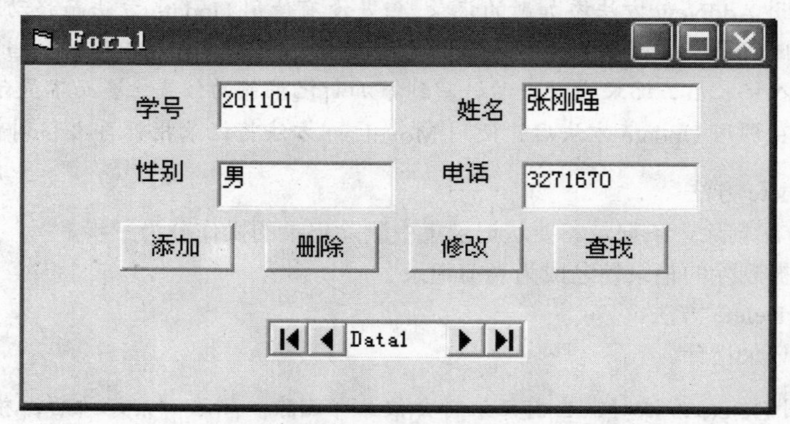

图 12-4　例 12-1 程序运行界面

操作步骤如下。

（1）在窗体上添加表 12-3 所示的控件，并设置相应属性。其中 Text1，Text2，Text3，Text4 为数据绑定控件，用于显示“学生情况”表中各字段的内容。

表 12-3　控件及其属性

控件名	属性	属性值
Label1	Caption	学号
Label2	Caption	姓名
Label3	Caption	性别
Label4	Caption	电话
Text1	DataSource	Data1
	DataField	学号
Text2	DataSource	Data1
	DataField	姓名
Text3	DataSource	Data1
	DataField	性别
Text4	DataSource	Data1
	DataField	电话
Command1	Caption	添加
Command2	Caption	删除
Command3	Caption	修改
Command4	Caption	查找
Data1	DatabaseName	C:\student.mdb
	RecordSource	学生情况

（2）在窗体的代码窗口输入如下代码。

```
Private Sub Command1_Click()
  Data1.Recordset.AddNew  '添加
  Text1.SetFocus
End Sub

Private Sub Command2_Click()
  Data1.Recordset.Delete  '删除
End Sub

Private Sub Command3_Click()
  Data1.ReadOnly = False
  Data1.Recordset.Edit  '修改
  Data1.Recordset.Update
End Sub

Private Sub Command4_Click()
  Dim name, findstring As String
  name = InputBox("输入查找的姓名：")
  findstring = "姓名='" + name + "'"
  Data1.Recordset.FindFirst findstring  '查找
```

```
    If Data1.Recordset.NoMatch Then MsgBox ("没找到该记录！")
End Sub
```

运行程序，结果如图 12-4 所示。

12.2.3　ADO 控件

ADO 是 Microsoft 处理数据库信息的最新技术，它是一种 ActiveX 对象，采用了被称为 OLE DB 的数据访问模式。它是数据访问对象 DAO、远程数据对象 RDO 和开放数据库互连 ODBC 三种方式的扩展。ADO 对象模型更为简化，不论是存取本地的还是远程的数据，都提供了统一的接口。

在使用 ADO 数据控件前，必须先通过“工程/部件”菜单命令选择“Microsoft ADO Data Control 6.0（OLE DB）”选项，将 ADO 数据控件添加到工具箱，在工具箱中 ADO 数据控件名称为 Adodc。Adodc 定义是：活动数据对象数据控件，是 VB6 新增的数据访问工具。它与传统的数据控件类似，但是可连接更多的数据库类型。

1．Adodc 的主要属性

（1）ConnectionString　（连接字符串）属性

包含了用于与数据源建立连接的相关信息，共有 3 种连接资源，分别是：使用 Data Link 文件、使用 ODBC 数据资源名称、使用连接字符串。通常选择“使用连接字符串”，指定数据库存取所使用的 OLE DB 驱动程序，如：“Microsft Jet 4.0 OLE DB Provider”。

（2）CommandType（命令类型）

记录源是从命令对象获取的，可以在“命令类型”下拉列表中选择用于记录源的命令类型。各种命令类型的含义如下。

8-adCmdUnknow：未知类型，用户需在“命令文本（SQL）”框中输入 SQL 语句建立命令对象。

1-adCmdText：文本类型，用户需在“命令文本（SQL）”框中输入 SQL 语句建立命令对象。

2-adCmdTable：表类型，用户需在“表或存储过程名称”下拉列表中选择一个数据表来建立命令对象。

4-adCmdStoredProc：存储过程，用户需在“表或存储过程名称”下拉列表中选择一个查询的名称来建立命令对象。

（3）Recordsource　（记录源）

连接的数据表来源，该属性值可以是数据库中的一个表名，一个存储查询，也可以是使用 SQL 查询语言的一个查询字符串。

2．Adodc 控件的方法和事件

Adodc 控件的方法和事件与 Data 控件的方法和事件完全一样。

【例 12-2】利用 Adodc 控件和数据绑定控件 DataGrid，显示数据库 student.mdb 中

的“学生情况”表的内容，如图12-5所示。

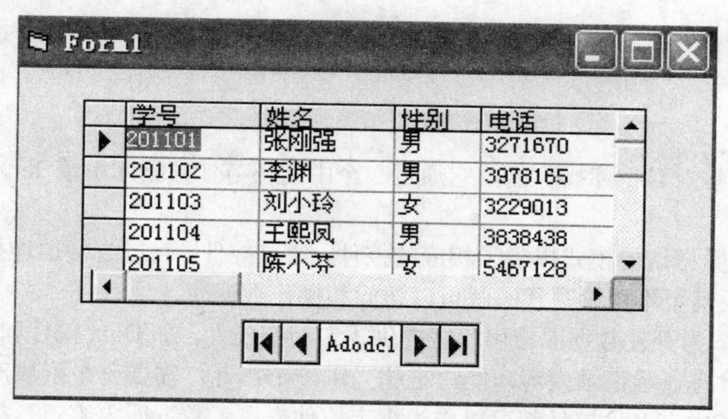

图12-5　例12-2程序运行界面

操作步骤如下。

（1）将Adodc控件和数据绑定控件DataGrid加入到工具箱

打开“工程”菜单，选择“部件”选项，出现“部件”对话框。在该对话框中选择“Microsoft ADO Data Control 6.0（OLEDB）”和“Microsoft DataGrid Control 6.0（OLEDB）”选项，将Adodc控件和数据绑定控件DataGrid加入到工具箱。

（2）在窗体上添加DataGrid控件和Adodc控件，适当调整其大小。

（3）设置Adodc控件有关属性

首先，设置的ConnectionString属性。

① 单击Adodc控件属性窗口中的ConnectionString属性右边的“…”按钮，弹出“属性页”对话框。

② 在“属性页”对话框中选择“使用连接字符串”方式连接数据源。单击“生成”按钮，打开“数据链接属性”对话框。在“提供程序”选项卡内选择一个合适的OLE DB数据源，选择“Microsoft Jet 4.0 OLE DB Provider”选项，弹出“数据链接属性”对话框。

③ 在“数据链接属性”对话框中，“选择或输入数据库名称”栏里选择数据库student.mdb（包括路径）。单击“测试连接”按钮，如果测试成功表明Adodc控件与数据库student.mdb建立好了连接。

其次，设置的RecordSource属性。

单击属性窗口中的RecordSource属性右边的“…”按钮，弹出记录源属性页对话框。在“命令类型”下拉列表框中选择“2-adCmdTable”选项，在“表或存储过程名称”下拉列表框中选择Student.mdb数据库中的“学生情况”表，单击“确定”按钮。此时，已完成了Adodc控件的连接工作。

（4）设置DataGrid控件的数据源

将DataGrid控件和Adodc控件绑定。将DataGrid控件的DataSource属性设置为Adodc1。

至此，相关属性已设置完毕，运行程序即可得到图12-5所示的结果。

本章小结

VB 不是直接对数据库操作的，它通过一个中间环节（数据库引擎 Jet）对数据库进行操作。

VB 为每种数据访问模式提供了相应的控件，通过控件，可以方便地连接数据库，只需编写少量的代码甚至不用编写代码就可以访问和操作数据库。

Visual Basic 为开发数据库应用程序提供了专门的控件，如 Data 控件和 ADO 控件。数据控件本身不具有显示记录内容功能，它相当于一个指针，需要一个附属对象来显示数据库内容，在 VB 中有多种控件都可以作为绑定控件来显示数据库内容。凡拥有 DataSource 和 DataField 属性的控件，均可称为数据绑定控件。

习题

一、选择题

1．执行 Data 控件的（　　）方法，可以将添加的记录或对当前记录的修改保存到数据库中。

A．Refresh　　B．UpdateRecord　　C．UpdateControls　　D．Updatable

2．利用 ADO Data 控件建立连接字符串有三种方式，这三种方式不包括（　　）。

A．使用 Data Link 文件　　B．使用 ODBC 数据源名称

C．使用连接字符串　　D．使用 Command 对象

3．当使用 Seek 方法或 Find 方法进行查找时，可以根据记录集的（　　）属性判断是否找到匹配的记录。

A．Match　　B．NoMath　　C．Found　　D．Nofound

4．当 Data 控件的记录指针处于 RecordSet 对象的第一个记录之前，下列值为 True 的属性是（　　）。

A．Eof　　B．Bof　　C．EofAction　　D．ReadOnly

5．利用可视化数据管理器可以创建（　　）。

A．数据库　　B．表　　C．数据查询　　D．都可以

6．要将 DataGrid 控件绑定到 Adodc 控件上，需要设置 DataGrid 的（　　）属性。

A．RecordSource　　B．RowSource　　C．DataSource　　D．Data

二、填空题

1．使用________方法，可强制数据控件将绑定控件内的数据写入到数据库中。

2．在记录集中进行查找时，如果找到相匹配的记录，则 Recordset 的 NoMatch 属性

为________。

3．在由数据控件 Data1 所确定的记录集中，查找“姓名”字段为“王强”的第一条记录，应使用语句________。

4．要设置 Data 控件连接的数据库的名称，需要设置其________属性。

5．用于设置记录集类型的属性是________。

上机实验

1．用 VB 可视化数据管理器创建 Access 数据库 stud.mdb，它包含一个表“学生成绩”，“学生成绩”表有 5 个字段，表的结构见表 12-4。

表 12-4　学生成绩表结构

字段名	字段类型	字段长度
学号	Text	6
姓名	Text	8
语文	Integer	
数学	Integer	
英语	Integer	

在学生成绩表中输入如下 3 条记录。

学号	姓名	语文	数学	英语
100001	张小强	90	99	95
100002	李大红	87	85	77
100003	陈　南	80	83	69

操作步骤如下。

（1）启动 VB，选择“外接程序”菜单下的“可视化数据管理器”项，打开“VisData”窗口。

（2）单击“文件”菜单中的“新建”命令，在“新建”级联菜单中选择“Microsoft Access”，再选择“版本 7.0 MDB”项，选择数据库的路径并输入数据库名，这里为 stud.mdb。

（3）右击数据库窗口空白处，在弹出的快捷菜单中选择“新建表”命令，出现“表结构”对话框。

（4）在“表结构”对话框输入表名“学生成绩”，单击“添加字段”按钮，按表 12-4 的内容添加相应的字段，最后单击“生成表”按钮，则“学生成绩”表的结构建立完毕。

（5）在“学生成绩”表中输入记录。双击“学生成绩”表，出现输入窗口，单击“添加”按钮可以输入记录。

2．编写程序，利用 Data 控件和数据绑定控件，显示 stud.mdb 中的“学生成绩”表的内容，并具有添加、删除、修改、查找等功能，如图 12-6 所示。

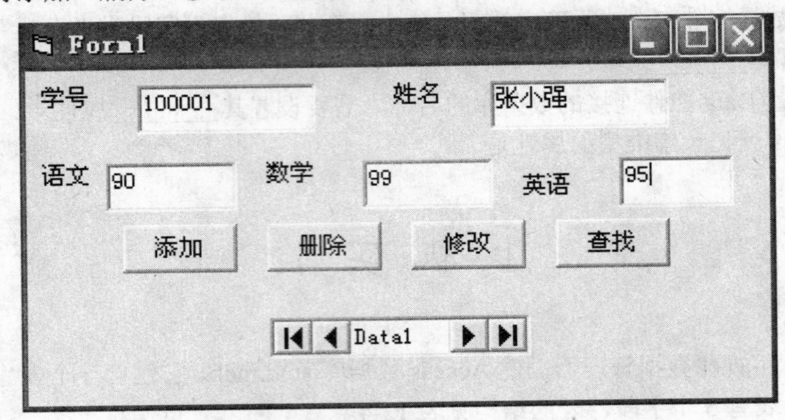

图 12-6　程序界面

3．利用 Adodc 控件和数据绑定控件 DataGrid，显示数据库 stud.mdb 中的“学生成绩”表的内容，如图 12-7 所示。

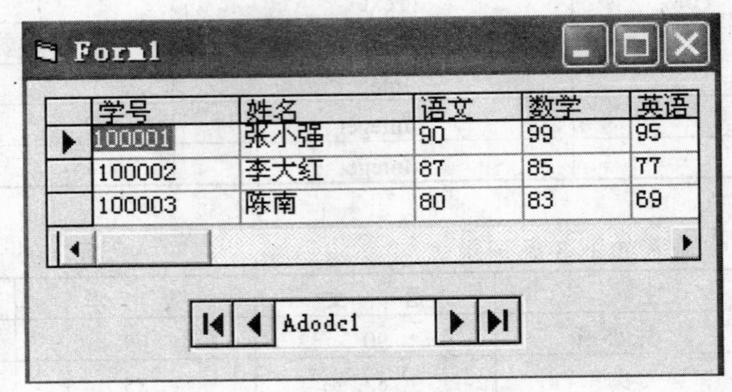

图 12-7　程序界面